哈尔滨理工大学制造科学与技术系列专著

重型机床基础部件 制造工艺可靠性设计方法

姜　彬　赵培轶　著

科学出版社

北　京

内 容 简 介

重型机床基础部件高效精确加工与装配工艺是保证重型机床整机制造品质、精度、稳定性与可靠性的一项核心技术。本书面向重型机床制造企业的需求,针对重型机床基础部件高效铣削加工与装配中存在的关键技术问题,采用理论建模、工艺实验与数值分析方法,分析多特征工艺变量对机床基础零部件关键结合面高效铣削与装配过程的影响,阐述重型机床基础部件加工与装配工艺技术、重型机床结合面铣削工艺设计方法、高效铣削重型机床基础部件刀具安全稳定性、高效铣削重型机床基础部件刀具振动磨损、重型机床定位及重复定位精度可靠性和重型机床基础部件装配工艺可靠性设计方法,以满足大型加工中心等重型机床设计和研制的需要。

本书可作为从事重型机床设计、制造的工程技术人员的参考书,也可供高等院校机械工程专业本科生、研究生参考。

图书在版编目(CIP)数据

重型机床基础部件制造工艺可靠性设计方法 / 姜彬,赵培轶著. —北京:科学出版社,2022.7
(哈尔滨理工大学制造科学与技术系列专著)
ISBN 978-7-03-069930-5

Ⅰ. ①重… Ⅱ. ①姜… ②赵… Ⅲ. ①重型机床－机床零部件－机械制造工艺－可靠性设计 Ⅳ. ①TG502.6

中国版本图书馆 CIP 数据核字(2021)第 197714 号

责任编辑:杨慎欣 常友丽 / 责任校对:樊雅琼
责任印制:吴兆东 / 封面设计:无极书装

科 学 出 版 社 出版
北京东黄城根北街 16 号
邮政编码:100717
http://www.sciencep.com

北京中石油彩色印刷有限责任公司 印刷
科学出版社发行 各地新华书店经销
*
2022 年 7 月第 一 版 开本:720×1000 1/16
2022 年 7 月第一次印刷 印张:18
字数:363 000

定价:118.00 元
(如有印装质量问题,我社负责调换)

前　言

　　重型机床是能源、航空航天、军工、船舶、交通运输制造等领域的核心基础装备，具有尺度大、载荷大、运动惯量大、自由度多、力位操控能力强、服役环境复杂、投资大等特点，其制造技术反映了一个国家装备制造业的实力和科技水平。

　　装备制造领域超大、超重、复杂构件加工要求不断提高，对高端重型机床的需求不断增大，重型机床正向着高精度、高效度、自动化、智能化、多样化、复合化、成套性、综合性的方向发展，其制造技术面临许多共性的科学和技术问题的挑战。

　　为了实现重型机床基础部件的长行程高效切削，采用低速、大进给、大余量切削工艺进行加工的过程中，存在的切削刃应力过高、刀具磨损过快、刀具振动、加工精度一致性差等问题已成为提高重型机床基础部件切削效率和加工质量的瓶颈。上述问题导致的加工质量劣化，使得机床部件结合表面性能下降，如床身、立柱、导轨、横梁等零部件全行程配合精度低，无法满足机床运动部件精度调整和动力平稳传递的需求，已成为企业亟待解决的关键技术难题。

　　重型机床每一个部件包含多个组件和零部件，受机床零部件制造工艺水平制约，现有机床装配工艺中仍存在大量的反复拆卸、修研现象和较多装配回路，机床装配精度随多个零部件装配而出现动态迁移问题，上述因素对机床装配效率及装配精度影响较大。更为重要的是，在用户生产现场进行二次装配时，由于被卸载的结合面的结构参数发生了变化，机床最终形成的精度依旧靠反复拆卸、修研进行适凑，重型机床装配精度可靠性难以得到有效保证，有必要对重型机床装配及重复装配工艺可靠性设计技术进行研究。

　　本书在高效切削技术、机床零部件加工及装配相关研究成果基础上，以阐明重型机床基础部件高效切削稳定性对机床零部件结合面性能及其装配精度演变过程的控制性影响机制，保证高效铣刀切削（铣削）过程的安全稳定性和机床装配及重复装配工艺的可靠性为目的，采用切削动力学理论、系统安全工程理论、摩擦学理论、系统工程理论、灰色系统理论和最优化设计方法，着重讨论重型机床基础部件高效铣削与装配工艺设计方法。

全书共 6 章，具体内容如下：

第 1 章　针对重型机床基础部件加工与装配工艺技术研究与应用状况，分析重型机床零部件高效切削技术，讨论重型机床装配过程中存在的问题，以明确重型机床基础部件加工与装配工艺技术研究的主要内容和研究思路。

第 2 章　对机床的装配精度进行描述和分析，研究结合面误差对机床装配精度的影响特性。提出铣削加工表面及其误差仿真方法，研究铣削工艺变量对加工质量的影响特性。研究机床零部件结合面误差与形貌对装配后机床加工精度的影响，提出机床结合面高效铣削工艺优化设计方法。

第 3 章　分析铣削过程中能量的消耗，研究高效铣刀安全稳定性的主要影响因素及不同组件的稳定性行为特征。采用灰色关联分析法对铣削振动与切削载荷的关系进行分析，提出高效铣削稳定性控制方法。

第 4 章　研究铣刀受迫振动行为与铣刀磨损行为的关联特性，提出铣刀受迫振动磨损识别方法。分析热力耦合场作用下铣刀应力/应变状态，研究热力耦合场对磨损、滑动摩擦系数和相对滑动系数的影响特性。建立铣刀磨损状态的识别模型以及铣刀磨损程度的预报模型。提出铣刀抗振动磨损的评价指标，以及抗振动磨损铣刀的设计方法。

第 5 章　构建重型机床的低序体阵列，通过分析部件体内以及部件间的位姿与载荷关系，建立机床多柔体系统动力学模型。分析机床定位与重复定位精度功能部件的结合面特性、结合面装配接触关系特性及功能部件，提取定位与重复定位精度的影响因素，建立重型机床定位与重复定位精度可靠性评价模型。

第 6 章　分析装配精度可靠性评价指标对结构参数及机床装配过程中载荷设计变量的响应特性。提出重型机床整机初次装配误差的评价方法。建立变形场与装配精度指标间的映射关系，揭示机床装配精度迁移的多样性。识别装配精度迁移的关键装配变量，分析变形场对关键工序变量的敏感性，构建装配精度迁移矩阵及其装配变量的映射矩阵，提出重型机床装配多工序的协同设计方法与重型机床重复装配工艺设计方法。

本书以实际应用为主，图文并茂、深入浅出，设计实例与工程实践结合紧密，设计思路清晰，研究步骤符合刀具设计与重型机床装配工艺设计人员的思维习惯，相关方法和数据可供从事重型机床设计、制造的工程技术人员参考。

本书相关内容的研究得到了国家科技重大专项"高档数控机床与基础制造装备"子课题"水室封头车铣加工中心重要零部件加工工艺技术研究"（2011ZX04002-111-05）、黑龙江省自然科学基金重点项目"高能效铣削重型机床基础部件的有序多源流演变机理与关键技术"（ZD2020E008）的支持。

　　本书第 1、2、3、4 章由姜彬撰写，第 5、6 章由赵培轶撰写。作者在本书撰写过程中得到了丁岩、王东锴、范丽丽、季嗣珉、姜宇鹏、李菲菲、宋雨峰、刘轶成、王程基、王彬旭、聂秋蕊等的指导和热情帮助，在此表示衷心的感谢！

　　本书出版得到哈尔滨理工大学机械工程"高水平大学"特色优势学科建设项目和先进制造智能化技术教育部重点实验室建设项目资助，在此表示感谢！

　　希望本书能对读者的工作和学习有所帮助，并衷心希望读者能对本书中存在的不足之处提出宝贵意见！

作　者

2021 年 5 月 25 日

目　　录

第1章　重型机床基础部件加工与装配工艺技术

1.1　重型机床零部件高效切削技术

1.1.1　重型机床零部件切削动力学特性

以重型零部件高效切削加工为主要特点的重型机床，如重型数控落地镗铣床和数控重型龙门车铣加工中心，其组成机床的零部件具有尺寸大、重量大、结构复杂、翻转困难等特点，且一般为非标准件，其较大的设计尺寸、较高的加工精度与表面质量要求对此类零部件高效切削加工提出了严格的要求（图1-1、图1-2）。

利用高效切削技术加工机床零部件关键结合面时，主要采用硬质合金可转位刀具进行大进给、大余量切削，受切削过程中的断续、交变载荷影响，机床及刀具的动力学稳定性难以保证，其后果是刀具振动明显、磨损迅速、表面加工精度及粗糙度难以达到要求。

图1-1　XK2130数控龙门镗铣床　　　　图1-2　TK6920数控龙门镗铣床

机床零部件高效切削过程中，机床和刀具的振动可分为自激振动、低幅值随机振动和强迫振动。已有研究表明，机床零部件切削过程中零部件几何结构刚性不足使得刀具产生自激振动，该振动属高频强烈振动，通常又称为切削颤振；当零部件切削过程受随机因素干扰会引起不规则或不确定性的低幅值随机振动；机床传动机构存在误差（如机床主轴箱中齿轮的制造或装配误差、滚珠丝杠间隙误差等）、断续切削以及切削过程遭受不平衡离心惯性力等因素导致机床零部件切削过程中，工件和刀具存在强迫振动。重型机床零部件高效切削过程中的自激振动、随机振动和强迫振动与加工系统自身关系密切，且对零部件加工表面质量、加工效率和刀具磨损、使用寿命影响较大，防振、消振较为困难。图 1-3 为重型机床高效铣刀结构动力失稳所导致的剧烈磨损。

图 1-3　高效铣刀结构动力失稳的后果

实际加工中若减小切削参数，能有效降低零部件加工过程中的切削力波动，以及铣刀-工件之间的冲击强度，从而达到抑制强迫振动的目的，但上述手段同时会导致零部件加工效率下降。已有相关企业采用不等齿距分布的铣刀对切削能量进行有效分散，从而达到抑制强迫振动的目的，但未能解决铣刀整体振动对局部刀齿磨损不均匀性与加工表面形貌不一致的影响问题。该方法还会引起铣刀结构动力失稳，轻则影响加工效果，重则导致生产事故。故现有研究成果难以支持面向生产现场和大型零部件高效切削工艺平台的振动识别与控制，且难以有效解决机床、工件、工装、刀具、切削参数变化引起切削动力学特性改变，对大型机床零部件高效切削加工质量一致性和工艺可靠性的影响问题，有必要在此方面进行深入研究。

1.1.2　重型机床零部件切削刀具技术

在重型机床零部件切削加工中，盘铣刀因具有良好的抗变形和抗振特性，以及较高的加工效率而被广泛用于床身、横梁、立柱等重要结合面的粗加工和半精加工之中；面铣刀有着较强的抗变形能力和较高的切削稳定性，常用于重型机床的立柱、机床导轨面、工作台面的精加工之中，且能采用较大的进给量，同时多刀齿参与切削，工作平稳性较好。图 1-4 所示为重型机床零部件切削加工刀具。

采用上述类型的高效铣刀对重型机床零部件结合表面进行切削时，由于切削载荷多变，刀具与工件振动程度明显，刀片几何角度、切削深度、进给速度及主轴转速等对振动影响较大的因素不合理匹配，导致铣刀在切削过程中表现出由低频振动和高频振动相结合的振动特性。其中，铣刀产生的高频振动使得铣刀的微动磨损急剧增加，而来自铣刀振动的微动磨损将使铣刀与被加工件接触界面在周期性交变应力作用下产生疲劳裂纹，进而引发更大的微动磨损。同时，低频振动通过较大振幅使刀具与工件之间具有较高的冲击能量和较大的接触应力,导致铣刀冲击磨损程度显著增大。低频和高频振动的交互影响使得铣刀由初期磨损阶段迅速转入正常磨损阶段,明显缩短正常磨损阶段并进入急剧磨损阶段,从而使铣刀的使用寿命减短,势必也会严重影响加工表面质量。图 1-5 所示为高效铣刀因受迫振动导致的磨损及破损。

图 1-4　重型机床零部件切削加工刀具

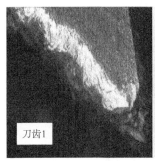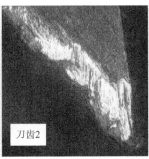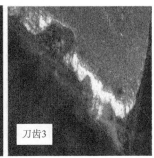

图 1-5　刀具因受迫振动导致的磨损及破损

在切削力载荷和离心力载荷作用下,高效铣刀的动力学特性处于不稳定状态,在上述背景下,铣刀时变振动特性使得各个刀齿每个时刻的位置和姿态均不相同,进而引起铣刀多齿切削行为不一致,由此导致刀具磨损不均匀和加工表面形貌的一致性降低。刀具多个刀齿磨损不均匀和加工表面形貌的不一致是高效铣刀结构动力失稳的外在表现,其实质是高效铣刀结构稳定性失稳,导致铣刀每个刀齿切削层参数的变化。因此,如何识别高效铣刀结构动力学特性的影响因素,揭示高效铣刀结构动力学特性与多齿切削行为、刀具磨损行为、加工表面形貌的联系,以实现多齿切削行为一致、刀具磨损均匀、加工表面形貌一致为目标的高效铣刀结构动力稳定性控制方法,是高效铣刀结构动力学研究亟待解决的问题。

依据安全系统工程理论,高效铣刀安全性是指高转速条件下铣刀保持其"完整"与"稳定"状态的能力。研究表明,随着转速的提高,铣刀与工件之间的冲击、碰撞加剧，导致铣刀组件变形和位移量逐渐增大，铣刀质量分布随之发生改变，动平衡精度下降，在远低于《高速机械加工用铣刀　安全要求》(ISO 15641—2001)规定的安全转速工况下，高效铣刀安全稳定状态开始恶化。在未发生铣刀完整性破坏之前，高效铣刀安全性存在一个动态衰退过程，如图1-6所示。

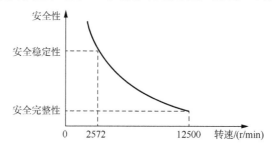

图 1-6　某型号高效铣刀安全性衰退过程

近年来，国内各行业均程度不同地引进和应用了高效切削加工技术，仅航空工业四大主机厂就引进了数百台高效加工机床。统计显示，上述企业在《高速机械加工用铣刀　安全要求》(ISO 15641—2001)和机床故障预警系统的双重保护下，高效铣刀极少产生破坏性安全问题，但铣刀尚未达到《高速机械加工用铣刀　安全要求》(ISO 15641—2001)规定的安全转速就因动平衡精度下降和刀具受迫振动而丧失部分或全部高效切削能力的现象仍然普遍存在。高效铣刀安全性衰退导致的不稳定切削成为制约高效铣削加工效率大幅度提高的因素。

1.1.3　高效加工机床零部件中的切削能效

切削能效（能量效率）是指零部件在加工阶段的切削过程中，已经发挥作用的能源量与实际能耗（消耗的能源量）的比值。所谓"提高能效"，是指用更少的能源投入提供同等的能源服务，也就是减少不必要的能耗。对于数控机床在加工过程消耗的能量，除不同电机消耗的能量外，进给系统和辅助系统也会产生相应的能耗。要完整加工一件工件需要不同系统的配合，如主轴传动系统、进给系统、辅助系统等，无论哪个系统在运行过程中都会伴随能量的传递与消耗。图 1-7 为数控机床能耗层次结构。

重型机床零部件切削加工过程中，由铣刀、工件等所组成的系统内部，如在铣刀刀齿-工件前刀面之间的接触界面、刀齿后刀面-工件已加工表面之间的接触界面，时刻伴随着能量、物质和信息的交换。上述能量传递与消耗过程受铣刀循环断续冲击载荷等作用而时刻处于非平衡态。在冲击载荷引起的铣刀和工件振动，以及铣刀刀齿逐渐磨损引起的刀齿结构改变的作用下，刀工接触界面能耗具有时变性。因此，切削能效受刀具磨损和切削过程中的振动等因素的影响较为明显，切削能效的影响因素及其影响规律还有待研究。

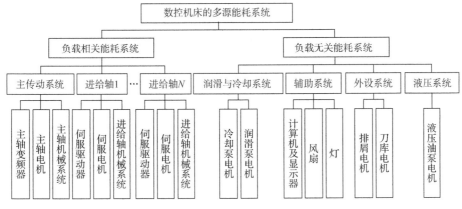

图 1-7　数控机床能耗层次结构

1.2　重型机床装配技术

1.2.1　重型机床整机装配技术

重型机床的装配是将加工完毕的零部件采用适当的装配工艺方法，按生产图样和技术要求连接成部件或整个产品的工艺过程。整机装配的工作量占整体产品制造工作量的 30%～40%。《机械工程学科发展战略报告（2011～2020）》中指出，"产品整机装配性能的保障正在由最初的设计加工环节逐渐向装配环节转移"。重型机床装配是产品制造的重要环节，在很大程度上决定了产品最终质量、运行性能、制造成本和生产周期。由于装配通常占用的劳动量大且属于产品生产工作的后端，采用先进的装配技术对于提高产品生产效率和质量具有更加重要的工程意义。同时，随着当前我国精密和超精密加工技术的快速发展，零部件加工精度和一致性显著提高，装配环节对产品性能的保证作用日益凸显。

目前，机床生产企业结合现场实际工艺条件，依据装配工艺的一般设计原则及已有的装配工艺规范进行重型机床装配，装配出的重型机床整机符合国标的各项检测指标的标准，现场装配工艺具有一定的合理性，但还经常需要利用刮刀、基准表面、测量工具和显示剂，以手工操作的方式，边研点边测量，才能使工件达到设计规定的尺寸、几何形状、表面粗糙度和密合性等要求，如图 1-8 为重型机床装配过程中的刮研现象。

在重型机床装配中常会涉及二次装配，国内现场装配工艺调研显示，整机在生产厂家装配完成后，由于整机的结构庞大，现场装配完成检验合格后，需要部分零部件拆卸下来，进行分别包装，然后运往使用厂商，再次进行装配。企业在使用厂商实施重复装配工艺时，仅将拆卸下来的零部件按照原有工艺重新安装在一起。但是，重复装配时装配对象已经发生改变，被拆卸零部件的结合面结构参数发生了变化，采用相同的装配工艺，会使装配精度可重复性下降。图 1-9 所示为重型机床的装配现场。

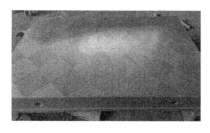

图 1-8　重型机床装配过程中的刮研现象　　　　图 1-9　重型机床的装配现场

　　此外，在重型机床运行过程中，由于加工及装配环节的技术指标不完善，机床装配精度保持性较差，有时在初次运行调试时，就会出现装配精度超差现象，只能拆卸重新修配。因此，需对重型机床整机装配过程中的装配精度及其劣化规律，以及整机装配工艺设计方法进行系统深入的研究。

1.2.2　重型机床装配精度

　　重型机床装配过程中，其零部件结构变形和装配误差累积现象明显，现有重型机床在装配过程中常出现修配和刮研等现象，且经常存在二次装配。上述因素导致机床最终装配精度不达标、整机装配精度可重复性较差，如床身、立柱、导轨、横梁等重要零部件全行程配合精度较低，其后果是后期整机运行过程中，机床性能不断下降，整机运行精度难以得到保证，零部件加工精度及表面质量无法满足要求，如图 1-10 所示。

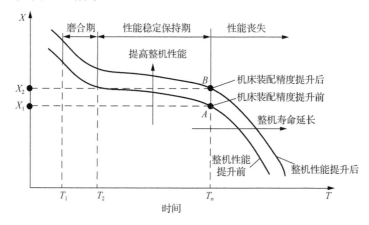

图 1-10　机床性能变化曲线

重型机床由许多零部件有条件地组装在一起，各个零部件的误差累积起来，便反映到整机装配精度上，因此，机器的装配精度受零部件，特别是关键零部件加工精度的影响很大。一般来说，高加工精度的零部件是获得高机床装配精度的基础。尽管现有装配方法大多能够达到本道工序的要求，但装配变量的取值具有随机性的特点，此类方法以几何约束为驱动目标，主要设计装配体的几何参数，以装配工序和模糊的物理约束为装配手段，形成初始的装配精度，这使得装配过程中存在着装配精度超差后才进行补偿或修配的被动性，装配回路使工时增加、效率下降等问题。

1.3　重型机床可靠性建模及设计技术

1.3.1　重型机床可靠性

重型机床生产过程中，想要保证产品的质量，就需要在规定的工作时间内完成生产任务，加工出具有高精度的零部件，满足社会市场需求，这样的能力就是重型机床的可靠性。重型机床的可靠性对于机床的运行性能、加工精度及生产率均有着不可忽视的影响。现如今重型机床行业对于零部件质量、精度一致性等性能要求不断提升，对于机床整机运行精度的可靠性要求也不断提升，相关机械可靠性的新理论和新方法不断涌现，如图 1-11 所示。

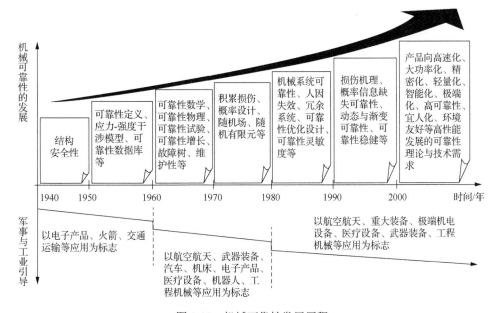

图 1-11　机械可靠性发展历程

机床可靠性技术主要针对影响机床可靠性的因素进行研究，包括机床定位和重复定位精度可靠性、机床装配精度可靠性、传动系统可靠性、机床液压元件可靠性、工况载荷对可靠性、机床伺服进给系统可靠性、机床主轴可靠性、机床故障的分析与诊断、机床装配精度可靠性以及机床装配工艺可靠性。其中，机床定位和重复定位精度可靠性、机床装配精度可靠性对于整机运行过程中的零部件加工精度和机床各部分运行精度等性能有着重要影响。

装配工艺可靠性是保证装配质量和生产效率的重要因素，在机床产品装配过程中，对装配工艺故障及其工艺可靠性进行分析与控制，是保证机床设计可靠性水平在制造过程中得以实现的前提和基础。重型机床在装配过程中，由于零部件尺寸大，制造时有零部件加工误差和装配误差累积现象存在，导致最后生产的零部件精度不符合要求。目前国内已经对机床定位及重复定位进行了可靠性方面的研究，但是缺乏考虑机床零部件之间的相互作用关系的影响，同时缺乏考虑组成整机的零部件前期的制造公差对后期装配过程的影响。目前大多数研究只针对整体性能和精度描述，并没有对关键零部件精度问题深入研究，没有在装配前控制机床重要部件几何误差以及快速定位运动下的定位误差，同时没有精确研究定位误差和重复定位误差的影响因素，定位和重复定位可靠性缺乏系统性的评价方法，无法准确评价可靠性的性能高低。

此外，重型机床由众多具有各自功能的零部件组合而成，重型机床整机的可靠性受制于组成整机的基础部件的可靠性。在重型机床装配过程中，工序约束距离和载荷变动范围大，其装配精度的形成和保持过程多变，因此，其所形成的机床几何、物理关系及其边界条件具有不确定性，有必要对此进行研究。

1.3.2　重型机床可靠性建模技术

在重型机床可靠性技术体系中，可靠性建模是指根据重型机床在寿命周期各阶段可靠性信息的特点，结合机床的结构特征并考虑影响可靠性的多种因素，通过建立机床的可靠性模型来对其可靠性进行描述，并对可靠性信息进行量化表征，在此基础上通过应用数据分析和信息处理来得到机床可靠性指标的点估计、区间估计和概率分布，以此对机床的可靠性进行定量描述和评价的过程。

可靠性建模是对机床在寿命周期内进行定量描述、监测和控制的必要手段，其主要目的是衡量机床的可靠性是否满足寿命周期各阶段的可靠性目标，检验机床的设计是否合理、工艺是否正确、使用是否得当，为机床设计的改进、工艺的优化、使用的保证以及机床整机可靠性的提高提供技术和信息支撑。作为重型机床可靠性技术体系中关键的基础共性技术，正确的可靠性建模是开展可靠性设计、可靠性试验和可靠性增长的前提。在制造强国战略实施的大背景下，面对重型机床可靠性问题严峻的局面，重型机床可靠性建模不可避免地成为重型机床可靠性体系构建首当其冲的研究要点和亟待解决的应用难点。

重型机床的精度是衡量机床性能的重要指标，精度的高低直接决定机床能否完成预定的工作任务，精度可靠性直接体现了重型机床在工作时高效完成相应任务的能力，也是机床可靠性建模技术的重要组成部分。新机床的精度较为容易判断，但是对于机床的精度保持性能的判定则相对困难，也较难对其实现有效的量化和评估。

目前，国外关于机床精度可靠性模型主要有机床广义精度模型、基于刚体假说模型、空间误差分析模型、空间几何误差模型、神经网络代理模型等。其中，机床广义精度模型虽然运用变分法使得预测误差小于实际加工误差，但是忽略了零部件加工工艺造成的影响；基于刚体假说模型可以分析机床零部件的设计公差等因素对机床精度的影响，但忽略了机床的变形误差；空间误差分析模型和空间几何误差模型使得机构学方法被广泛应用于多轴机床空间几何误差的建模中，但由于空间角度的多变性跟不可测性，建模较为困难。

重型机床装配是机械制造过程中的最后一个环节，是机械制造中最后决定机械产品质量的重要工艺过程。对产品装配过程进行建模分析能有效实现装配过程的定量化研究，目前主要的装配可靠性模型有"装配树"模型、柔性组件模型及其自适应装配建模和装配体组装模型。"装配树"模型在产品"功能-结构"映射关系明确的前提下解决了产品结构树的功能延伸和描述完备性问题；柔性组件模型及其自适应装配建模能根据需要自适应地选择或调整相关组件，但现有技术尚不能对重型机床装配可靠性的层次结构进行准确评价，还难以确定重型机床装配精度可靠性的评价指标，并对其进行针对性地研究和设计。

1.3.3　重型机床故障分析及可靠性设计

重型机床在运行过程中会因前期装配不当、操作失误等因素而引发故障。如果不能第一时间发现原因并排除故障，会影响机床的运行状态，进而影响机床定位与重复定位精度等运行性能，以及零部件加工质量、精度和效率，造成经济损失，还可能会带来安全问题。

已有研究发现，重型机床运行期间的故障主要来源于四个方面：机床操作和使用问题、机床前期装配问题、外购件质量问题、机床结构及性能的设计问题。以数控端面外圆磨床和某加工中心为例，外购件质量问题和机床结构及性能设计问题导致的故障概率均不到 30%，机床操作和使用问题和机床前期装配问题是机床故障的主要原因，其中以机床前期装配问题最为显著，其引发机床运行故障的概率占比接近 50%，如图 1-12 和图 1-13 所示。机床前期装配问题具体表现为：装配过程中零部件清洗不完全、零部件检测不合格、装配顺序不正确、装配方法不合理、装配精度不达标等。引发机床后期运行故障的装配原因主要是指机床装配精度不达标，以及后续引起的机床定位与重复定位精度难以得到保证，因此对机床装配精度及定位与重复定位精度可靠性的研究具有十分重要的意义。

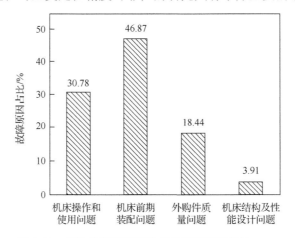

图 1-12　某数控端面外圆磨床的故障原因统计

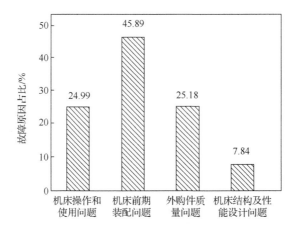

图 1-13　某加工中心的故障原因统计

我国现有数控机床，尤其是重型数控机床普遍存在运行期间故障频繁、可靠性低、零部件加工精度一致性差和机床整体使用寿命短等方面的问题。重型机床吨位大、结构复杂、装配载荷多变、运输困难；现有装配工艺的设计局限在已有国标的规格尺寸及装配条件的设计方法，其装配方法粗糙；经常忽视机床零部件的接触精度，装配精度不符合设计要求时，盲目进行合研、修配，如图 1-14 所示；对机床基础理论的研究落后，无法有效体现和保证机床装配工艺以及后期运行定位和重复定位精度的可靠性。

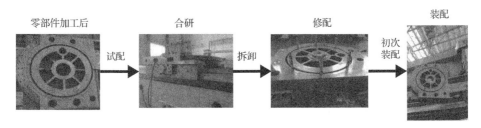

图 1-14　重型机床装配过程中的合研和修配

装配工艺可靠性包括工艺可靠性设计和装配过程可靠性控制两部分。工艺可靠性设计是保证机械及其零部件满足给定可靠性指标的一种机械设计方法。在整机设计阶段，估计或预测机床在规定工作条件下的工作能力、状态或寿命，保证机床所需的可靠性。装配过程可靠性控制与机床运行的安全、质量、竞争力、经济效益和社会效益密切相关。工艺可靠性设计是采取设计预防和改进措施来消除隐患的有效手段，是提高机床可靠性的根本途径，因此为了提高产品的可靠性，必须在设计上满足可靠性要求。

1.4　重型机床预应力模态与动力学稳定性

1.4.1　机床预应力模态

重型机床施加预应力的原理是指：装配过程中对结构预先施加适当应力，在重型机床服役期间，结构的预应力一般会部分或全部抵消外来激励导致的相反应力，从而避免结构被破坏，因此对重型机床施加预应力是为改善结构的承载能力和服役表现。而重型机床是由各种零部件按一定连接方式装配在一起构成的，且机床装配过程中受静态载荷（装配预紧力等）作用，其固有频率随相对结构应力改变而发生变化，因此重型机床的结构是一种预应力结构。

目前有关预应力模态问题主要针对机床的结构动态特性进行研究，例如：对龙门式加工中心横梁进给系统进行静动态特性分析；以滚动直线导轨副的结合面为对象，通过试验模态融合有限元的办法，实现对其相应参数的识别操作；以大型五轴龙门数控加工中心为对象，对其主要组成部分以及整体结构进行优化。

20 世纪中后期，随着振动试验技术方法的发展，阻抗测试仪和扫频仪的出现，对于机床结构频率已经能够实现其相应响应函数的测量和调试。之后，由于相应试验技术与建模方法的不断出现，针对机床结构方面分别形成了许多成熟的数学模型。当前国外一些学者研究获得的能量平衡原理，并融合有限元方法，成功获得了机床相对特殊的振动模型，并利用该模型实现了针对机床结构方面的改进。

虽然很多学者在机床结构优化、整机结构动态特性等方面进行了大量研究，但是并未揭示机床预应力模态对机床动力稳定性的影响。由于机床预应力模态参数的改变不仅对机床动力学稳定性有较大的影响，而且影响机床装配工艺精度等，因此有必要对此进行深入研究。

1.4.2　机床动力学稳定性

结构动力学稳定性是结构力学当中的一个重要分支，结构动力学稳定性是指结构对动态载荷的响应，根据结构动力学稳定性的载荷形式，结构动力学稳定性问题大致可以分为周期载荷作用下的结构动力学稳定性、冲击载荷作用下的结构稳定性和随动载荷作用下的稳定性。对于重型机床，在切削过程中会形成动态摩擦力以及偏心质量在高转速的条件下产生的离心力，上述作用力连同切削过程中的振动冲击作用共同构成了机床的动态载荷，因此，机床结构动力学稳定性主要包括周期性载荷作用下和冲击载荷作用下的动力学稳定性。

构成整机的功能零部件尺寸规格大，重量大，结构复杂，零部件翻转困难，装配工艺较复杂，如果装配不当，结构变形量和装配累积误差将会增加，导致重型机床的动力学稳定性无法保证。

重型机床的结构动力学稳定性研究的是提高机床服役过程中的抗载能力，而研究机床结构动力学稳定性的基础是其评价指标的建立和影响因素的识别。重型机床动力学稳定性的描述与影响因素识别是典型的动力学问题，现有的结构稳定性判据主要针对简单结构，因此，建立针对重型机床结构动力学特性的稳定性判据，识别其主要影响因素是实现机床结构动力学稳定性控制的基础。

机床的结构动力学特性是机床结合面对载荷的响应，机床结构动力学稳定性下降是由于机床结合面结构参数和载荷缺乏控制。结构动力学稳定性失稳准则的判定是重型机床结构稳定性控制的关键问题，国内外学者在简单结构动力学稳定性的判别准则方面进行了深入的研究且取得了诸多有意义的成果，但对机床动力学稳定性的失稳判据则较少涉猎。

1.4.3　机床装配工艺对动力学稳定性的影响

机床常用的装配工艺规程按由上到下、由里至外、对称部件并行装配的工艺设计原则，装配成品符合国标要求，装配工艺具有一定合理性。但现场装配精度的可靠性评价指标存在多耦合性，使装配产生回路问题，进而影响装配效率，对应工序内容改变结合面性能，最终影响整机性能；整机结构庞大，在用户使用前经反复拆卸，装配对象出现变化，机床结合面结构参数产生改变，若对结合面施加初次装配工艺载荷，则机床最终装配性能与初次装配性能不一致，无法准确地评价机床装配质量。

重型机床由多个部件构成，每个部件又由不同组件构成，单个组件又由多个零件构成，不同的装配工艺过程决定了零件-组件-部件的结合顺序，同时也决定了机床的装配约束关系，进而决定零部件结合面的接触关系、连接载荷、重力分布。因此，重型机床装配工艺的改变将引起各组件或部件结合面接触刚度改变，各子结构接触刚度的变化导致整机结构刚度变化，最终必然会对整机动力学稳定性产生影响，如图 1-15 所示。

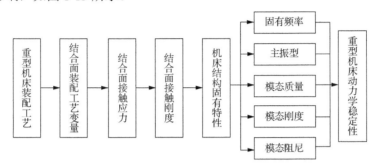

图 1-15　装配工艺对机床动力学稳定性的影响

装配工艺作为重型机床制造领域研究的重点，多集中揭示装配过程中的几何约束问题，而未考虑装配工艺的改变对于机床动力学稳定性的影响，机床整机装配工艺过程与其动力学稳定性之间的联系尚未明晰，重型机床动力学稳定性识别与控制的问题亟待解决。

1.5　重型机床装配误差及其工艺设计方法

1.5.1　重型机床装配几何误差

重型机床通常自重很大（甚至超过 100t），各类零部件间的结合面数量众多，装配载荷类型多，结合面加工误差分布呈现多样化，误差变动范围大，使得此类机床随装配工序不断进行的过程中，极易导致整机装配的几何误差增大。因此，重型机床整机装配过程具有各个装配工序间交互作用强、装配几何误差不易控制的特点。

阐明重型机床装配几何误差的来源、形成过程和影响机制，是实现重型机床整机装配几何误差有效控制的基础，现有方法多通过对装配过程中零部件结合面的接触刚度、轴承安装、部件形位误差、结合面间接触点数、螺栓预紧等装配要素对装配精度影响特性进行分析，进而形成装配工艺设计方法。

采用该方法所设计的整机装配工艺具有一定的合理性，但是未能从根本上揭示影响整机装配几何误差的变量，以及装配误差形成机制，缺乏对于机床装配定位过程的形位误差、装配预紧过程的变形误差、接触配合过程中的接触变形误差与机床初次装配误差的考虑，并没有形成整机的装配几何误差评价方法。同时，受机床零部件加工过程中载荷和刀具冲击振动等动态因素影响，机床零部件结合面的加工质量以及误差分布一致性难以得到保证，使得在整机装配过程中，由上述因素所导致的整机装配误差累积现象明显。

由于缺乏对整机重复装配过程中的装配载荷重新分布过程的清晰认识，机床在重复装配之后的性能难以达到初始设计性能。

1.5.2　重型机床定位误差

重型机床的定位与重复定位精度对于机床性能具有十分重要的影响，受重型机床零部件自重和承载强度大、结合面间的装配约束距离长、加工范围大及运动行程长等因素的影响，整机装配载荷变动范围大，因此重型机床具有零部件易变形且变形过程不稳定等特点。上述因素导致重型机床整机装配工序约束距离变动范围大以及装配结合面初始误差分布呈现多样性，最终造成机床出现定位与重复定位误差。

重型机床的定位误差是指移动方向上机床实际运动位置与其规定运动位置差值的绝对值，属于动态位置误差，误差值是衡量机床定位精度的重要指标。定位精度是指机床运动部件在数控系统的控制下所能达到实际位置的精度，规定位置与实际位置的差值越小，则定位精度越高。重型机床的整机定位与重复定位精度主要受制于机床关键结构、关键结合面和关键结合面的装配接触关系，如图1-16所示。

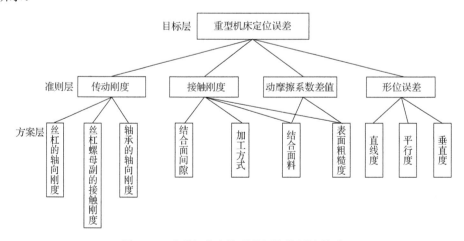

图 1-16　重型机床定位误差调控的层次关系

现有关于重型机床定位误差的分析和研究多集中于针对单个零部件沿某个特定方向的误差分析和建模，且多是从整机装配之后的误差补偿角度来控制机床定位误差，缺乏对定位误差的溯源和主动控制，整机定位误差与其影响因素、设计变量之间的层次关系尚不清楚，有必要对此进行系统深入的研究。

1.5.3　重型机床装配工艺设计方法

机床装配工艺直接影响机床加工精度，为保证机床加工精度，要求零部件具有良好的加工工艺性与装配工艺性。装配工艺设计方法的合理性决定装配工艺的装配目标、装配方法、装配质量和检测方法，故在装配工艺设计阶段，需明确装配工艺的实现目标和完成手段。重型机床装配工艺的实施过程伴随的是装配载荷形成的过程，即机床设计性能形成的过程。

目前采用的重型机床整机装配工艺设计方法和相关研究主要体现在以下几个方面：一是基于几何约束研发的软件平台，用于规划装配干涉、装配顺序和装配序列；二是基于物理装配约束的研究，考虑装配过程中静、动载荷的作用，以及装配过程中的结构应力、应变和变形量等因素对于整机装配过程的影响；三是利用有限元方法对机床结构进行优化设计，改善装配工艺以提升结构或机构的刚度性能；四是建立装配优化模型、装配工艺评价模型，提高装配工艺设计的可靠性。

目前多数重型机床采用的装配工艺设计原则是从下到上、由里到外进行装配，部分对称部件的装配也是并行进行装配，但重型机床在服役期间的受载环境与普通机床相比具有显著区别，加工零部件的复杂结构、庞大尺寸使得加工过程中的动态载荷对机床承载和抗振等方面的性能提出了更高的要求。通常整机装配工艺中会存在大量的合研、刮研现象，现场还会出现多处配加工的现象，这些装配回路现象无疑会对装配效率造成重要影响，其对应的工序内容会改变结合面的性能，进而影响整机性能。此外，整机在生产厂家装配完成后，由于整机的结构庞大，现场装配完成检验合格后，需要部分零部件拆卸下来，进行分别包装，然后运往使用厂商，再次进行装配，但由于与初次装配过程相比，重复装配时的装配载荷和机床零部件结合面性能已经发生了改变，使得重复装配精度难以得到保证。同时，现有重型机床装配工艺设计方法和研究缺乏系统的评价体系，尤其在装配设计阶段，没有考虑加工过程中的振动、磨损等因素影响下的加工表面的结构参数对装配精度可靠性的影响，机床整机装配精度随时间的变化特性及其装配精度保持性设计方法还有待于研究。

1.6　重型机床零部件铣削加工刀具与装配工艺存在的问题

1.6.1　重型机床零部件铣削加工刀具稳定性问题

高效铣刀由于其断续切削的特点，形成了动态切削力以及偏心质量在高转速的条件下产生的离心力，构成了高效铣刀结构动力学的动载荷。高效铣刀的切削振动构成复杂，除了动态切削力和离心力的作用，还受机床和工件的影响。

高效铣刀结构动力学特性是高效铣刀结构对切削力载荷和离心力载荷的振动响应，而实际加工中的切削振动是多种因素综合作用的结果，呈现出复杂性和多样性的特点，是高效铣刀整体加工状态的外在表现之一。如何利用瞬态变化的铣削振动行为，表征与识别出其结构动力学特性状态，是高效铣刀结构动力学研究首先需要解决的问题。

目前，高效铣刀安全性的研究尚不成熟，没有相对完整的理论体系，《高速机械加工用铣刀　安全要求》（ISO 15641—2001）有待完善。自激振动对高效铣刀稳定性影响的部分研究成果，解决了由闭环高效铣削系统的不稳定性所引起的部分切削颤振问题，但由于高效铣削的断续切削会引起强迫振动，且与高效铣刀安全稳定性关系密切，再者高效铣削动力学建模及检测相对困难，减振与防振措施均难以达到实用化标准，因而无法满足高规格的高效铣削工艺要求，强迫振动引起的高效铣刀不安全不稳定性已成为亟待解决的关键问题之一，急需进一步研究。

受内外扰动因素的影响，高效铣刀安全性衰退与切削载荷的直接作用及切削载荷引起的振动之间的内在联系尚不明晰，对高效铣刀安全性衰退影响因素及其交互作用的认知具有模糊性和不确定性，有必要对高效铣刀安全稳定性和铣刀设计上的不确定性问题进行系统研究。

1.6.2　重型机床定位与重复定位精度保持性及结构动力稳定性问题

重型机床零部件定位与重复定位精度的受控因素众多，例如关键零部件（如齿圈、齿条等）变形特点及其程度、结合面特征、磨损特征和装配接触关系等，这些因素和机床定位与重复定位精度之间关系密切。已有的采用经典受力分析的方法所获得的研究结果，多着眼于上述关键零部件的寿命或加工质量，难以针对具体零部件结构进行变形的研究，得到的变形特性便缺乏实际应用价值。

重型机床装配过程除要实现机床所设计的功能和性能外，还要保证机床自身的结构动力学稳定性。目前，国内外对结构动力学稳定性的表征与识别研究很多，但是，大多数研究都是对结构动力学稳定性进行表征与识别，对结构在载荷作用下的振动响应信号还有待深层次的研究。重型机床由于其结构、功能及工作条件的复杂性、特殊性,已有的结构动力学稳定性的描述与识别的研究对机床动力学稳定性研究具有借鉴的意义,但不能直接用于机床动力学稳定性的研究,因此,如何根据机床空转及切削过程的外在表现表征与识别其结构动力学稳定性,有待深入研究。

结构动力学稳定性的失稳准则的选择是结构稳定性控制的关键,国内外学者在简单结构动力学稳定性的判别准则方面进行了深入的研究且取得许多成果,但对机床动力学稳定性的失稳判据的研究较少。结构动力学稳定性控制依据其要求分为两大类:一是从导致结构振动响应的外界因素入手,控制结构的最大响应位移;二是从结构内部入手,提高结构的抗干扰能力。而如何利用装配工艺的手段改变结构本身的固有特性,将机床结构的固有特性作为机床动力学特性与装配工艺的中间变量,利用装配工艺设计方法来保证机床的动力学稳定性问题亟待解决,因此,基于重型机床动力学稳定性的装配工艺设计方法的研究具有现实意义。

1.6.3　重型机床零部件装配工艺可靠性问题

目前,生产企业结合现场实际工艺条件,依据装配工艺的设计原则及已有的装配工艺规范进行重型机床装配,符合国标的各项检测指标的标准,现场装配工艺具有一定的合理性,但其装配工艺存在以下问题。

重型机床具有吨位大、结构复杂、装配载荷多变、运输困难等特点,初次装配精度检测合格后,需要拆卸成部件,运输到生产现场进行重新装配,因此,重型机床装配可靠性具有初次装配精度稳定性、装配精度可重复性及装配精度保持性三层含义,同时重型机床故障数据积累薄弱,批量少,缺少样本数据支持,故很难采用概率的手段来评价重型机床装配精度可靠性。

现有装配工艺的设计局限于已有国标的规格尺寸及装配条件,主要设计装配体的几何参数,装配精度超差后才进行补偿或修配,是一种被动装配工艺设计。这种装配工艺无法有效控制初次装配精度形成与演变过程,并且整机装配工艺中存在大量的合研、刮研现象,无法准确定位修配对象,造成装配效率降低,结合面装配性能不稳定,机床装配精度保持性无法得到有效保证。因此,如何让机床装配精度形成过程可控成为保证装配精度可靠性措施中首要解决的关键问题。

现有针对重型机床故障机理的研究大多偏重于机床故障独立的假设前提下,着重利用机床故障数据进行可靠性分析、建模及评价,对机床本身故障的物理本质、故障之间的相关性问题认识模糊,往往造成维修无目的性,增加成本又无法得到有效控制。

1.6.4　重型机床零部件铣削加工与装配关键问题

目前，国内外在机床零部件的高效铣削加工稳定性、刀具磨损机理、加工表面形貌和机床定位误差、装配工艺设计等方面取得了诸多有意义的成果，但在重型机床关键零部件铣削安全稳定性和机床重复装配精度保持性方面还存在一些问题尚未解决，主要包括：

（1）高效铣刀稳定性的研究主要集中在薄壁件铣削加工的动力学分析及其稳定域求解，或是铣刀稳定性影响规律的分析与验证。而重型机床关键零部件高效铣削过程中，铣刀受复杂多变的激烈载荷条件下，其安全稳定性影响因素及演变规律尚不清楚，有必要对此进行研究。

（2）已有的关于铣刀磨损机理和铣削过程中振动特性的研究，多是根据实验结果对刀具磨损形态进行直接观察，以及构建动力学方程进行铣削稳定性的分析，较少考虑铣刀在交变载荷作用下的振动行为与磨损过程的交互作用关系。多物理场作用下高效铣刀与工件接触界面的载荷状态及其振动磨损机理还有待揭示。

（3）在重型机床零部件结合面长时程高效铣削过程中，铣刀的振动磨损使得满足粗糙度要求的机床结合面的表面微观形貌分布具有多样性和不确定性。上述因素在装配过程中预紧力与装配载荷作用下导致加工后的零部件结合面只能满足机床的初始性能要求，而机床多次装配或服役过程中零部件结合面性能的保持性得不到保证。因此，有必要对重型机床零部件结合面形貌形成机制及其公差设计进行研究。

（4）机床结合面微观形貌分布的多样性使得机床在装配过程中产生的装配几何误差和定位误差不稳定。已有的机床结合面性能对整机影响的研究，集中于结合面接触刚度和阻尼的分析，对于结合面表面质量、结合面接触刚度、接触状态对机床精度的影响研究较少。机床精度在初次装配及服役过程中的保持性和可重复性研究尚不具体，有必要对此进行研究。

（5）重型机床装配可靠性具有初次装配精度稳定性、装配精度可重复性及装配精度保持性三层含义。由于重型机床批量少，缺少样本数据支持，无法采用概率学理论评价装配精度可靠性。目前，已有的整机装配工艺设计难以考虑重复装配过程中，关键零部件结合面结构参数发生变化带来的装配精度可重复性下降，且装配工艺无法有效控制初次装配精度形成与其演变过程，有必要对此进行深入研究。

1.7　本 章 小 结

（1）重型机床关键零部件具有结构尺寸大、加工精度一致性要求高和装配载荷变动范围大等特点，并且在重型机床装配过程中存在工序之间交互作用强、工序装配精度多变、工序装配精度保持性低等问题。随着高端重型数控机床需求的不断增长，实现重型机床关键零部件高效、高一致性加工，以及实现高精度保持性的重复定位及重复装配已成为重型机床制造领域的一个重要发展方向。

（2）面向高端数控机床行业的需求，针对重型机床关键零部件加工用高效铣刀安全稳定性较低，致使零部件结合面加工质量分布一致性差，后期机床重复定位与重复装配精度保持性不高的问题，应对高效铣刀安全稳定性与振动磨损机理，及其关键零部件高效铣削过程中结合面形貌及公差设计进行深入研究，并通过机床重复定位与重复装配精度可靠性及保持性研究，提出重型机床装配工艺设计方法，形成具有创新性和实用价值的工艺技术。

（3）在高效铣刀安全稳定性方面，应建立高效铣削能量效率模型，提出铣削层厚度和加工表面残留高度能效评价指标。分析铣刀振动与能量效率、切削层厚度能效间的关系，建立铣削能效稳定的振动判据。分析铣刀组件变形、位移和切削载荷对铣刀完整性以及安全稳定性的影响规律，分析刀具误差分布特性，研究刀齿误差分布对刀齿切削行为的影响特性，建立高效铣刀结构动力稳定性的工艺控制方法。

（4）在高效铣刀振动磨损机理方面，可以通过灰色系统理论，对铣刀振动和磨损行为之间的相关性进行分析，采用接触理论构建铣刀-工件接触模型，分析刀工接触界面应力分布特性及相对运动关系，研究多物理场条件下高效铣刀振动磨损影响因素及其影响规律，提出高效铣刀磨损状态的识别方法、铣刀磨损程度的预报方法，以及铣刀振动磨损控制方法，通过刀具参数、切削参数的设计，形成抗振动磨损铣刀的设计方法。

（5）在重型机床零部件结合面形貌及其公差设计方面，应当建立机床结合面表面微观形貌评价指标体系，分析表面微观形貌参数对结合面性能的影响规律。建立加工表面微观形貌仿真模型，获取各影响因素对表面微观形貌形成的影响规律。对机床零部件结合面的误差进行描述，研究机床零部件结合面误差对机床零部件自由度约束及装配后机床加工精度的影响，提出满足整机装配精度约束下结合面公差设计方法。研究结合面接触变形对装配自由度和机床加工精度的影响，提出结合面抗变形公差设计方法。

（6）在重型机床零部件定位与重复定位精度可靠性方面，可以利用拓扑学原理，建立重型机床拓扑结构，形成关联矩阵及低序体阵列，建立重型机床整机的动力学方程。对重型机床的定位运动过程进行分析，识别出关键影响因素，并进行位变性分析，提出机床定位与重复定位误差解算方法。分析结合面变形对机床定位与重复定位精度可重复性与保持性精度的影响，建立机床定位与重复定位精度的可靠性模型，形成机床零部件定位与重复定位精度保持性解算及其评价方法。

（7）在重型机床零部件装配工艺设计方面，应当建立装配精度可靠性评价指标的层次结构，以及与机床结构间的映射关系。研究重型机床位姿误差形成机制，提出机床初次装配误差的评价方法。建立变形场与装配精度指标间的映射关系，研究机床装配精度迁移的多样性，构建重型机床装配精度的阶跃响应模型。识别装配精度迁移的关键装配变量，分析变形场对关键工序变量的敏感性，研究装配精度迁移的形成及增长机制，提出重型机床装配多工序的协同设计方法。分析重复装配精度迁移控制变量的层次关系，提出重型机床重复装配工艺设计方法。

第 2 章　重型机床结合面铣削工艺设计方法

重型机床零部件具有结构尺寸大及重量大的特点，其重要零部件的结合面多采用高效铣刀进行切削加工，在铣刀长时程切削过程中，受刀具振动、刀齿磨损等因素影响，机床重要零部件结合面的加工表面质量及其加工精度难以得到保证，导致零部件结合面精度下降，进而导致后期机床组件或整机装配时装配精度下降，因此，需要针对重型机床结合面铣削过程的表面形貌、加工误差及其铣削工艺设计等一系列问题进行研究。

本章对机床的装配精度进行描述和分析，提取与装配精度指标相关的结合面并描述其在整机中的分布，研究结合面误差对机床装配精度的影响特性。构建铣刀刀工接触关系模型，提出铣削加工表面及其误差仿真方法，研究铣削工艺变量对加工质量的影响特性。研究机床零部件结合面误差对机床零部件自由度约束及装配后机床加工精度的影响，研究结合面接触变形对机床加工精度的影响及各零部件结合面变形敏感性。提出铣削加工动静结合面表面加工工艺优化设计方法。

2.1　重型机床装配结合面及其装配精度

2.1.1　重型机床装配精度描述

重型机床装配包含装配检查、调整、实验等一系列工作，重型机床装配环节是保证重型机床正确投产的重要环节。其中，装配精度是影响装配的重要因素。现以龙门移动式车铣加工中心为例阐述重型机床装配精度，该加工中心的结构如图 2-1 所示。

为保证机床加工性能，须先保证机床各轴的运动直线度、定位与重复定位精度，机床装配精度要求如下。

（1）工作台平面度要求：直径 1000mm 内误差为 0.03mm，若直径每增加 1000mm，则公差增加 0.01mm。

（2）垂直刀架移动（X 轴线）对工作台面的平行度在 2000mm 测量长度上为 0.04mm，测量长度超过 2000mm 时，每增加 1000mm，公差增加 0.01mm；最大公差为 0.06mm。局部公差在任意 1000mm 测量长度上为 0.02mm。

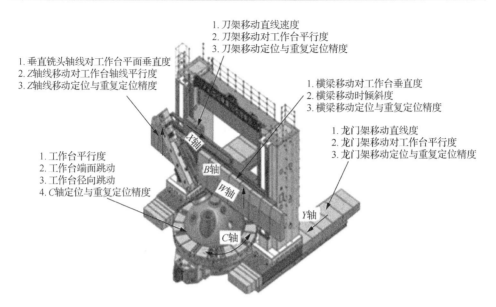

图 2-1　龙门移动式车铣加工中心

（3）垂直刀架滑枕移动（Z 轴线）对工作台回转轴线的平行度在 1000mm 测量长度上为 0.04mm。

（4）龙门架移动（Y 轴线）在 XY 水平面内的直线度小于 1000mm 的测量长度公差为 0.05mm。局部公差在任意 1000mm 测量长度上为 0.02mm。

机床的装配误差主要由单个结合面的加工误差和多个结合面间接触变形误差叠加构成。因此，需要对重整机床整机的装配结合面进行识别，为整机装配误差模型的构建提供基础。

2.1.2　整机装配结合面识别

通过分析发现，与机床的各项初次装配精度指标相对应的各结合面具有如下特点：

（1）各结合面都是构成移动副或转动副的要素。

（2）每个运动副都对应机床的一个坐标轴。

因此，为揭示结合面误差对机床装配精度的影响，需对构成机床各轴运动副的结合面进行提取，功能表面在整机的位置如图 2-2 所示。

如图 2-2 所示，龙门移动式车铣加工中心为五轴数控机床。为进一步分析机床各轴运动副结合面的误差对机床装配精度的影响，需对机床零部件结合面的空间分布进行描述，机床各项装配精度指标相对应的运动副结合面及其功能如下。

（1）与 X 轴运动相关联的结合面如图 2-3 所示，相关联的结合面的功能如表 2-1 所示。

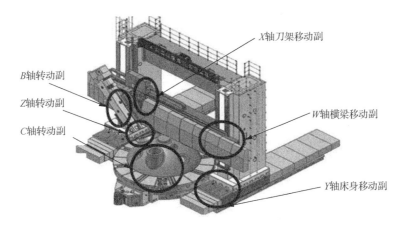

图 2-2　功能表面在整机的位置

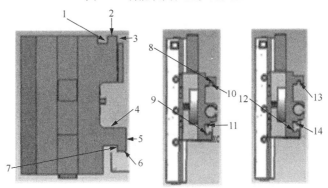

图 2-3　与 X 轴运动相关联的结合面

表 2-1　与 X 轴运动相关联的结合面

关键结合面	功能结合面	功能（限制自由度个数）
4、5、9、12	2-11、6-13、4-12	Z、β
	1-14、8-3、5-9、7-10	Y、α、γ

（2）与 Y 轴运动相关联的结合面如图 2-4 所示，相关联的结合面的功能如表 2-2 所示。

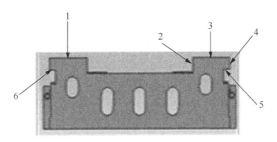

图 2-4　与 Y 轴运动相关联的结合面

表 2-2 与 Y 轴运动相关联的结合面

关键结合面	功能结合面	功能（限制自由度个数）
1、3	1、3、5、6	Z、α、β
	2、4	x、γ

（3）与 Z 轴运动相关联的结合面如图 2-5 所示，相关联的结合面的功能如表 2-3 所示。

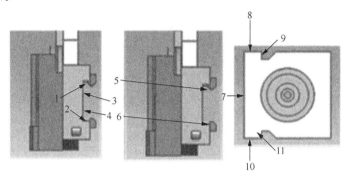

图 2-5 与 Z 轴运动相关联的结合面

表 2-3 与 Z 轴运动相关联的结合面

关键结合面	功能结合面	功能（限制自由度个数）
3、4、7	1-8、2-10	x、β
	3-7、4-7、5-9、6-11	Y、α、γ

（4）与 W 轴运动相关联的结合面如图 2-6 所示，相关联的结合面的功能如表 2-4 所示。

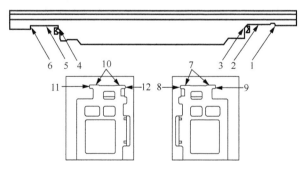

图 2-6 与 W 轴运动相关联的结合面

表 2-4 与 W 轴运动相关联的结合面

关键结合面	功能结合面	功能（限制自由度个数）
2、5、7、10	6-11、4-12、3-8、1-9	x、β
	5-10、2-7	Y、α、γ

通过以上分析可知影响机床装配精度的结合面在整机中的位置及在该位置所起到的功能。

2.1.3　重型机床装配误差建模

在机床的运行过程中，机床加工精度的影响因素很多，主要包括机床误差、加工过程误差和检测误差。各种误差在机床的综合误差中所占的比例如表 2-5 所示。

表 2-5　机床各种误差比例分配

机床综合误差	误差类别	所占比例/%	总比例/%
机床误差	几何误差	20～30	45～65
	热误差	25～35	
加工过程误差	刀具误差	10～15	25～40
	夹具误差	6～10	
	工件热误差和弹性误差	3～5	
	操作误差	6～10	
检测误差	安装误差	2～5	10～15
	不确定误差	8～10	

如表 2-5 所示，在众多类型的机床误差当中，机床的几何误差和热误差所占比例最高，机床的几何误差（机床零部件结合面误差）通常是由机床的制造和装配误差引起的。由于机床是由许多零部件通过结合面进行装配，零部件结合面的误差累积将直接影响装配精度。

为描述刀具相对工件在机床坐标系中的总误差（加工精度）与机床各零部件之间运动误差（装配精度）的关系，建立机床误差的运动学模型。通过齐次变换矩阵连乘的方式，在数控龙门移动式车铣加工中心的每个运动零部件结合面上建立一个坐标系，建立机床各零部件相对于指定坐标系的位置关系。

在三维空间的两笛卡儿坐标系 $O_i\text{-}x_iy_iz_i$ 和 $O_j\text{-}x_jy_jz_j$ 中，任意点的向量从坐标系 $O_j\text{-}x_jy_jz_j$ 变换到坐标系 $O_i\text{-}x_iy_iz_i$ 的齐次变换矩阵为

$$M_{ij} = \begin{bmatrix} l_x & m_x & n_x & p_x \\ l_y & m_y & n_y & p_y \\ l_z & m_z & n_z & p_z \\ 0 & 0 & 0 & 1 \end{bmatrix} = \begin{bmatrix} l & m & n & p \\ 0 & 0 & 0 & 1 \end{bmatrix} = \begin{bmatrix} R & P \\ O^{\mathrm{T}} & 1 \end{bmatrix} \quad (2\text{-}1)$$

式中，$l = \begin{bmatrix} l_x, l_y, l_z \end{bmatrix}^{\mathrm{T}}$、$m = \begin{bmatrix} m_x, m_y, m_z \end{bmatrix}^{\mathrm{T}}$、$n = \begin{bmatrix} n_x, n_y, n_z \end{bmatrix}^{\mathrm{T}}$ 分别为坐标系 $O_j\text{-}x_jy_jz_j$ 中三坐标轴在坐标系 $O_i\text{-}x_iy_iz_i$ 中的方向余弦矢量；$p = \begin{bmatrix} p_x, p_y, p_z \end{bmatrix}^{\mathrm{T}}$ 为坐标系 $O_j\text{-}x_jy_jz_j$ 的原点在坐标系 $O_i\text{-}x_iy_iz_i$ 中的位置矢量；R 表示旋转变换；P 表示平移变换。

坐标系 $O_i\text{-}x_iy_iz_i$ 经过沿坐标轴的平移变换得到坐标系 $O_j\text{-}x_jy_jz_j$ 的矩阵 $P_{ij}(X)$、

$P_{ij}(Y)$、$P_{ij}(Z)$:

$$P_{ij}(X) = \begin{bmatrix} 1 & 0 & 0 & X \\ 0 & 1 & 0 & 0 \\ 0 & 0 & 1 & 0 \\ 0 & 0 & 0 & 1 \end{bmatrix}, P_{ij}(Y) = \begin{bmatrix} 1 & 0 & 0 & 0 \\ 0 & 1 & 0 & Y \\ 0 & 0 & 1 & 0 \\ 0 & 0 & 0 & 1 \end{bmatrix}, P_{ij}(Z) = \begin{bmatrix} 1 & 0 & 0 & 0 \\ 0 & 1 & 0 & 0 \\ 0 & 0 & 1 & Z \\ 0 & 0 & 0 & 1 \end{bmatrix} \quad (2\text{-}2)$$

坐标系 $O_i\text{-}x_iy_iz_i$ 经过绕坐标轴的旋转变换得到坐标系 $O_j\text{-}x_jy_jz_j$ 的坐标变换矩阵 $R_{ij}(A)$、$R_{ij}(B)$、$R_{ij}(C)$:

$$R_{ij}(A) = \begin{bmatrix} 1 & 0 & 0 & 0 \\ 0 & \cos A & -\sin A & 0 \\ 0 & \sin A & \cos A & 0 \\ 0 & 0 & 0 & 1 \end{bmatrix}, \quad R_{ij}(B) = \begin{bmatrix} \cos B & 0 & \sin B & 0 \\ 0 & 1 & 0 & 0 \\ -\sin B & 0 & \cos B & 0 \\ 0 & 0 & 0 & 1 \end{bmatrix}$$

$$\quad (2\text{-}3)$$

$$R_{ij}(C) = \begin{bmatrix} \cos C & -\sin C & 0 & 0 \\ \sin C & \cos C & 0 & 0 \\ 0 & 0 & 1 & 0 \\ 0 & 0 & 0 & 1 \end{bmatrix}$$

另外，在坐标变换矩阵 M_{ij} 中 ΔA、ΔB、ΔC 为绕 x_i、y_i、z_i 三个坐标轴的微小转动增量，ΔX、ΔY、ΔZ 为沿 x_i、y_i、z_i 三个坐标轴的微小平动增量，则与 M_{ij} 相对应的增量变换矩阵为 ΔM_{ij}，该增量变换矩阵为变换矩阵的微分。

增量变换矩阵等于在原坐标变换前叠加一个相应的增量坐标变换，因此，该坐标变换矩阵为

$$M'_{ij} = M_{ij} + \Delta M_{ij} = R_{ij}(\Delta A) \cdot R_{ij}(\Delta B) \cdot R_{ij}(\Delta C) \cdot P_{ij}(\Delta X) \cdot P_{ij}(\Delta Y) \cdot P_{ij}(\Delta Z) \cdot M_{ij}$$

$$= \begin{bmatrix} 1 & 0 & 0 & 0 \\ 0 & 1 & -\Delta A & 0 \\ 0 & \Delta A & 1 & 0 \\ 0 & 0 & 0 & 1 \end{bmatrix} \begin{bmatrix} 1 & 0 & \Delta B & 0 \\ 0 & 1 & 0 & 0 \\ -\Delta B & 0 & 1 & 0 \\ 0 & 0 & 0 & 1 \end{bmatrix} \begin{bmatrix} 1 & -\Delta C & 0 & 0 \\ \Delta C & 1 & 0 & 0 \\ 0 & 0 & 1 & 0 \\ 0 & 0 & 0 & 1 \end{bmatrix}$$

$$\cdot \begin{bmatrix} 1 & 0 & 0 & \Delta X \\ 0 & 1 & 0 & 0 \\ 0 & 0 & 1 & 0 \\ 0 & 0 & 0 & 1 \end{bmatrix} \begin{bmatrix} 1 & 0 & 0 & 0 \\ 0 & 1 & 0 & \Delta Y \\ 0 & 0 & 1 & 0 \\ 0 & 0 & 0 & 1 \end{bmatrix} \begin{bmatrix} 1 & 0 & 0 & 0 \\ 0 & 1 & 0 & 0 \\ 0 & 0 & 1 & \Delta Z \\ 0 & 0 & 0 & 1 \end{bmatrix} \cdot M_{ij} \quad (2\text{-}4)$$

忽略高阶小量后得到

$$M'_{ij} = \begin{bmatrix} 1 & -\Delta C & \Delta B & \Delta X \\ \Delta C & 1 & -\Delta A & \Delta Y \\ -\Delta B & \Delta A & 1 & \Delta Z \\ 0 & 0 & 0 & 1 \end{bmatrix} \cdot M_{ij} = M_{ij} + \begin{bmatrix} 0 & -\Delta C & \Delta B & \Delta X \\ \Delta C & 0 & -\Delta A & \Delta Y \\ -\Delta B & \Delta A & 0 & \Delta Z \\ 0 & 0 & 0 & 0 \end{bmatrix} M_{ij} \quad (2\text{-}5)$$

$$\Delta M_{ij} = M'_{ij} - M_{ij} = \delta M_{ij} \cdot M_{ij} \qquad (2\text{-}6)$$

因此，误差矩阵 δM_{ij} 可以表示为

$$\delta M_{ij} = \begin{bmatrix} 0 & -\Delta C & \Delta B & \Delta X \\ \Delta C & 0 & -\Delta A & \Delta Y \\ -\Delta B & \Delta A & 0 & \Delta Z \\ 0 & 0 & 0 & 0 \end{bmatrix} \qquad (2\text{-}7)$$

机床是利用数控装置控制机床零部件之间的相对运动来实现机床加工功能的。应用机械原理对机床运动副机构进行分解，通过分析发现机床是由两个开链型机构组成的，分别为"机架-工件"机构和"机架-刀具"机构，如图 2-7 所示，两机构运动链分别记为 BW 链和 BC 链，组成运动链的运动副具有如下特点。

（1）各运动副都为移动副或转动副。

（2）每个运动副对应数控机床的一个坐标轴。

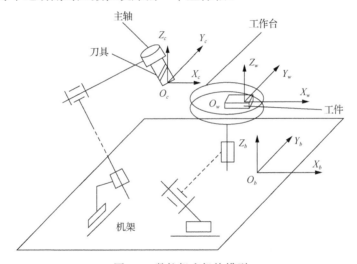

图 2-7　数控机床机构模型

取运动链中任意运动副 $i\text{-}j$ 进行分析，在构成运动副 $i\text{-}j$ 的两个零部件上分别建立坐标系 $O_i\text{-}x_i y_i z_i$ 和 $O_j\text{-}x_j y_j z_j$，M_{ij} 为两坐标系间变换矩阵，它与两坐标系在初始时刻的相对位置和该运动副的运动有关。同时，在零部件 j 与运动副连接处构建坐标系 $O'_j\text{-}x'_j y'_j z'_j$。$A_{ij}$ 为坐标系 $O_j\text{-}x_j y_j z_j$ 与 $O'_j\text{-}x'_j y'_j z'_j$ 之间的坐标变换矩阵，T_{ij} 为坐标系 $O_j\text{-}x_j y_j z_j$ 与 $O'_j\text{-}x'_j y'_j z'_j$ 之间的坐标平移矩阵，即

$$M_{ij} = A_{ij} \cdot T_{ij} \qquad (2\text{-}8)$$

式中，A_{ij} 为运动变换矩阵，由零部件 i 和 j 之间的运动关系决定；T_{ij} 为连接变换矩阵，由零部件 j 的运动连接尺寸决定。

当忽略机床误差时，A_{ij} 和 T_{ij} 可以视为理想变换矩阵，因机床各轴是由转动副和移动副构成的，所以由式（2-2）、式（2-3）联立求得矩阵 A_{ij} 的运动变量函数：

$$A_{ij} = f(\theta_{ij}, \theta_{ij} \in \{X, Y, Z, A, B, C\}) \qquad (2\text{-}9)$$

式中，θ_{ij} 为机床各坐标轴的运动量。

当机床运动副结合面的坐标系建立后，可根据式（2-1）求解运动副连接变换矩阵 T_{ij}：

$$T_{ij} = \begin{bmatrix} l & m & n & p \\ 0 & 0 & 0 & 1 \end{bmatrix} \qquad (2\text{-}10)$$

通常，运动副上的坐标系在初始位置与同名坐标轴平行，$l=[1,0,0]^T$，$m=[0,1,0]^T$，$n=[0,0,1]^T$。而 p 由运动副初始位置和结构尺寸决定。

由于机床的制造和装配误差、热变形、磨损和振动等因素的影响，龙门移动式车铣加工中心不可避免地会出现各种误差，而误差的累积过程将会改变机床运动链中的坐标转换关系，进而改变刀具与工件之间的相对位置，引起加工误差。

根据机床运动副几何误差的影响因素，将机床的几何误差分为连接误差和运动误差。其中，运动误差是机床各轴运动副之间运动关系的主要影响因素，连接误差主要影响运动副的连接尺寸。

运动误差和连接误差在机床空间坐标系中可分解为沿坐标轴的移动误差和绕坐标轴的转动误差，在坐标系 $O_i\text{-}x_i y_i z_i$ 中，运动误差分为转动误差 $\delta_{ABCi}(\delta_{Ai}, \delta_{Bi}, \delta_{Ci})$ 和移动误差 $\delta_{XYZi}(\delta_{Xi}, \delta_{Yi}, \delta_{Zi})$，在坐标系 $O'_j\text{-}x'_j y'_j z'_j$ 中连接误差分为转动误差

$$\frac{\mathrm{d}\left(\varepsilon^1(x) \cdot f(x)\right)}{\mathrm{d}x} = \varepsilon^1(x) \cdot \frac{\mathrm{d}f(x)}{\mathrm{d}x}, x \neq 0$$ 和移动误差 $\varepsilon_{XYZi}(\varepsilon_{Xi}, \varepsilon_{Yi}, \varepsilon_{Zi})$，则连接和运动

误差的矩阵分别为

$$\delta T_{ij} = \begin{bmatrix} 0 & -\varepsilon_{Ci} & \varepsilon_{Bi} & \varepsilon_{Xi} \\ \varepsilon_{Ci} & 0 & -\varepsilon_{Ai} & \varepsilon_{Yi} \\ -\varepsilon_{Bi} & \varepsilon_{Ai} & 0 & \varepsilon_{Zi} \\ 0 & 0 & 0 & 0 \end{bmatrix}, \delta A_{ij} = \begin{bmatrix} 0 & -\delta_{Ci} & \delta_{Bi} & \delta_{Xi} \\ \delta_{Ci} & 0 & -\delta_{Ai} & \delta_{Yi} \\ -\delta_{Bi} & \delta_{Ai} & 0 & \delta_{Zi} \\ 0 & 0 & 0 & 0 \end{bmatrix} \qquad (2\text{-}11)$$

式中，δ_{Xi}、δ_{Yi}、δ_{Zi}、ε_{Xi}、ε_{Yi}、ε_{Zi} 为移动误差在各坐标轴上的分量；δ_{Ai}、δ_{Bi}、δ_{Ci}、ε_{Ai}、ε_{Bi}、ε_{Ci} 为转动误差在各坐标轴上的分量。

根据式（2-9），在 A_{ij} 和 T_{ij} 的基础上对机床误差作修正变换：

$$A'_{ij} = (E_0 + \delta A_{ij}) \cdot A_{ij}, T'_{ij} = (E_0 + \delta T_{ij}) \cdot T_{ij} \qquad (2\text{-}12)$$

式中，E_0 为单位矩阵。

机床单个运动副结合面之间的坐标转换关系是研究整机运动链的基础，下面以机床整个运动链为研究对象，对 BW 运动链进行分析，在有 n_z 个运动副的运动链中，机床加工精度的坐标变换矩阵为

$$M_{BW} = T_{01} \cdot \prod_{i=1}^{n_z} A_{ij} \cdot T_{ij} \qquad (2\text{-}13)$$

$$M'_{BW} = T'_{01} \cdot \prod_{i=1}^{n_z} A'_{ij} \cdot T'_{ij} = (E + \delta T_{01}) \cdot T_{01} \cdot \prod_{i=0}^{n_z} (E + \delta T_{ij}) \cdot A_{ij} \cdot (E + \delta A_{ij}) \cdot T_{ij} \qquad (2\text{-}14)$$

为统一表达，将 A_{ij} 和 T_{ij} 用 M_i 表示，将 δA_{ij} 和 δT_{ij} 用 δM_{ij} 表示，因此

$$M_{BW} = \prod_{i=0}^{2n_z} M_i \qquad (2\text{-}15)$$

式中，

$$
\begin{aligned}
M'_{BW} &= \prod_{i=0}^{2n} (E + \delta M) \cdot M_i \\
&= \prod_{i=0}^{2n} M_i + \sum_{i=0}^{2n} M_0 \cdot \cdots \cdot M_{i-1} \cdot \delta M_i \cdot M_i \cdot \cdots \cdot M_{2n_z} \\
&\quad + \sum_{i=0}^{2n-1} \sum_{j=i+1}^{2n} M_0 \cdot \cdots \cdot M_{i-1} \cdot \delta M_i \cdot M_i \cdot \cdots \cdot M_{j-1} \cdot \delta M_j \cdot M_j \cdot \cdots \cdot M_{2n} \\
&\quad + \sum_{i=0}^{2n-2} \sum_{j=i+1}^{2n-1} \sum_{k=j+1}^{2n} M_0 \cdot \cdots \cdot M_{i-1} \cdot \delta M_i \cdot M_i \cdot \cdots \cdot M_{j-1} \cdot \delta M_j \cdot M_j \cdot \cdots \cdot M_{k-1} \cdot \delta M_k \\
&\quad \cdot M_k \cdot \cdots \cdot M_{2n} + \cdots + \prod_{i=0}^{2n} \delta M_i \cdot M_i \\
&= M_{BW} + \delta_1 + \delta_2 + \delta_3 + \cdots + \delta_{2n} \qquad (2\text{-}16)
\end{aligned}
$$

$$\delta_1 = \sum_{i=0}^{2n_z} M_0 \cdot \cdots \cdot M_{i-1} \cdot \delta M_i \cdot M_i \cdot \cdots \cdot M_{2n_z}$$

$$\delta_2 = \sum_{i=0}^{2n_z-1} \sum_{j=i+1}^{2n_z} M_0 \cdot \cdots \cdot M_{i-1} \cdot \delta M_i \cdot M_i \cdot \cdots \cdot M_{j-1} \cdot \delta M_j \cdot M_j \cdot \cdots \cdot M_{2n_z}$$

$$\delta_3 = \sum_{i=0}^{2n_z-2} \sum_{j=i+1}^{2n_z-1} \sum_{k=j+1}^{2n_z} M_0 \cdot \cdots \cdot M_{i-1} \cdot \delta M_i \cdot M_i \cdot \cdots \cdot M_{j-1} \cdot \delta M_j \cdot M_j \cdot \cdots$$

$$\cdot M_{k-1} \cdot \delta M_k \cdot M_k \cdot \cdots \cdot M_{2n_z}$$

$$\cdots$$

$$\delta_m = \prod_{i=0}^{2n_z} \delta M_i \cdot M_i \qquad (2\text{-}17)$$

所以，运动副的理想变换矩阵与各阶误差变换矩阵之和即为机床运动链修正矩阵。在工程中忽略高阶误差变换矩阵，保留一阶变换矩阵，即

$$M'_{BW} = \prod_{i=0}^{2n_z} M_i + \sum_{i=0}^{2n_z} M_0 \cdot \cdots \cdot M_{i-1} \cdot \delta M_i \cdot M_i \cdot \cdots \cdot M_{2n_z} = M_{BW} + \delta_1 \qquad (2\text{-}18)$$

综合式（2-9）~式（2-18）可得，机床运动链的修正变换矩阵 M'_{BW} 主要受以下三个因素影响：

（1）机床的结构和各坐标轴的运动量 θ_i。

（2）机床运动链的连接误差 ε_{XYZi}、ε_{ABCi}。

（3）机床运动链的运动误差 δ_{XYZi}、δ_{ABCi}。

其中，运动量 θ_i 为机床各轴运动副结合面偏差在 6 个自由度方向上的分量，连接误差为运动副之间的装配误差，运动误差为各轴运动副结合面之间的相对运动误差。

2.2　机床结合面铣削加工表面形貌与加工误差

2.2.1　铣削运动轨迹及其刀工接触关系

1. 铣刀瞬时切削运动参考系

为揭示铣刀刀齿的切削运动过程，根据铣削实验加工现场，构建整体硬质合金立铣刀运动参考系，如图 2-8 所示，图中参数含义如表 2-6 所示。

假设刀具在铣削振动作用下只发生位移增量，此时铣削振动作用下的刀具坐标系为 $O_{v1}\text{-}a_{v1}b_{v1}c_{v1}$，其与 $O\text{-}abc$、$O_g\text{-}x_gy_gz_g$ 之间的坐标变换如式（2-19）所示。其中，平移转换矩阵 M_1、M_2 如式（2-20）和式（2-21）所示。

$$\left[x_g, y_g, z_g, 1\right]^{\mathrm{T}} = M_1\left[a, b, c, 1\right]^{\mathrm{T}} = M_1 M_2\left[a_{v1}, b_{v1}, c_{v1}, 1\right]^{\mathrm{T}} \tag{2-19}$$

$$M_1 = \begin{bmatrix} 1 & 0 & 0 & x_d \\ 0 & 1 & 0 & y_d \\ 0 & 0 & 1 & z_d \\ 0 & 0 & 0 & 1 \end{bmatrix} \tag{2-20}$$

$$M_2 = \begin{bmatrix} 1 & 0 & 0 & A_x(t) \\ 0 & 1 & 0 & A_y(t) \\ 0 & 0 & 1 & A_z(t) \\ 0 & 0 & 0 & 1 \end{bmatrix} \tag{2-21}$$

刀具中心点在坐标系 $O_{v1}\text{-}a_{v1}b_{v1}c_{v1}$ 中的坐标为(0,0,0)，故刀具中心点在工件坐标系的轨迹方程如式（2-22）所示。

$$\begin{cases} x_{gO_{v1}} = x_d + A_x(t) \\ y_{gO_{v1}} = y_d + A_y(t) \\ z_{gO_{v1}} = z_d + A_z(t) \end{cases} \tag{2-22}$$

式中，铣削振动位移分量 $A_x(t)$、$A_y(t)$、$A_z(t)$ 需要在实验中测得。

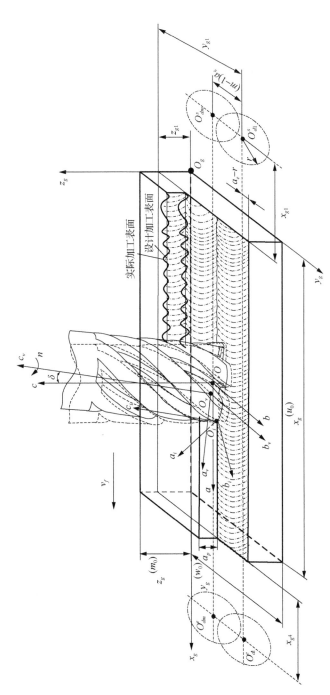

图 2-8　整体硬质合金立铣刀运动参考系

表 2-6　整体合金立铣刀运动参考系参数含义

序号	参数	参数含义
1	O_{d1}^{s}	铣刀沿 x_g 轴方向第一次进给时的起点，在工件坐标系中的坐标为 (x_{g1}, y_{g1}, z_{g1})
2	x_{g1}	O_{d1}^{s} 点沿 x_g 轴上的距离
3	y_{g1}	O_{d1}^{s} 点沿 y_g 轴上的距离
4	z_{g1}	O_{d1}^{s} 点沿 z_g 轴上的距离
5	O_{d1}^{e}	铣刀沿 x_g 轴反方向第一次进给时的终点
6	x_{g4}	O_{d1}^{e} 点沿 y_g 轴反方向与工件左端面的距离
7	m	铣刀沿 x_g 轴反方向的进给次数
8	O_{dm}^{s}	铣刀沿 x_g 轴反方向第 m 次进给时的起点
9	O_{dm}^{e}	铣刀沿 x_g 轴反方向第 m 次进给时的终点
10	x_d	O 点在 x_g 轴上的坐标值
11	y_d	O 点在 y_g 轴上的坐标值
12	z_d	O 点在 z_g 轴上的坐标值
13	$O_v\text{-}a_v b_v c_v$	$O_v\text{-}a_v b_v c_v$ 为振动条件下铣削过程中的瞬时坐标系
		O_v 为坐标原点，该点为铣刀振动引起的铣刀坐标原点 O 的偏置位置
		a_v 为铣刀振动引起的 a 坐标轴的偏置状态
		b_v 为铣刀振动引起的 b 坐标轴的偏置状态
		c_v 为铣刀振动引起的 c 坐标轴的偏置状态
14	δ	无振动铣刀坐标轴 c 与振动条件下坐标轴 c_v 之间的夹角
15	$O_i\text{-}a_i b_i c_i$	$O_i\text{-}a_i b_i c_i$ 为铣刀第 i 个刀齿相对于铣刀的运动坐标系
		坐标原点 O_i 为铣刀第 i 个刀齿的刀尖点，$1 \leqslant i \leqslant i_{max}$，其中，$i_{max}$ 为铣刀刀齿总个数
		a_i 为垂直于刀齿瞬时切削速度方向并指向铣刀中心的坐标轴
		b_i 为与刀齿瞬时切削速度方向平行的坐标轴
		c_i 轴与 c 轴平行

　　由于铣削实验中测得的是振动加速度信号，需要将铣削振动加速度信号进行双重积分以转换为铣削振动位移信号，转换方法如图 2-9 所示。使用 MATLAB 进行拟合得到铣削振动位移方程，见式（2-23）～式（2-25），其余参量的解算如式（2-26）～式（2-30）所示。

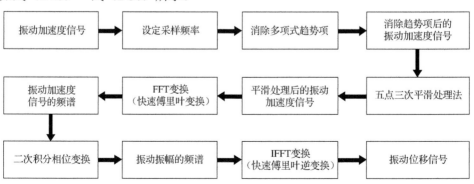

图 2-9　振动加速度信号转换为振动位移信号的方法

$$A_x = \psi\left(x_d, t\right) \tag{2-23}$$

$$A_y = \psi\left(y_d, t\right) \tag{2-24}$$

$$A_z = \psi\left(z_d, t\right) \tag{2-25}$$

$$x_d = v_f\left(t - (m-1)t_e\right) - mx_{g1} - (m-1)(L + l_e), t \in T_m \tag{2-26}$$

式中，v_f 为铣刀进给速度；L 为铣削行程；l_e 为点 O_{d1}^e 沿 y_g 反方向与工件左端面的距离；t_e 为铣刀变换切削路径所需时间，即铣刀从点 O_{dm-1}^e 运动至点 O_{dm}^s 所用的时间；T_m 为铣刀沿 x_g 轴方向第 m 次进给的切削时间段。

其中，T_m 可用式（2-27）进行表征：

$$T_m = \left[T_{ms}, T_{me}\right] = \left[\left(m-1\right)\left(T_c + t_e\right), mT_c + \left(m-1\right)t_e\right] \tag{2-27}$$

式中，T_{ms} 为铣刀沿 x_g 轴方向第 m 次进给的起点时刻；T_{me} 为铣刀沿 x_g 轴方向第 m 次进给的终点时刻；T_c 为铣削任一行所需的时间，即铣刀从 O_{dm}^s 运动至 O_{dm}^e 所用的时间。

其中，T_c 可用式（2-28）进行表征：

$$T_c = \frac{x_{g1} + L + l_e}{v_f} \tag{2-28}$$

$$y_d = W + r_i - ma_e \tag{2-29}$$

$$z_d = H - a_p \tag{2-30}$$

式中，W 为铣削加工误差；r_i 为铣刀第 i 个刀齿的回转半径；a_e 为铣削宽度；a_p 为铣削度。

2. 铣刀瞬时切削位置解算

根据式（2-22）可知，在铣刀各个刀齿之间不存在初始误差，以及三个方向的振动位移为零的情况下，无误差、无铣削振动条件下的铣刀中心点在工件坐标系中的切削运动轨迹见式（2-31）。

$$\begin{cases} x_{gO} = v_f\left(t - (m-1)t_e\right) - mx_{g1} - (m-1)(x_{gL} + l_e) \\ y_{gO} = y_{gW} + r - ma_e \\ z_{gO} = z_{gH} - a_p \end{cases} \tag{2-31}$$

式中，r 为刀具回转半径。

当刀齿之间存在误差时，铣刀中心点的轨迹会发生变化，误差条件下的刀具中心点运动轨迹如下：

$$\begin{cases} x_{gO} = v_f\left(t - (m-1)t_e\right) - mx_{g1} - (m-1)(x_{gL} + l_e) \\ y_{gO} = y_{gW} + r_{max} - ma_e \\ z_{gO} = z_{gH} - a_p \end{cases} \tag{2-32}$$

考虑三个方向的铣削振动位移，得到振动条件下的刀具中心点运动轨迹如式（2-33）所示，代入实验中的切削参数以及振动位移信号得到图 2-10。

$$\begin{cases} x_{gO} = v_f(t-(m-1)t_e) - mx_{g1} - (m-1)(x_{gL}+l_e) + A_x(t) \\ y_{gO} = y_{gW} + r - ma_e + A_y(t) \\ z_{gO} = z_{gH} - a_p + A_z(t) \end{cases} \tag{2-33}$$

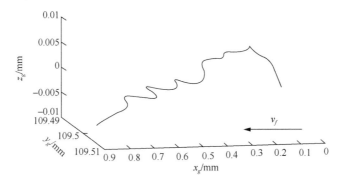

（a）三维图

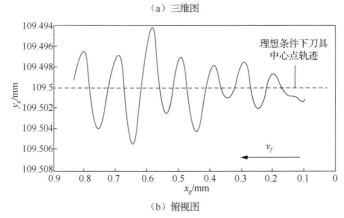

（b）俯视图

图 2-10　振动条件下铣刀中心点运动轨迹

在铣削振动的作用下，刀具中心点的轨迹围绕无铣削振动条件下刀具中心点的轨迹呈现周期性的变动。

误差、铣削振动条件下的刀具中心点运动轨迹如式（2-34）所示。代入实验中的切削参数以及振动位移信号得到图 2-11。

$$\begin{cases} x_{gO} = v_f(t-(m-1)t_e) - mx_{g1} - (m-1)(x_{gL}+l_e) + A_x(t) \\ y_{gO} = y_{gW} + r_{max} - ma_e + A_y(t) \\ z_{gO} = z_{gH} - a_p + A_z(t) \end{cases} \tag{2-34}$$

3. 铣刀瞬时切削姿态解算

铣削过程中产生的振动不仅会导致铣刀整体产生位移偏置，同时也会使铣刀的姿态发生变化，如图 2-12 所示，图中参数含义如表 2-7 所示。

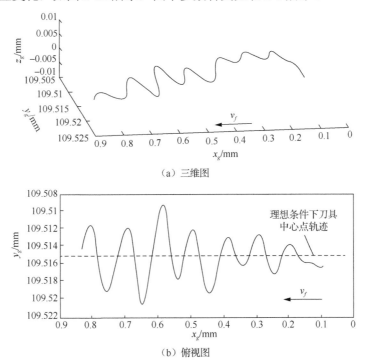

（a）三维图

（b）俯视图

图 2-11　误差、振动条件下刀具中心点的轨迹

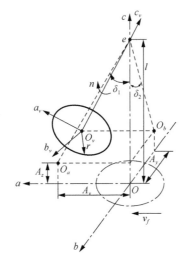

图 2-12　振动作用下的铣削位姿模型

表 2-7　振动作用下的铣削姿态模型参数含义

序号	参数	参数含义
1	e	计算铣刀悬伸量的起点
2	l	铣刀悬伸长度
3	eO_a	c_v 轴在平面 cOa 上的投影，与 c 轴（z_g 轴）的夹角为 δ_1
4	eO_b	c_v 轴在平面 cOb 上的投影，与 c 轴（z_g 轴）的夹角为 δ_2
5	$A_x(t)$	铣刀坐标原点在 x_g 方向上的振动位移，其中，在 x_g 轴正方向的位移为正，在 x_g 轴负方向的位移为负
6	$A_y(t)$	铣刀坐标原点在 y_g 方向上的振动位移，其中，在 y_g 轴正方向的位移为正，在 y_g 轴负方向的位移为负
7	$A_z(t)$	铣刀坐标原点在 z_g 方向上的振动位移，其中，在 z_g 轴正方向的位移为正，在 z_g 轴负方向的位移为负

根据图 2-8 和图 2-12 中的切削位姿模型，利用三维坐标变换关系，得到铣刀的姿态在工件坐标系中的变换过程，如式（2-35）～式（2-37）所示。

$$\left[x_g, y_g, z_g, 1\right]^{\mathrm{T}} = M_1\left[a, b, c, 1\right]^{\mathrm{T}}$$
$$= M_1 M_2\left[a_{v1}, b_{v1}, c_{v1}, 1\right]^{\mathrm{T}}$$
$$= M_1 M_2 T_2\left[a_v, b_v, c_v, 1\right]^{\mathrm{T}} \tag{2-35}$$

$$T_2 = \begin{bmatrix} \cos\delta_2 & 0 & -\sin\delta_2 & 0 \\ -\sin\delta_1\sin\delta_2 & \cos\delta_1 & -\sin\delta_1\cos\delta_2 & 0 \\ \cos\delta_1\sin\delta_2 & \sin\delta_1 & \cos\delta_1\cos\delta_2 & 0 \\ 0 & 0 & 0 & 1 \end{bmatrix} \tag{2-36}$$

$$\delta_1 = \arctan\left(\frac{A_x(t)}{l - A_z(t)}\right), \delta_2 = \arctan\left(\frac{A_y(t)}{l - A_z(t)}\right) \tag{2-37}$$

刀齿受铣刀几何结构约束，但其在铣刀坐标系的姿态不受振动影响，由此给出 t 时刻铣刀坐标系中的切削位姿图，如图 2-13 所示。

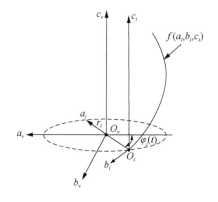

图 2-13　铣刀坐标系中的刀齿切削位姿模型

图 2-13 中，$\varphi_i(t)$ 为铣刀第 i 个刀齿瞬时位置角，$f(a_i,b_i,c_i)$ 为铣刀任意刀齿在刀齿坐标系中的方程。

由图 2-8、图 2-12 和图 2-13 可知，坐标系 $O_i\text{-}a_i b_i c_i$ 到 $O_g\text{-}x_g y_g z_g$ 的坐标变换如式（2-38）所示。其中，平移转换矩阵 M_3 和旋转矩阵 T_3 如式（2-39）和式（2-40）所示。

$$
\begin{aligned}
\left[x_g, y_g, z_g, 1\right]^{\mathrm{T}} &= M_1\left[a, b, c, 1\right]^{\mathrm{T}} \\
&= M_1 M_2 \left[a_{v1}, b_{v1}, c_{v1}, 1\right]^{\mathrm{T}} \\
&= M_1 M_2 T_2 \left[a_v, b_v, c_v, 1\right]^{\mathrm{T}} \\
&= M_1 M_2 T_2 M_3 T_3 \left[a_i, b_i, c_i, 1\right]^{\mathrm{T}}
\end{aligned}
\tag{2-38}
$$

$$
M_3 = \begin{bmatrix}
1 & 0 & 0 & -r\cos\theta_i(t) \\
0 & 1 & 0 & r\sin\theta_i(t) \\
0 & 0 & 1 & 0 \\
0 & 0 & 0 & 1
\end{bmatrix}
\tag{2-39}
$$

$$
T_3 = \begin{bmatrix}
\cos\theta_i(t) & \sin\theta_i(t) & 0 & 0 \\
-\sin\theta_i(t) & \cos\theta_i(t) & 0 & 0 \\
0 & 0 & 1 & 0 \\
0 & 0 & 0 & 1
\end{bmatrix}
\tag{2-40}
$$

根据三维坐标变换，铣刀任意刀齿刀尖点在工具坐标系中的切削运动轨迹如式（2-41）所示。

$$
\begin{cases}
x_{gO_i} = -r\cos\delta_2\cos\theta_i(t) + A_x(t) + x_d \\
y_{gO_i} = r\cos\theta_i(t)\sin\delta_1 + r\cos\theta_i(t)\sin\delta_1\sin\delta_2 + A_y(t) + y_d \\
z_{gO_i} = r\sin\delta_1\sin\theta_i(t) - r\cos\theta_i(t)\cos\delta_1\sin\delta_2 + A_z(t) + z_d
\end{cases}
\tag{2-41}
$$

将整体合金立铣刀参与切削的切削刃沿刀齿坐标系 c_i 轴方向等间距分为 $c^{k_{\max}}+1$ 个点，两点之间的距离为 Δc，切削刃上任意点在刀齿坐标系中坐标为 (a_i,b_i,c_i)，如图 2-14 所示。

整体合金立铣刀刀齿在刀具坐标系中的切削刃方程如式（2-42）所示。

$$
\begin{cases}
a = -r_i\cos(\varphi_i(t) - \zeta) \\
b = r_i\sin(\varphi_i(t) - \zeta) \\
c = r_i\zeta\cot\lambda_i
\end{cases}
\tag{2-42}
$$

式中，ζ 为滞后角。

由于第 i 个刀齿的切削刃上任意点在刀齿坐标系中的坐标为 (a_i,b_i,c_i)，根据上述三维坐标变换关系，可以求得切削刃上任意一点的切削刃运动轨迹，如式（2-43）所示。

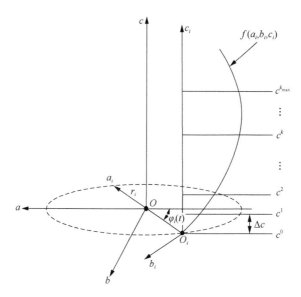

图 2-14　切削刃参考点的选取方法

$$
\begin{cases}
x_{gO_i} = A_x + x_d - c_i \sin\delta_2 - r\cos\delta_2 \cos(\theta_i(t)) + a_i \cos\delta_2 \cos(\theta_i(t)) + b_i \cos\delta_2 \sin(\theta_i(t)) \\
y_{gO_i} = A_y + y_d - a_i(\cos\delta_1 \sin(\theta_i(t)) + \cos(\theta_i(t))\sin\delta_1 \sin\delta_2) + b_i \cos\delta_1 \cos(\theta_i(t) - \sin\delta_1 \\
\qquad\quad \times \sin\delta_2 \sin(\theta_i(t))) + r\cos\delta_1 \sin(\theta_i(t)) - c_i \cos\delta_2 \sin\delta_1 + r\cos(\theta_i(t))\sin\delta_1 \sin\delta_2 \\
z_{gO_i} = A_z + z_d - a_i(\sin\delta_1 \sin(\theta_i(t)) - \cos\delta_1 \cos(\theta_i(t))\sin\delta_2) + b_i(\cos(\theta_i(t))\sin\delta_1 + \cos\delta_1 \\
\qquad\quad \times \sin\delta_2 \sin(\theta_i(t))) + c_i \cos\delta_1 \cos\delta_2 + r\sin\delta_1 \sin(\theta_i(t)) - r\cos\delta_1 \cos(\theta_i(t))\sin\delta_2
\end{cases}
$$

$$(2\text{-}43)$$

刀齿切入、切出过程解算如下。

（1）刀齿切入、切出识别。

由铣削系统的动力学模型可知，铣削系统的动力学方程满足式（2-44）。

$$
\begin{cases}
F_x(t) = m_x A_x(t)'' + c_x A_x(t)' + k_x A_x(t) \\
F_y(t) = m_y A_y(t)'' + c_y A_y(t)' + k_y A_y(t)
\end{cases}
\qquad(2\text{-}44)
$$

式中，$F_x(t)$ 为铣削力在 x_g 轴方向的分力；$F_y(t)$ 为铣削力在 y_g 轴方向的分力；m_x、m_y 分别为铣刀在 x_g 轴、y_g 轴方向上的模态质量；c_x、c_y 分别为铣刀在 x_g 轴、y_g 轴方向上的模态阻尼；k_x、k_y 分别为铣刀在 x_g 轴、y_g 轴方向上的模态刚度。

铣削系统动力学模型如图 2-15 所示。该模型将机床-刀具系统简化为 x_g、y_g 相互垂直方向上的二自由度振动系统。

对相同切削条件下的铣刀进给方向、工件切削宽度方向的动态切削力和铣削振动位移进行仿真分析，顺铣切削条件为：铣刀齿数为 5，铣刀转速为 1719r/min，每齿进给量为 0.07mm，铣削深度为 10mm。仿真结果如图 2-16～图 2-19 所示。

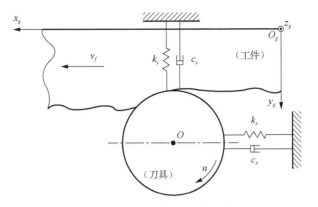

图 2-15　铣削系统动力学模型

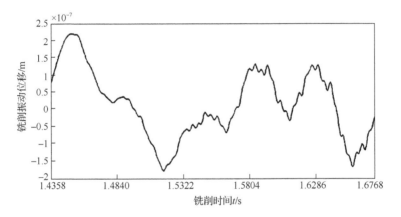

图 2-16　进给速度方向工件铣削振动位移

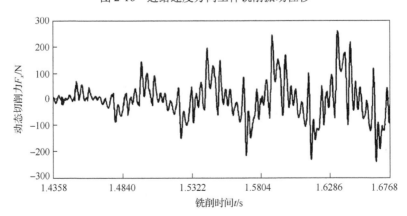

图 2-17　进给速度方向铣刀动态切削力

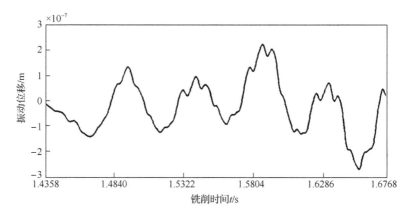

图 2-18 切削宽度方向工件振动位移

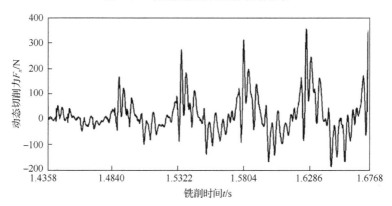

图 2-19 切削宽度方向铣刀动态切削力

由图2-16~图2-19可知,不论在铣刀进给速度方向还是在工件切削宽度方向,铣削力突变引起了铣刀振动位移的突变,且切削力的突变方向与振动位移的突变方向一致。

对铣刀刀齿切削工件时刻的切削力分析可知,切削力的突变是由于刀齿切入和切出工件时的切削层面积从某一数值突然降为 0。因此,铣刀顺铣时,铣刀振动位移的突变时刻为铣刀切入工件的时刻。

综上所述可知,刀齿切入、切出工件时的铣刀振动振幅具有突变性和方向性,且振动位移的突变方向与切削力的突变方向一致,因此,为得到刀齿切入工件时的铣刀振动位移的突变方向,对不同铣削方式下刀齿切入工件时的切削力方向进行分析,如图 2-20 所示。

图 2-20 中,F_{ci} 为刀齿切入工件时的主切削力,F_{cix} 为刀齿切入工件时的主切削力在 x_g 轴上的分力,F_{ciy} 为刀齿切入工件时的主切削力在 y_g 轴上的分力。

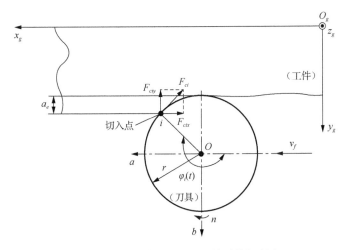

图 2-20　顺铣时刀齿切入工件时的切削力

刀齿切入工件时，铣刀的振动位移具有突变性和方向性。由于铣削工件时为多齿断续切削，因此，铣刀旋转一周引起的振动振幅突变存在时间间隔，且该间隔的大小和顺序是由铣刀的刀齿分布和铣削方式决定的。根据该特点，可以在振动加速度信号图中识别得到刀齿的切入时刻。铣刀刀齿的分布图如图 2-21 所示。

图 2-21 中，$\theta_{i,i+1}$ 为选定的第 i 个刀齿与第 $i+1$ 个刀齿之间的夹角。

令刀齿 1 与刀齿 2 切入工件的时间间隔为 $\mathrm{JT_1}$，刀齿 i 与刀齿 $i+1$ 切入工件的时间间隔为 $\mathrm{JT_i}$，刀齿 $i_{\max}$ 与刀齿 1 切入工件的时

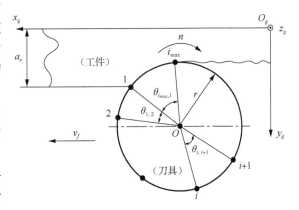

图 2-21　铣刀刀齿的分布图

间间隔为 $\mathrm{JT}_{i_{\max}}$，则 $\mathrm{JT_1}$、$\mathrm{JT_i}$ 和 $\mathrm{JT}_{i_{\max}}$ 的计算公式如式（2-45）所示：

$$\mathrm{JT_1} = \frac{\theta_{1,2}}{\omega}, \quad \mathrm{JT_i} = \frac{\theta_{i,i+1}}{\omega}, \quad \mathrm{JT}_{i_{\max}} = \frac{\theta_{i_{\max},1}}{\omega} \qquad (2\text{-}45)$$

令振动加速度信号某一振动位移突变时刻为 t_t，若该时刻的振动加速度信号突变是图 2-22 中刀齿 1 切入工件导致的，则突变时间间隔序列 T 如式（2-46）所示：

$$T = \left[\mathrm{JT_1}, \cdots, \mathrm{JT_i}, \cdots, \mathrm{JT}_{i_{\max}-1} \right] \qquad (2\text{-}46)$$

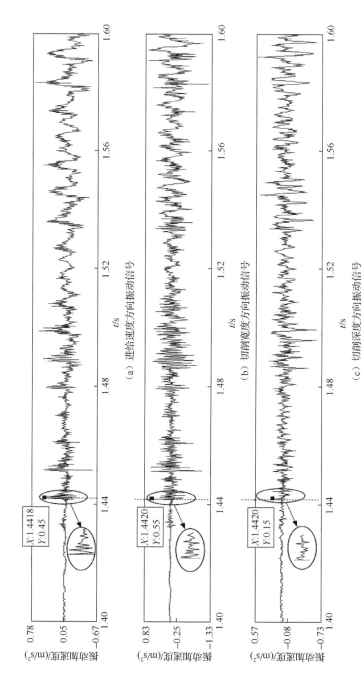

图 2-22　放大后的振动时域加速度信号

根据上述刀齿 1 突变时间间隔序列和刀齿切入工件时振动加速度的突变性和方向性，可以在振动加速度信号图中识别得到刀齿 1 切入工件所经历的时间。

根据上述实验测得的转速为 1719r/min 的振动加速度信号，以此为例将介于空转阶段 T_1 和初期切入阶段部分振动时域加速度信号放大，进行铣刀刀齿初始切入工件时刻的切削状态分析，放大后的振动时域加速度信号如图 2-22 所示。

由图 2-22 可以看出，在 t_t 时刻振动加速度信号开始发生突变，且进给速度方向的振动加速度信号最先发生突变，说明在 t_t 时刻刀齿开始切入工件。通过振动测试系统对刀齿的初始切入时刻 t_t 进行识别，得出 t_t 为 1.4418s。铣刀转速为 1719r/min，所以铣刀转过一转的时间为 0.035s。从初始切入时刻开始，截取时间间隔为 0.035s 的振动时域加速度信号进行分析。

图 2-23 中的时间段 JT_1、JT_2、JT_3、JT_4、JT_5 分别为刀齿 1、2、3、4、5 开始切入工件到下一个刀齿开始切入工件的时刻。

通过前面对铣刀有效切削齿数的计算可知，整个铣削过程是多齿切削。刀齿 1 切入工件时，发生振动信号的突变，铣削方式为顺铣，所以从刀齿 1 切入工件开始，振动信号逐渐衰减，在 1.4488s 时，振动信号开始发生第二次突变，说明刀齿 2 开始参与切削，所以时间段 JT_1 为单齿切削时间段。由连续的振动信号图可以看出，每隔时间段 JT_1 振动信号发生一次突变，所以振动周期为 7ms。

（2）刀齿瞬时位置角解算。

假定刀齿 i 切入工件时刻在 x_g 轴、y_g 轴、z_g 轴方向上的振动位移为 $A_x(t_t)$、$A_y(t_t)$、$A_z(t_t)$，则其在 t_t 时刻和切削 0 时刻的位置角如图 2-24，刀齿位置角求解模型参数含义如表 2-8 所示。

由图 2-24 可知，t 时刻刀齿 i 的瞬时位置角 $\varphi_i(t)$ 满足式（2-47）：

$$\varphi_i(t) = \frac{\pi}{2} - \arcsin\frac{r - a_e - A(t_t)}{r} \tag{2-47}$$

则铣刀顺铣时，切削 0 时刻刀齿 i 的瞬时位置角 φ_{i1} 满足式（2-48），进而得到切削 0 时刻刀齿 j 的瞬时位置角 φ_{j1}，如式（2-49）所示。

$$\varphi_{i1} = \begin{cases} \varphi_i(t) - \left(\omega t_1 - \left\lfloor \dfrac{\omega t_1}{2\pi} \right\rfloor 2\pi \right), & \omega t_1 - \left\lfloor \dfrac{\omega t_1}{2\pi} \right\rfloor 2\pi \leqslant \varphi_i(t) \\ 2\pi + \varphi_i(t) - \left(\omega t_1 - \left\lfloor \dfrac{\omega t_1}{2\pi} \right\rfloor 2\pi \right), & \omega t_1 - \left\lfloor \dfrac{\omega t_1}{2\pi} \right\rfloor 2\pi > \varphi_i(t) \end{cases} \tag{2-48}$$

$$\varphi_{j1} = \begin{cases} \varphi_{i1} - \theta_{i,j}, & \varphi_{i1} - \theta_{i,j} \geqslant 0 \\ 2\pi + \varphi_{i1} - \theta_{i,j}, & \varphi_{i1} - \theta_{i,j} < 0 \end{cases} \tag{2-49}$$

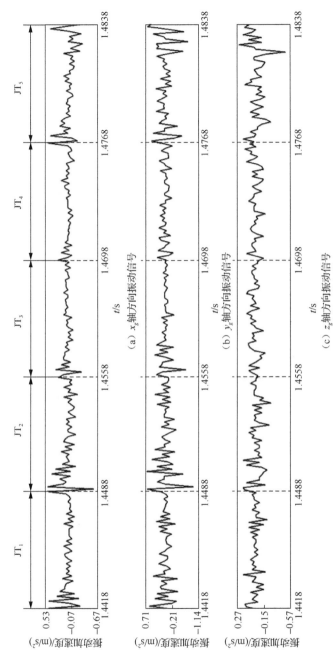

图 2-23　铣刀转过一周的振动时域加速度信号

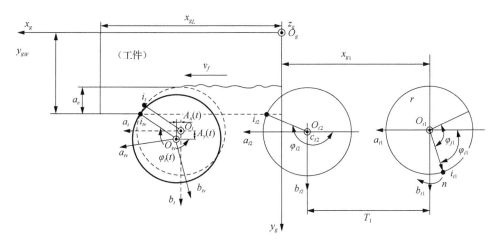

图 2-24　切削 0 时刻刀齿位置角求解模型

表 2-8　刀齿位置角求解模型参数含义

序号	参数	参数含义
1	O_t-$a_t b_t c_t$	t 时刻刀具坐标系
2	O_{tv}-$a_{tv} b_{tv} c_{tv}$	t 时刻铣削振动作用下刀具坐标系
3	φ_{i1}	0 时刻刀齿 i 的瞬时位置角
4	φ_{i2}	铣刀第 i 个刀齿切入工件的位置角
5	φ_{j1}	0 时刻刀齿 j 的瞬时位置角
6	$\varphi_i(t)$	铣刀第 i 个刀齿 t 时刻瞬时位置角

（3）刀齿切削加工过渡表面解算。

由于铣削加工过程为断续切削，故铣削表面是由铣刀各个刀齿依次进行切削形成的，即前一个刀齿切过后，后一个刀齿跟进切削，最后在工件表面上残留的最高点即为加工表面轮廓。根据此原理构建铣刀第一个刀齿初始切入工件模型，如图 2-25 所示。

图 2-25 中，t_1' 时刻代表铣刀第 i 个刀齿刀尖点切入时刻，t_2' 时刻代表铣刀第 i 个刀齿完全切入，t_1' 时刻与 t_2' 时刻之间代表铣刀第 i 个刀齿从刀尖点开始，其余部分依次切入。在这个过程中，铣刀存在进给速度，因此同一刀齿形成的加工表面是倾斜的。

铣削加工过渡表面是由第二个刀齿跟进第一个刀齿切削而形成，如图 2-26 所示。

由图 2-26 可知，铣刀第 i 个刀齿与第 $i+1$ 个刀齿形成的铣削加工表面明显不同。这是由两个刀齿之间存在的刀齿误差，以及两个刀齿分别切削时受到的振动以及两个刀齿的切削刃磨损差异性造成的。在上述 3 个因素的影响下，铣削加工表面的形成及其几何误差分布均呈现一种非线性的分布。

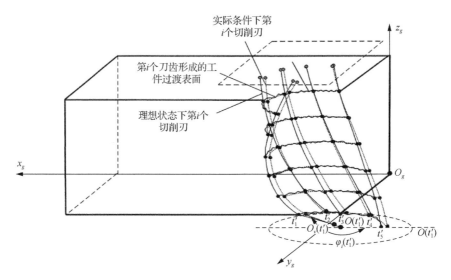

图 2-25　铣刀第 i 个刀齿初始切入工件模型

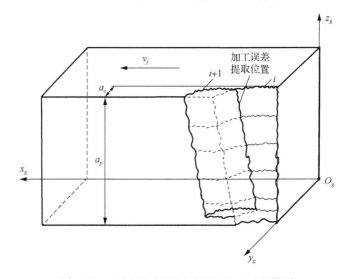

图 2-26　刀齿切削加工过渡表面形成过程模型

2.2.2　铣削加工表面形貌与加工误差分布的影响因素

在工件侧立面设计表面上，首先沿铣刀进给速度方向，从铣刀切入端到铣刀切出端等间距选取 u 个点，其中 $u = 0,1,2,\cdots,u_0$；然后沿铣削深度方向，从工件下表面到上表面等间距选取 m 个点，其中 $m = 0,1,2,\cdots,m_0$，如图 2-27 所示。

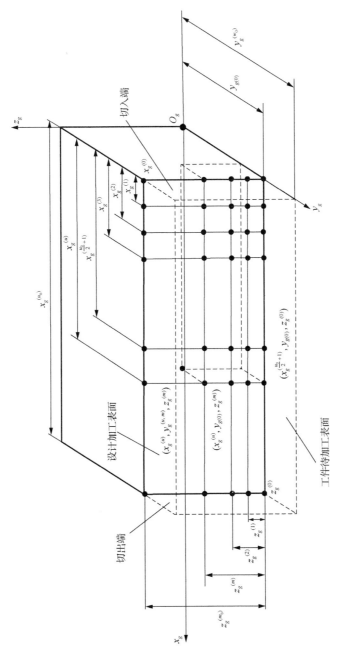

图 2-27　铣削加工表面特征点选取方法

图 2-27 中的变量关系如下：

$$a_e = y_g^{(w_0)} - y_{g(0)} \tag{2-50}$$

$$a_p \geqslant z_g^{(m_0)} \tag{2-51}$$

$$L = x_g^{(u_0)} \tag{2-52}$$

$$\Delta x_g = x_g^{(u)} - x_g^{(u-1)} = \frac{x_g^{(u_0)}}{u_0} \tag{2-53}$$

$$\Delta z_g = z_g^{(m)} - z_g^{(m-1)} = \frac{z_g^{(m_0)}}{m_0} \tag{2-54}$$

变量参数含义如表 2-9 所示。

表 2-9　铣削加工表面特征点选取方法参数含义

序号	参数	参数含义
1	$O_g\text{-}x_g y_g z_g$	工件坐标系，其中坐标原点 O_g 为工件底面两条边的交点，x_g 为与铣刀相对工件的进给速度方向平行的坐标轴，y_g 为与工件待铣削宽度方向平行的坐标轴，z_g 为与工件待铣削深度方向平行的坐标轴
2	$x_g^{(u)}$	工件加工表面上沿工件 x_g 轴方向上任意一点与工件右端面距离
3	$z_g^{(m)}$	工件加工表面上沿工件 z_g 轴方向上任意一点与工件下表面距离
4	$y_g^{(u,m)}$	工件加工表面上沿工件 y_g 轴方向上任意一点与测量基准面距离
5	$x_g^{(0)}$	工件加工表面上表面沿铣刀进给速度的起始点 x_g 坐标
6	$z_g^{(0)}$	工件加工表面下表面沿铣削深度方向的起始点 z_g 坐标
7	$x_g^{(u_0)}$	工件在 x_g 轴方向上的长度，u_0 为偶数
8	$y_g^{(w_0)}$	工件在 y_g 轴方向上的长度，w_0 为偶数
9	$z_g^{(m_0)}$	工件在 z_g 轴方向上的长度，m_0 为偶数
10	$y_{g(0)}$	加工误差测量基准表面与设计加工表面之间距离
11	$x_g^{\left(\frac{u_0}{2}+1\right)}$	沿工件 x_g 轴方向已加工表面中点与工件右端面距离
12	a_e	切削宽度
13	a_p	切削深度
14	L	切削行程
15	Δz_g	沿铣削深度方向的取点间隔
16	Δx_g	沿铣刀进给速度方向的取点间隔

根据图 2-27 中铣削加工表面特征点的选取方法可知，在工件侧立面设计加工表面上总共选取的点数 M 如式（2-55）所示。

$$M = (u_0 + 1) \cdot (m_0 + 1) \tag{2-55}$$

实验结束后，使用三坐标测量机获得相应铣削加工表面特征点的坐标，如表 2-10 所示。

表 2-10　铣削加工表面特征点坐标

x_g/mm	z_g/mm		
	0	5	10
0	99.5070	99.5008	99.4946
14	99.5049	99.4980	99.4911
28	99.5077	99.4990	99.4903
42	99.5121	99.4996	99.4871
56	99.4993	99.4921	99.4848
70	99.5075	99.5006	99.4938
84	99.4994	99.4933	99.4872
98	99.5154	99.5042	99.4930
112	99.4990	99.5065	99.5140
126	99.4911	99.5056	99.5160
140	99.4886	99.4992	99.5201
154	99.4918	99.4989	99.5099
168	99.4931	99.5007	99.5060
182	99.4879	99.4958	99.5083
196	99.4854	99.4936	99.5036
210	99.4861	99.4898	99.5018
224	99.4845	99.4941	99.4934
238	99.4880	99.4965	99.5037
252	99.4982	99.4999	99.5050
266	99.4919	99.4963	99.5017
280	99.4952	99.4982	99.5008
294	99.4987	99.5009	99.5012
308	99.4997	99.4986	99.5032
322	99.5019	99.5001	99.4975
336	99.5160	99.5069	99.4983
350	99.5161	99.5008	99.4978
364	99.5080	99.4981	99.4856

使用 MATLAB 对测量点进行拟合，得到铣削加工表面，如图 2-28 所示。

由表 2-10 和图 2-28 可知，受刀齿误差、切削刃磨损、铣削振动的影响，铣削加工表面呈现动态变化特性。

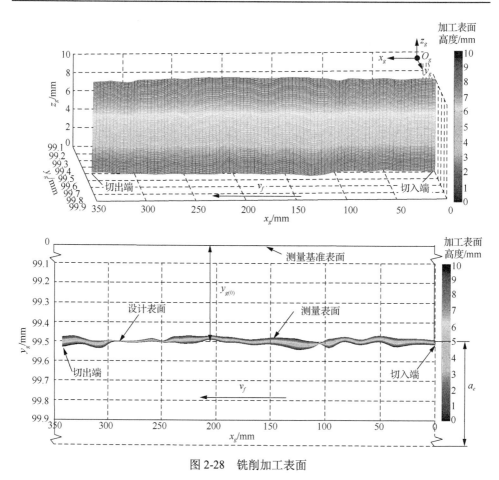

图 2-28 铣削加工表面

铣削加工误差解算及其分布函数构建方法如下。

（1）铣削加工误差解算方法。

加工误差分为加工形状误差、加工尺寸误差以及加工位置误差。其中，加工形状误差表示实际加工表面与设计表面在整体形状上的偏差。加工位置误差表示实际加工表面整体偏离设计表面的程度，包括距离和方向。加工尺寸误差表示实际表面与设计表面在各个位置处的尺寸偏差。

为了对铣削加工表面几何误差进行解算，根据图 2-27 中的铣削加工表面特征点的选取方法，选取沿坐标轴 y_g 正方向与工件设计表面偏离最大的点（$x_g^{(u_{\max})}, y_{g(\max)}, z_g^{(m_{\max})}$）和沿坐标轴 y_g 反方向与工件设计表面偏离最大的点（$x_g^{(u_{\min})}, y_{g(\min)}, z_g^{(m_{\min})}$），采用式（2-57）和式（2-58）求解加工表面尺寸误差 W_2 和 W_3。选取铣刀切出端处上表面的点（$x_g^{(u_0)}, y_g^{(u_0, m_0)}, z_g^{(m_0)}$），采用式（2-59）求解加工位置误差中的基准点误差 W_4。

选取 $(x_g^{(0)}, x_g^{(0,m_0)}, z_g^{(m_0)})$, $(x_g^{(u_0)}, y_g^{(u_{0,0})}, z_g^{(m_0)})$, $\left(x_g^{\left(\frac{u_0}{2}+1\right)}, y_g^{\left(\frac{u_0}{2}+1,m_0\right)}, z_g^{(0)}\right)$ 三个点，构建三远点平面。采用式（2-60）和式（2-61）求解三远点平面与 $y_gO_gz_g$ 平面之间的角度误差 W_5 以及与 $y_gO_gz_g$ 平面之间的角度误差 W_6。

将坐标系 $O_g\text{-}x_gy_gz_g$ 绕 z_g 轴旋转 W_5，再绕 x_g 轴旋转 W_6 得到坐标系 $O_g'\text{-}x_g'y_g'z_g'$。选取沿坐标轴 y_g' 正方向与三远点平面偏离最大的点 $(x_g'^{(u_{\max})}, y_{g(\max)}', z_g^{(m_{\max})})$ 和沿坐标轴 y_g' 但方向与三远点平面偏离最大的点 $(x_g'^{(u_{\min})}, y_{g(\min)}', z_g^{(m_{\min})})$，采用式（2-56）求解加工表面形状误差 W_1，如图 2-29 所示，图中参数含义如表 2-11 所示。

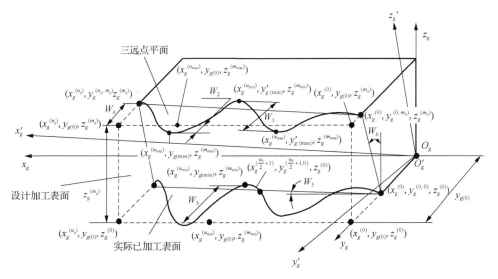

图 2-29 铣削加工误差解算方法

表 2-11 铣削加工误差解算方法参数含义

序号	参数	参数含义
1	$O_g'\text{-}x_g'y_g'z_g'$	铣削加工表面形状误差度量坐标系
2	$(x_g^{(u_{\max})}, y_{g(\max)}, z_g^{(m_{\max})})$	工件加工表面上尺寸偏差最大处的坐标
3	$(x_g^{(u_{\max})}, y_{g(0)}, z_g^{(m_{\max})})$	工件设计表面上与尺寸偏差最大处 x_g、z_g 轴方向坐标相同点的坐标
4	$(x_g^{(u_{\min})}, y_{g(\min)}, z_g^{(m_{\min})})$	工件加工表面上尺寸偏差最小处的坐标
5	$(x_g^{(u_{\min})}, y_{g(0)}, z_g^{(m_{\min})})$	工件设计表面上与尺寸偏差最小处 x_g、z_g 轴方向坐标相同点的坐标
6	$(x_g^{(u_{\max})}, y_{g(\max)}', z_g'^{(m_{\max})})$	$O_g'\text{-}x_g'y_g'z_g'$ 坐标系内实际加工表面与三远点平面之间尺寸偏差最大处的坐标

续表

序号	参数	参数含义
7	($x_g'^{(u_{\min})}, y_{g(\min)}', z_g'^{(m_{\min})}$)	$O_g' - x_g'y_g'z_g'$ 坐标系内实际加工表面与三远点平面之间尺寸偏差最小处的坐标
8	W_1	铣削加工表面形状误差
9	W_2	铣削加工表面最大尺寸误差
10	W_3	铣削加工表面最小尺寸误差
11	W_4	铣削加工表面位置基准点误差
12	W_5	三远点平面与 $y_gO_gz_g$ 平面之间的角度误差
13	W_6	三远点平面与 $x_gO_gz_g$ 平面之间的角度误差
14	l_1	三远点平面的法向量
15	l_2	$y_gO_gz_g$ 平面的法向量
16	l_3	$x_gO_gz_g$ 平面的法向量

$$W_1 = y_{g(\max)}' - y_{g(\min)}' \tag{2-56}$$

$$W_2 = y_{g(\max)} - y_{g(0)} \tag{2-57}$$

$$W_3 = y_{g(\min)} - y_{g(0)} \tag{2-58}$$

$$W_4 = y_g^{(u_0,m_0)} - y_{g(0)} \tag{2-59}$$

$$W_5 = \arccos(\frac{l_1 \cdot l_2}{|l_1| \times |l_2|}) - 90° \tag{2-60}$$

$$W_6 = \arccos(\frac{l_1 \cdot l_3}{|l_1| \times |l_3|}) - 0° \tag{2-61}$$

采用上述方法，获得铣削加工误差的整体水平为：W_1=0.03565mm、W_2=0.02011mm、W_3=−0.01550mm、W_4=−0.01440mm、W_5=0.04580°、W_6=−0.00470°。

（2）铣削加工误差分布函数构建方法。

为了揭示铣削加工表面加工几何误差沿铣削进给速度方向的分布特性，选取表 2-11 中沿铣刀进给速度方向相邻的 3 组点构建一个区域，如图 2-30 所示。采用此方法将铣削加工表面沿铣削进给速度方向等间距划分成 v 个区域，其中 $v = 1,2,3,\cdots,v_0$，并使用每个区域的中间位置代表整个区域。

图 2-30 中，变量关系如下所示：

$$x_{g(1)} = x_g^{(1)} \tag{2-62}$$

$$x_{g(2)} = x_g^{(3)} \tag{2-63}$$

$$v = 2u - 1 \tag{2-64}$$

$$x_{g(v)} = x_g^{(2u-1)} \tag{2-65}$$

$$\Delta x_g'' = x_{g(2)} - x_{g(1)} \tag{2-66}$$

$$\Delta x_g'' = 2\Delta x_g \tag{2-67}$$

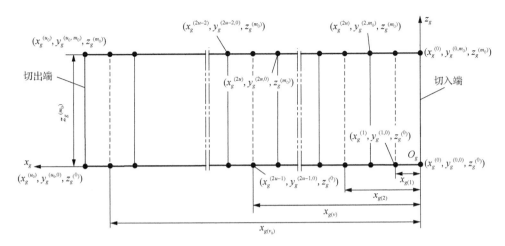

图 2-30　铣削加工误差分布区域划分方法

参数含义如表 2-12 所示。

表 2-12　铣削加工误差分布区域划分方法参数含义

序号	参数	参数含义
1	v	铣削加工表面上任意一个几何误差分布区域，$v=1,2,\cdots,v_0$
2	$x_{g(v)}$	铣削加工表面上任意一个几何误差分布区域，$x_{g(v)}\in(x_g^{(v-1)},x_g^{(v+1)})$
3	$\Delta x_g''$	铣削加工表面几何误差分布区域划分间隔

根据铣削加工表面特征点的选取方法和工件侧立面的区域划分方法，将铣削加工表面等分成 13 个区域，获得铣削加工表面各个区域内的特征点，如表 2-13 所示。

表 2-13　铣削加工表面各个区域内坐标点　　　　　　　　　　　单位：mm

x_g/mm		z_g/mm		
		0	5	10
14	0	99.5070	99.5008	99.4946
	14	99.5049	99.4980	99.4911
	28	99.5077	99.4990	99.4903
56	28	99.5077	99.4990	99.4903
	42	99.5121	99.4996	99.4871
	56	99.4993	99.4921	99.4848
70	56	99.4993	99.4921	99.4848
	70	99.5075	99.5006	99.4938
	84	99.4994	99.4933	99.4872

x_g /mm		z_g /mm		
		0	5	10
98	84	99.4994	99.4933	99.4872
	98	99.5154	99.5042	99.4930
	112	99.4990	99.5065	99.5140
126	112	99.4990	99.5065	99.5140
	126	99.4911	99.5056	99.5160
	140	99.4886	99.4992	99.5201
154	140	99.4886	99.4992	99.5201
	154	99.4918	99.4989	99.5099
	168	99.4931	99.5007	99.5060
182	168	99.4931	99.5007	99.5060
	182	99.4879	99.4958	99.5083
	196	99.4854	99.4936	99.5036
210	196	99.4854	99.4936	99.5036
	210	99.4861	99.4898	99.5018
	224	99.4845	99.4941	99.4934
238	224	99.4845	99.4941	99.4934
	238	99.4880	99.4965	99.5037
	252	99.4982	99.4999	99.5050
266	252	99.4982	99.4999	99.5050
	266	99.4919	99.4963	99.5017
	280	99.4952	99.4982	99.5008
294	280	99.4952	99.4982	99.5008
	294	99.4987	99.5009	99.5012
	308	99.4997	99.4986	99.5032
322	308	99.4997	99.4986	99.5032
	322	99.5019	99.5001	99.4975
	336	99.5160	99.5069	99.4983
350	336	99.5160	99.5069	99.4983
	350	99.5161	99.5008	99.4978
	364	99.5080	99.4981	99.4856

采用铣削加工表面几何误差解算方法，求解各个区域内铣削加工表面几何误差，得到铣削加工表面几何误差分布曲线如图2-31～图2-33所示。

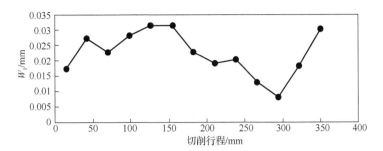

图 2-31　铣削加工表面形状误差分布曲线

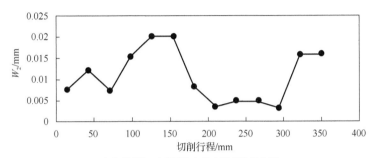

（a）铣削加工表面最大尺寸误差分布曲线

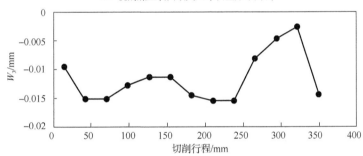

（b）铣削加工表面加工最小尺寸误差分布曲线

图 2-32　铣削加工表面尺寸误差分布曲线

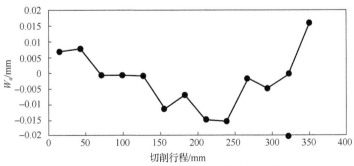

（a）铣削加工表面加工位置基准点误差分布曲线

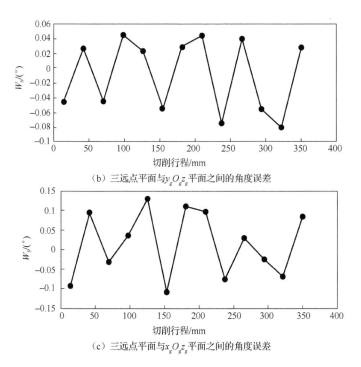

（b）三远点平面与$y_gO_gz_g$平面之间的角度误差

（c）三远点平面与$x_gO_gz_g$平面之间的角度误差

图 2-33   铣削加工表面位置误差分布曲线

由图 2-31～图 2-33 可知，铣削加工误差沿铣刀进给速度方向的分布呈现一种无规则的变化，这是由于在铣削钛合金过程中，受刀齿误差、铣削振动以及铣削刃磨损的影响，铣削姿态时刻发生变化，改变了铣刀与工件侧立面待加工表面的接触关系，进而影响了铣削加工表面沿铣刀进给速度方向的形成过程。铣削加工表面形状误差的分布曲线整体呈现一种先增大后减小的趋势，且在铣削加工表面上的第 6 切削区域达到最大。铣削加工表面最大尺寸误差和铣削加工表面尺寸误差最小值的分布曲线整体呈现一种先增大后减小的趋势，且分别在第 6 切削区域和第 8 切削区域达到最大。铣削加工表面位置点误差、三远点平面与 $y_gO_gz_g$ 平面之间的角度误差、三远点平面与 $x_gO_gz_g$ 平面之间的角度误差整体呈现一种频繁变化的趋势。

为了定量描述铣削加工误差沿 x_g 轴方向的变化特性，采用二元高次多项，构建铣削加工表面几何误差分布函数如下：

$$G^1(x_g) = \sum_{U=0}^{N} Q_U^1 x_g^U \tag{2-68}$$

$$G^2(x_g) = \sum_{U=0}^{N} Q_U^2 x_g^U \tag{2-69}$$

$$G^3(x_g) = \sum_{U=0}^{N} Q_U^3 x_g^U \tag{2-70}$$

$$G^4(x_g) = \sum_{U=0}^{N} Q_U^4 x_g^U \tag{2-71}$$

$$G^5(x_g) = \sum_{U=0}^{N} Q_U^5 x_g^U \tag{2-72}$$

$$G^6(x_g) = \sum_{U=0}^{N} Q_U^6 x_g^U \tag{2-73}$$

参数含义如表 2-14 所示。

表 2-14　铣削加工表面误差分布函数参数含义

序号	参数	参数含义
1	N	分布函数中出现的 x_g 的最高次幂
2	$G^1(x_g)$	铣削加工表面平面度分布函数
3	$G^2(x_g)$	铣削加工表面最大尺寸误差的分布函数
4	$G^3(x_g)$	铣削加工表面最小尺寸误差的分布函数
5	$G^4(x_g)$	铣削加工表面位置基准点误差的分布函数
6	$G^5(x_g)$	三远点平面与 $y_g O_g z_g$ 平面之间的角度误差的分布函数
7	$G^6(x_g)$	三远点平面与 $x_g O_g z_g$ 平面之间的角度误差的分布函数
8	U	x_g 的次幂
9	Q_U^1	铣削加工表面平面度分布函数中各项系数
10	Q_U^2	铣削加工表面最大尺寸误差的分布函数中各项系数
11	Q_U^3	铣削加工表面最小尺寸误差的分布函数中各项系数
12	Q_U^4	铣削加工表面位置基准点误差的分布函数中各项系数
13	Q_U^5	三远点平面与 $y_g O_g z_g$ 平面之间的角度误差的分布函数中各项系数
14	Q_U^6	三远点平面与 $x_g O_g z_g$ 平面之间的角度误差的分布函数中各项系数

采用上述拟合方法，得到铣削加工表面几何误差分布函数系数，如表 2-15～表 2-17 所示。

表 2-15　铣削加工表面形状误差分布函数系数

系数	取值
Q_0^1	−0.04616
Q_1^1	0.007559
Q_2^1	−0.000274
Q_3^1	4.72e−06
Q_4^1	−4.41e−08
Q_5^1	2.36e−10
Q_6^1	−7.25e−13
Q_7^1	1.18e−15
Q_8^1	−8.03e−19

表 2-16　铣削加工表面尺寸误差分布函数系数

W_2		W_3	
系数	取值	系数	取值
Q_0^2	−0.05322	Q_0^3	−0.00706
Q_1^2	0.007453	Q_1^3	−0.0001067
Q_2^2	−0.0002831	Q_2^3	−8.97e−06
Q_3^2	4.979e−06	Q_3^3	2.54e−07
Q_4^2	−4.67e−08	Q_4^3	−2.589e−09
Q_5^2	2.491e−10	Q_5^3	1.295e−11
Q_6^2	−7.597e−13	Q_6^3	−3.417e−14
Q_7^2	1.234e−15	Q_7^3	4.587e−17
Q_8^2	−8.285e−19	Q_8^3	−2.508e−20

表 2-17　铣削加工表面位置误差分布函数系数

W_4		W_5		W_6	
系数	取值	系数	取值	系数	取值
Q_0^4	−0.01305	Q_0^5	−0.2342	Q_0^6	−0.5538
Q_1^4	0.002404	Q_1^5	0.0212	Q_1^6	0.05051
Q_2^4	−8.591e−05	Q_2^5	−0.0006807	Q_2^6	−0.001513
Q_3^4	1.342e−06	Q_3^5	1.062e−05	Q_3^6	2.197e−05
Q_4^4	−1.106e−08	Q_4^5	−9.07e−08	Q_4^6	−1.763e−07
Q_5^4	5.082e−11	Q_5^5	4.443e−10	Q_5^6	8.227e−10
Q_6^4	−1.291e−13	Q_6^5	−1.239e−12	Q_6^6	−2.219e−12
Q_7^4	1.667e−16	Q_7^5	1.817e−15	Q_7^6	3.2e−15
Q_8^4	−8.309e−20	Q_8^5	−1.081e−18	Q_8^6	−1.901e−18

由表 2-15～表 2-17 可知，加工误差沿铣刀进给速度方向呈现一种非线性的分布状态。在加工误差分布函数中的各个指数有正有负，代表加工误差呈现一种上下波动的变化。其中 Q_0^1、Q_0^2、Q_0^3、Q_0^4、Q_0^5、Q_0^6 分别代表工件侧立面加工表面几何误差 W_1、W_2、W_3、W_4、W_5、W_6 的常数项。

由表 2-15 可知，在铣削加工表面形状误差分布函数系数中 $Q_0^1 \sim Q_2^1$ 的数值远大于 $Q_3^1 \sim Q_8^1$ 的数值，故铣削加工表面形状误差分布函数主要受系数 $Q_0^1 \sim Q_2^1$ 的影响。

由表 2-16 可知，在铣削加工表面最大尺寸误差分布函数系数中 $Q_0^2 \sim Q_2^2$ 的数值远大于 $Q_3^2 \sim Q_8^2$ 的数值，故铣削加工表面最大尺寸误差分布函数主要受系数 $Q_0^2 \sim Q_2^2$ 的影响。在铣削加工表面尺寸误差最小值分布函数系数中 Q_0^3、Q_1^3 的数值

远大于 $Q_2^2 \sim Q_8^2$ 的数值，故铣削加工表面最大尺寸误差分布函数主要受系数 Q_0^3、Q_1^3 的影响。

由表 2-17 可知，在铣削加工表面位置基准点尺寸误差分布函数系数中 Q_0^4、Q_1^4 的数值远大于 $Q_2^4 \sim Q_8^4$ 的数值，故铣削加工表面位置基准点尺寸误差分布函数主要受系数 Q_0^4、Q_1^4 的影响。在三远点平面与 $y_g O_g z_g$ 平面之间的角度误差分布函数系数中 Q_0^5、Q_1^5 的数值远大于 Q_2^5、Q_8^5 的数值，故三远点平面与 $y_g O_g z_g$ 平面之间的角度误差分布函数主要受系数 Q_0^5、Q_1^5 的影响。在三远点平面与 $x_g O_g z_g$ 平面之间的角度误差分布函数系数中 $Q_0^6 \sim Q_2^6$ 的数值远大于 $Q_3^6 \sim Q_8^6$ 的数值，故三远点平面与 $x_g O_g z_g$ 平面之间的角度误差分布函数主要受系数 $Q_0^6 \sim Q_2^6$ 的影响。

2.2.3　铣削工艺变量对加工质量的影响

为了揭示铣削参数对铣削加工表面几何误差的直接影响特性，采用表 2-18 中的铣削参数进行铣削加工表面及其几何误差的仿真。

表 2-18　铣削参数

编号	n / (r/min)	v_f / (mm/min)	a_e /mm	a_p /mm	L /mm
1	1719	573	1	10	364
2	1719	573	0.5	5	364
3	1719	500	0.5	10	364
4	1290	573	0.5	10	364

由铣削加工误差仿真方法可知，当只有铣削参数发生变化时，其对沿铣刀进给速度、铣削宽度、铣削深度方向的铣削加工表面及其误差的影响是相同的，故选取刀尖点截面作为研究对象进行分析，如图 2-34 所示。

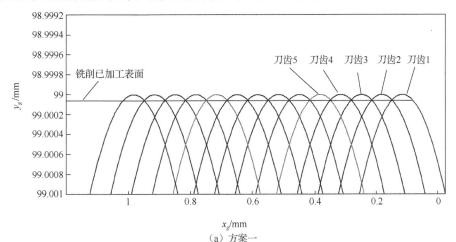

（a）方案一

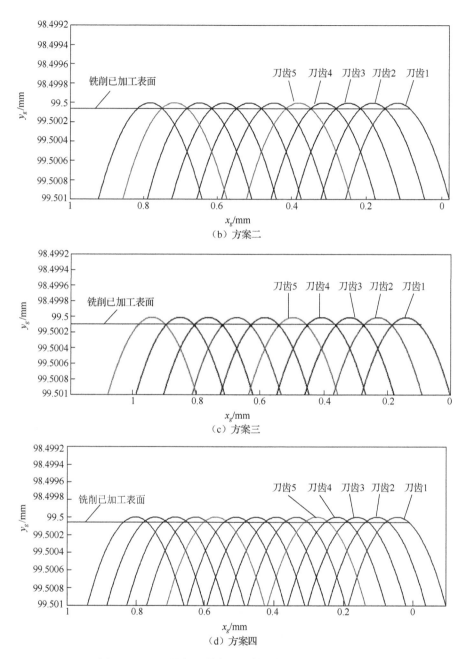

图 2-34　不同铣削参数条件下铣削加工表面二维轮廓

　　根据图 2-34 中的铣削加工表面仿真结果以及铣削加工误差解算方法得到不用铣削条件下的铣削加工误差结果，如表 2-19 所示。

表 2-19　不同铣削条件下的铣削加工误差

编号	W_1 /mm	W_2 /mm	W_3 /mm	W_4 /mm	W_5 /（°）	W_6 /（°）
1	0	0.00006	0.00006	0.00006	0	0
2	0	0.00006	0.00006	0.00006	0	0
3	0	0.00004	0.00004	0.00004	0	0
4	0	0.0001	0.0001	0.0001	0	0

根据表 2-19，当铣削参数发生改变后不会对铣削加工误差中 W_1、W_5、W_6 产生影响，只会对铣削加工误差中 W_2、W_3、W_4 产生较小的影响，因此，改变铣削参数对铣削加工表面及加工误差的影响并不明显。

由刀齿误差对铣削加工表面及其几何误差的影响分析可知，刀齿轴向误差不会对其产生较大的直接影响，而刀齿径向误差会直接影响铣削加工表面及其几何误差，如图 2-35、图 2-36 所示。

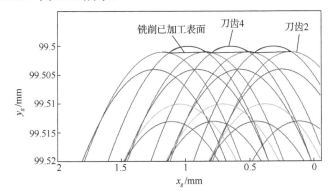

图 2-35　刀齿径向误差条件下的铣削加工表面二维轮廓

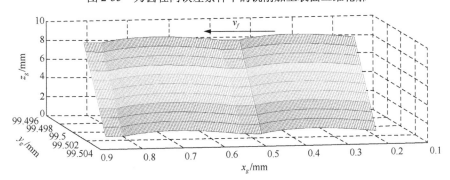

图 2-36　刀齿径向误差条件下的铣削加工表面

由上述仿真结果得到铣削加工误差整体水平，如表 2-20 所示。

表 2-20　刀齿径向误差条件下铣削加工表面整体加工误差

	W_1/mm	W_2/mm	W_3/mm	W_4/mm	W_5/(°)	W_6/(°)
误差值	0	0.0011	0.0011	0.0011	0	0

为了揭示铣刀刀齿切削刃磨损对铣削加工表面及其加工误差的影响，获得铣刀刀齿切削刃磨损条件下的铣削加工表面及其加工误差，如图 2-37 所示。

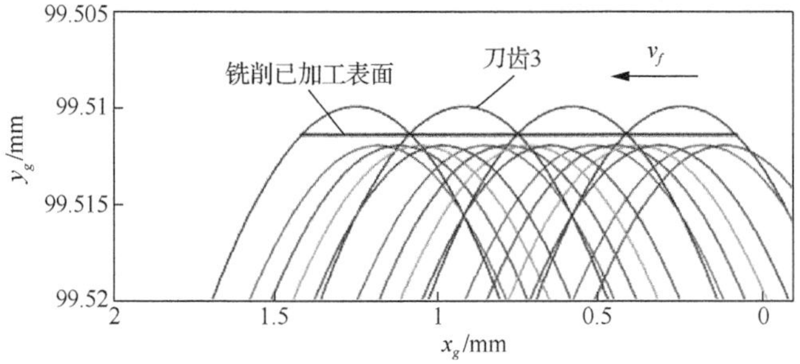

（a）下表面二维轮廓

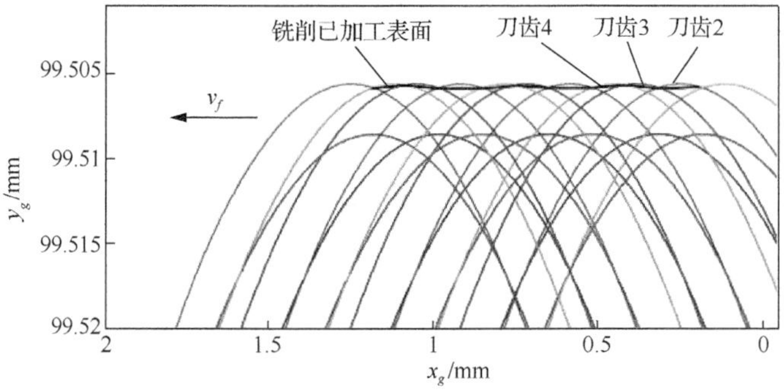

（b）上表面二维轮廓

图 2-37　铣刀刀齿切削刃磨损条件下的铣削加工表面二维轮廓

根据仿真结果得到铣削加工误差整体水平，如表 2-21 所示。

表 2-21　铣刀刀齿切削刃磨损条件下铣削表面整体加工误差

	W_1/mm	W_2/mm	W_3/mm	W_4/mm	W_5/(°)	W_6/(°)
误差值	0.0051	0.0114	0.0058	0.0058	0.0456	0.0321

将 2.2.2 节中的振动位移代入加工误差形成过程解算模型之中，得到振动及刀齿误差影响下的加工表面，如图 2-38 所示。

采用 2.2.2 节所提出的加工误差解算方法，进行加工表面整体几何误差和分布的解算，解算结果如表 2-22 所示，分布情况如图 2-39～图 2-41 所示。

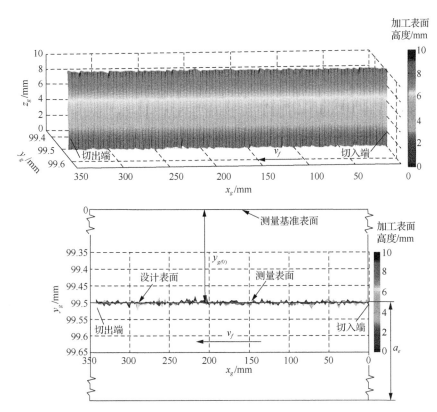

图 2-38　铣削振动及刀齿误差影响下的加工表面仿真结果

表 2-22　铣削振动条件下的整体加工误差

	W_1 /mm	W_2 /mm	W_3 /mm	W_4 /mm	W_5 /($°$)	W_6 /($°$)
误差值	0.03565	0.02011	−0.01554	0.0088	0.0458	0.0474

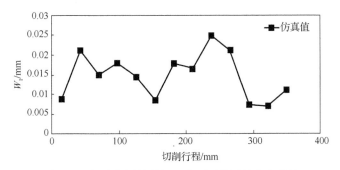

图 2-39　振动作用铣削加工表面形状误差分布曲线

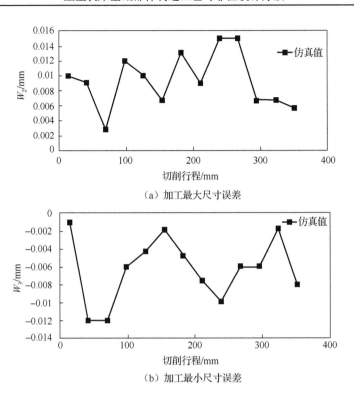

（a）加工最大尺寸误差

（b）加工最小尺寸误差

图 2-40　振动作用铣削加工表面尺寸误差分布曲线

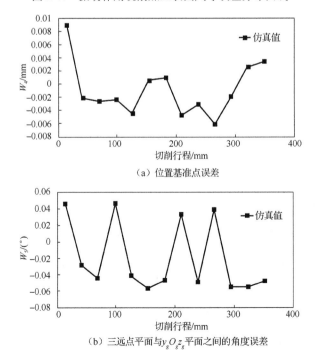

（a）位置基准点误差

（b）三远点平面与$y_gO_gz_g$平面之间的角度误差

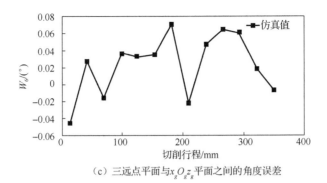

（c）三远点平面与$x_gO_gz_g$平面之间的角度误差

图 2-41　振动作用铣削加工表面位置误差分布曲线

由上述仿真结果可知，铣削振动对铣削加工表面误差的影响尤为显著。

2.3　结合面加工误差与表面形貌对机床性能的影响

2.3.1　机床结合面加工误差描述与表面形貌表征

在整机装配过程中，为保证机床结合面的装配精度，必须保证误差的最大值控制在合理范围内。

在机床结合面的各种误差中，与基准无关的误差被定义为结合面本质偏差，是实际结合面的特征相对于理想结合面的变动量，与基准有关的误差被定义为方位偏差，即实际结合面的方位特征与理想结合面的方位特征之间的几何变动量。其中，方位偏差是由本质偏差按照一定的装配关系构成的，因此，为提高机床的装配精度，在加工阶段主要控制结合面的本质偏差。

机床结合面的表面微观形貌由刀具切削待加工表面形成。受加工方式、刀具及切削参数等因素的影响，加工过程中不可避免地存在一定的误差，导致已加工表面高低不平，形成受加工条件及切削特征变量影响的具有特定几何结构的表面形貌特征。

目前使用范围较广的加工表面微观形貌评价指标是粗糙度评定参数 Ra。通过表面微观形貌形成过程可知，受加工方式、机床、刀具及切削参数等因素的影响，在相同表面粗糙度的情况下，加工表面微观形貌可以具有不同的几何结构，而粗糙度参数 Ra 仅是加工表面残余轮廓高度分布的统计值，无法反映微观结构随不同工艺条件而产生的多样性的特点，因此有必要对表面微观形貌的表征方法进行深入研究。

重型机床结合面铣削加工过程中，已加工表面上的微观形貌由微观轮廓单元构成，如图 2-42 所示，加工表面微观形貌由有限多个轮廓单元构成，这些微观轮廓单元的几何特性以及分布特性受工艺条件约束。

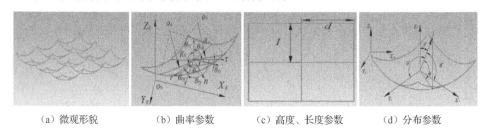

（a）微观形貌　　　（b）曲率参数　　　（c）高度、长度参数　　　（d）分布参数

图 2-42　表面微观形貌度量

依据空间自由曲面加工切削运动轨迹的生成原理，轮廓单元在空间参数曲面 $p(u,v)$ 上分布排列时，轮廓单元与空间自由曲面的切触点形成的曲线可表示为参数曲面 $p(u,v)$ 上的一组等参数曲线族：

$$p(u, v_j) = [x(u, v_j), y(u, v_j), z(u, v_j)], \quad j = 0,1,2,3,\cdots,n \qquad (2\text{-}74)$$

通过对轮廓单元几何及分布特性的表征可实现表面微观形貌结构的完整描述，故建立表面微观形貌结构评价指标体系，如表 2-23 所示。

表 2-23　表面微观形貌结构评价指标体系

轮廓单元特征		表征参数
几何特征	轮廓单元曲率	$R_{ui} = \dfrac{1}{2}\left(\left\|\dfrac{z''^2_{y_{ui}}}{(1+z'^2_{y_{ui}})^{3/2}}\right\| + \left\|\dfrac{z''^2_{x_{ui}}}{(1+z'^2_{x_{ui}})^{3/2}}\right\|\right)$
		$\pi_L(S)[L_1, L_2, \cdots, L_7]$ $= \big[\{S_{19}\}, \{S_{15}, S_{16}, S_{17}, S_{18}\}, \{S_{12}, S_{13}, S_{14}\},$ $\{S_{11}\}, \{S_8, S_{10}\}, \{S_9, S_7\}, \{S_1, S_2, S_3, S_4, S_5, S_6\}\big]$
分布特征参数	方向矢量	θ_u，θ_v
	方向距离	l_{pu}，l_{pv}
	方向角度	θ_{pu}，θ_{pv}

表 2-23 中，轮廓单元曲率半径 R_{ui} 表征轮廓单元的变化形式，通过曲率半径的变化反应轮廓单元的陡峭程度，轮廓单元的切矢量、法矢量以及副法矢量可以表征轮廓单元的凹凸性。尺寸参数组包括轮廓单元的最大表面残余高度参数 h_{max}、最高点剖面残余高度 h_1、最低点剖面残余高度 h_2、剖面宽度 d_1、剖面长度 l，l_{pu}、l_{pv}、θ_{pu} 和 θ_{pv} 分别表示沿 u 向和 v 向轮廓单元分布的距离及角度。

2.3.2　动静结合面性能与加工表面形貌映射关系

通过结合面与机床性能相关性分析，结合面的变形性能及接触性能是影响机床性能可重复性的主要因素。两个加工表面在螺栓预紧力作用下相互接触构成静结合面，由于作用力方向垂直于基础面，表面仅受法向载荷作用，故可将此类接触问题简化为一个粗糙表面与真实平面的接触问题。对于粗糙表面上的轮廓单元，可近似等效为球体，建立粗糙表面接触模型，其中，等效曲率半径为 R，如图 2-43 所示。

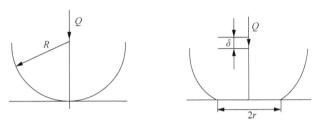

图 2-43 静结合面接触变形模型

在法向载荷 Q 的作用下，将产生法向变形 δ，依据赫兹理论，结合面性能指标与结构关系如下所示：

$$Q = \frac{4}{3} E R^{1/2} \delta^{3/2} \qquad (2\text{-}75)$$

$$r = \sqrt[3]{\frac{3QR}{4E}} \qquad (2\text{-}76)$$

$$\frac{1}{E} = \frac{1 - v_1^2}{E_1} = \frac{1 - v_2^2}{E_2} \qquad (2\text{-}77)$$

式中，E 为弹性模量；E_1、E_2、v_1、v_2、R 分别为两接触体材料的弹性模量、泊松比和综合曲率半径；δ 为法向压力作用下的接触变形量；r 为接触区域半径。其中，R 为

$$R = \frac{R_1 + R_2}{2} \qquad (2\text{-}78)$$

当微凸体的变形超出弹性范围时，临界变形量为变形判据：

$$\delta_c = \left(\frac{\pi k_1 H}{2E} \right)^2 R \qquad (2\text{-}79)$$

式中，H 为较软材料的硬度；k_1 是与较软材料泊松比有关的硬度系数，$k_1 = 0.454 + 0.41v$。

法向载荷 Q 作用下的应变量及应变速率为

$$\varepsilon_x = \delta_x / l_x, \quad \varepsilon_y = \delta_y / l_y, \quad \varepsilon_z = \delta_z / l_z \qquad (2\text{-}80)$$

$$\dot{\varepsilon}_x = \varepsilon_x / t, \quad \dot{\varepsilon}_y = \varepsilon_y / t, \quad \dot{\varepsilon}_z = \varepsilon_z / t \qquad (2\text{-}81)$$

由于接触区域的接触面积可以表示为

$$a' = \pi r^2 \tag{2-82}$$

故法向载荷 Q 作用下的法向接触刚度：

$$k_n = 2E\sqrt{\frac{a'}{\pi}} \tag{2-83}$$

当微凸体的接触面积 a' 小于临界接触面积 a_c 时，其接触变形属于塑性变形，而当 $a' > a_c$ 时，其接触变形属于弹性变形，接触变形临界接触面积为

$$a_c = \sqrt[3]{\frac{3Q\delta_c E}{\pi^2 k^2 H^2}} \tag{2-84}$$

接触面积大于 a_c 的点的分布个数为

$$N = \frac{\delta_c}{l\sin\theta} = \frac{\delta_c}{l\sin\left(\arcsin\left(l/2R\right)\right)} \tag{2-85}$$

式中，R 为综合曲率半径；l 为轮廓单元分布距离；θ 为角度。

故结合面接触刚度为

$$K_n = \int_{a_c}^{a_l} k_n \cdot N \mathrm{d}a \tag{2-86}$$

式中，a_l 为最大接触点的面积。

依据静结合面接触变形性能与结构关系模型，在相同法向载荷作用条件下，轮廓单元曲率半径增大使其变形减小，但增大了变形区域的接触半径，接触面积增大，进而增大了结合面接触刚度。轮廓单元依附曲面的曲率半径增大，轮廓单元分布角度减小，导致接触区域内参与接触的微观轮廓单元个数增多，从而使结合面接触性能及抗变形能力增强。

机床动结合面沿运动方向在载荷 T_F 作用下发生相对运动趋势。当 $T_F/P \geqslant \mu_0$（μ_0 为结合面两接触材料的静摩擦系数）时，结合面产生相对滑动；当 $T_F/P < \mu_0$ 时，切向接触刚度 k_t 存在，机床动结合面不仅受法向载荷作用，还受到沿其运动方向载荷的作用。运动方向载荷导致结合面接触处沿载荷方向产生变形，法向载荷及运动方向载荷共同作用的接触状态如图 2-44 所示。

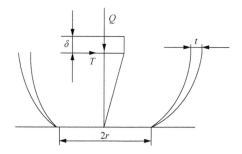

图 2-44　动结合面接触变形模型

运动方向载荷 T 与切向变形 t 之间的关系如下所示：

$$t = \frac{3(2-v)}{16Gr}\mu_0 P \left(1 - \left(1 - \frac{T}{\mu_0 Q}\right)\right)^{2/3} \tag{2-87}$$

式中，G、v、μ_0 为结合面两接触材料的当量剪切弹性模量、泊松比和静摩擦系数。

切向接触刚度 k_t 为

$$k_t = \frac{8Gr}{2-v}\left(1 - \frac{T}{\mu_0 Q}\right)^{1/3} \tag{2-88}$$

$$G = \frac{E}{2(1+v)} \tag{2-89}$$

在运动方向载荷作用下，接触界面上处于塑性变形的轮廓单元由于受到局部接触载荷作用而发生塑性流动，将不能继续承受切向载荷。故对于静摩擦仅需考虑弹性范围内的接触应力。

$$\begin{cases} \sigma_x = \frac{1-2v}{2a}Q + \frac{3\pi}{4a'}\left(1 + \frac{v}{4}\right)^2 \\ \sigma_y = \frac{9\pi}{16a}T - \frac{1-2v}{2a'}Q \end{cases} \tag{2-90}$$

式中，σ_x、σ_y 为法向载荷方向及运动方向应力。当结合面处于临界滑动状态时接触界面将达到完全屈服，此时运动方向承受的总载荷 T 等于最大静摩擦力 f。

$$f = T = \frac{8a'\sigma_c}{\pi(6-3v)} + \frac{8(2v-1)Q}{\pi(6-3v)} \tag{2-91}$$

故静摩擦系数为

$$\mu_0 = T \,/\, Q \tag{2-92}$$

由于接触区域的接触面积可以表示为

$$a' = \pi r^2 \tag{2-93}$$

由此可以得到轮廓单元切向接触刚度如下所示：

$$k_t = \frac{8Gr\sqrt{a'}}{2-v\sqrt{\pi}}\left(1 - \frac{T}{\mu_0 P}\right)^{1/3} \tag{2-94}$$

故结合面接触刚度为

$$K_t = \int_{a_c}^{a_l} k_t \cdot N \mathrm{d}a \tag{2-95}$$

当 $T\,/\,P \geqslant \mu$ 时，结合面间发生相对运动。其动摩擦系数为

$$\mu = \frac{2vh}{PN^4(\mathrm{e}^{\frac{hv}{NkT}} - 1)} \tag{2-96}$$

式中，h 为普朗克常量；T 为温度；k 为玻尔兹曼常量。

磨损速率为

$$I = \frac{\Delta H}{2\pi Rit}$$

（2-97）

式中，ΔH 为法向磨损深度；i 为单位时间内轮廓单元接触个数；t 为运动时间。

机床动结合面在运动方向载荷 T 作用下，由相对静止状态向相对运动状态转化。在载荷作用下发生相对运动倾向时，结合面发生弹性变形。依据变形量、运动方向接触刚度模型，轮廓单元曲率半径、依附曲面曲率半径的增大及轮廓单元分布角度、分布距离的减少将导致变形区域接触变形增大，使进给方向变形减少，发生相对运动需要克服的静摩擦力随运动方向接触刚度的增大而增大。

当结合面发生相对运动后，动结合面运动方向不存在切向刚度。依据动摩擦系数及磨损率模型，增大轮廓单元及其依附曲面曲率半径使其承受的正压力减小，进而使轮廓单元承受的摩擦力减小，分布距离及角度的减小导致承受载荷的轮廓单元数量增加，进而减小了单个轮廓单元承受的摩擦力，有利于结合面抗摩擦磨损性能的提高。

2.3.3　结合面加工误差对整机装配精度的影响

空间任意刚体具有绕 X、Y、Z 三个坐标轴转动和沿 X、Y、Z 三个坐标轴移动的自由度，而机床导轨结合面的作用是在保存要实现功能运动方向自由度的同时约束导轨结合面其余五个方向的自由度。如图 2-45 所示，运动中部件 A 相对部件 B 倾斜和部件 A 沿部件 B 运动偏离理想基准直线的程度决定了部件 A 沿部件 B 的相对运动精度，而部件 A 沿部件 B 运动偏离理想基准直线的程度受垂直平面和水平面内的直线度的影响；部件 A 相对部件 B 的倾斜受两导轨 B_1 和 B_2 在垂直平面内的平行度影响。因此，评价导轨的精度指标为垂直平面内的直线度、垂直平面内的平行度、水平面内的直线度。

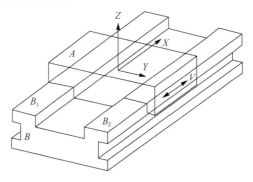

图 2-45　导轨结构示意图

部件 A 沿 X 轴正方向在部件 B 上运动的距离为 l'，在距离为 l' 的行程中，水平导轨部件 B 由直线度误差引起的运动方向偏角为 $\beta = \delta / l$，如图 2-46 所示。

则此时的定位误差为

$$\Delta x = l' - l'\cos\beta \tag{2-98}$$

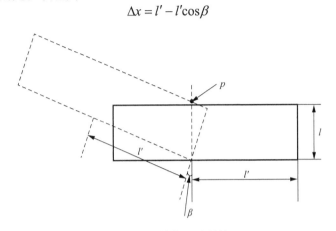

图 2-46　导轨运动误差

直线度计算公式为

$$l'' = 0.05\beta l' \tag{2-99}$$

根据《机床检验通则　第 1 部分：在无负荷或精加工条件下机床的几何精度》（GB/T 17421.1—1998）中的规定，导轨运动方向任意 1000mm 测量长度上的误差为 0.02mm，则可判断：当 $l' = 1000$、$l'' > 0.02$ 时，机床几何精度超差。

根据《机床检验通则　第 2 部分：数控轴线的定位精度和重复定位精度的确定》（GB/T 17421.2—2016）的规定，则可判断：

（1）当 $l' \leqslant 500$、$\Delta x = l' - l'\cos\beta > 0.02$ 时，机床定位精度超差；

（2）当 $500 < l' \leqslant 1000$、$\Delta x = l' - l'\cos\beta > 0.025$ 时，机床定位精度超差；

（3）当 $1000 < l' \leqslant 2000$、$\Delta x = l' - l'\cos\beta > 0.02$ 时，机床定位精度超差。

2.3.4　结合面加工误差对机床加工精度的影响

影响机床装配精度的因素为机床五个轴运动副相关结合面的误差，而且各运动副导轨结合面是机床装配中的基准面，可直接反映机床的加工精度，无论导轨结合面是否承受载荷，其基准面必须保证机床各轴的直线运动精度，从而满足机床被加工件的精度要求。

当机床运动副导轨间的平行度较差时，机床运动的阻力增大，严重时将会出现运动干涉现象，使得传动丝杠出现弹性变形，增大反向间隙，从而引发定位误差。

如图 2-47 所示，$O\text{-}YZ$ 为理想坐标系，A 孔、B 孔及 O 孔分别位于 Z 轴、Y 轴及坐标原点。以 Z 轴为基准，当导轨结合面间存在垂直度误差时坐标系为 $O\text{-}ZY'（O\text{-}ZY''）$，

B'（B''）孔为机床真实加工坐标系中工件的孔位，中心距 OB（OB''）等于 OB。工件加工后 A 孔、O 孔、B 孔的实际中心距为 l_1、l_2、l_3，由余弦定理可得 Z 轴与 Y 轴的夹角为

$$\alpha = \arccos \frac{l_1^2 + l_2^2 - l_3^2}{2l_1 l_2} \qquad (2\text{-}100)$$

如图 2-47 所示，Y 轴与 Y' 轴夹角为 $\theta = 90° - \alpha$，其中 θ 可视作垂直度引起的角度误差，在机床的运行过程中将引起机床的定位误差。

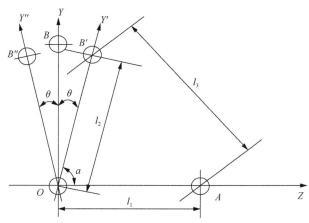

图 2-47　坐标轴间角度误差

图 2-48 中，C 为理论行程，C'为 X、Y 轴行程的测量值，H 为激光测量直线导轨面距离，h 为导轨直线度误差，θ 为滑体角度。

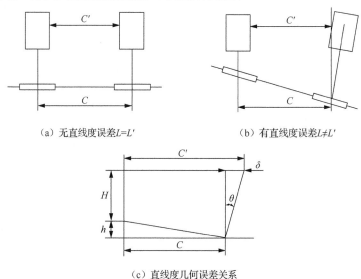

（a）无直线度误差$L=L'$　　　　（b）有直线度误差$L \neq L'$

（c）直线度几何误差关系

图 2-48　导轨结合面直线度误差对定位精度的影响

$$\theta = \arctan\left(h / C\right) \tag{2-101}$$

$$\delta = \left(H + h\right)\tan\theta \tag{2-102}$$

定位误差为

$$\sigma = H \times h / C + h^2 / C \tag{2-103}$$

2.4　机床结合面高效铣削工艺设计方法

2.4.1　结合面高效铣削工艺目标与设计变量

通过研究结合面性能与其表面微观形貌的关系，确定加工表面形貌控制目标，并制定合理的制造工艺，以获得可以满足性能要求的、具有较好加工质量的表面。

（1）铣刀铣削加工效率模型。

以铣刀在单位时间内沿加工表面进给方向的遍历面积表征其铣削精加工工序的加工效率。铣刀铣削加工效率模型如公式（2-104）所示：

$$s = \sum_{t=0}^{t_z} v_f \cdot a_e \tag{2-104}$$

式中，v_f 为任意时刻进给速度（mm/min）；a_e 为铣削宽度（mm）；t_z 为铣削总时间（s）。

$$t = \frac{S_d}{S} \tag{2-105}$$

铣刀铣削加工效率模型约束条件如公式（2-106）所示：

$$t \leqslant t_{d\max} \tag{2-106}$$

式中，t 为精加工使用时间；$t_{d\max}$ 为单面加工的最长时间。

（2）铣刀铣削加工表面误差分布及粗糙度模型。

铣刀铣削加工质量包括加工表面误差分布以及粗糙度。其中，加工表面误差分布反映了零部件加工后的型面误差的分布状态，影响零部件装配精度；表面粗糙度利用平均化处理反映加工表面残余高度是否在规定幅值内。加工表面误差分布及粗糙度模型如式（2-107）~式（2-110）所示。

误差分布曲面曲率均匀度：

$$\Delta R_w = \max\left(\left|R_{w\max} - R_{w\min}\right|\right) \tag{2-107}$$

误差分布角度均匀度：

$$\Delta \theta_w = \max\left(\left|\theta_{w\max} - \theta_{w\min}\right|\right) \tag{2-108}$$

误差分布距离均匀度：

$$\Delta l_w = \max\left(\left|l_{w\max} - l_{w\min}\right|\right) \tag{2-109}$$

表面粗糙度均匀度：

$$\Delta Ra = \max\left(\left|Ra_{\max} - Ra_{\min}\right|\right) \tag{2-110}$$

式中，$R_{w\max}$ 和 $R_{w\min}$ 为误差分布曲率均匀度最大值和最小值；$\theta_{w\max}$ 和 $\theta_{w\min}$ 为误差分布角度均匀度最大值和最小值；$l_{w\max}$ 和 $l_{w\min}$ 为误差分布距离均匀度最大值和最小值；$Ra_{\max}$ 和 $Ra_{\min}$ 为表面粗糙度均匀度最大值和最小值；$R_{w\min}$、$\theta_{w\max}$ 及 $l_{w\max}$ 都必须满足零部件结合面装配精度要求；$Ra_{\max}$ 满足机床性能要求中对残余高度要求的上限。

（3）铣刀铣削加工表面微观形貌模型。

通过对机床性能与表面结构分析可知，轮廓单元曲率半径、分布距离及角度对结合面性能产生直接影响。铣刀铣削加工表面微观形貌模型如式（2-111）～式（2-115）所示。

轮廓单元均匀度：

$$\Delta R = \max\left(\left|R_{\max}^f - R_{\min}^f\right|\right) \tag{2-111}$$

分布角度均匀度：

$$\Delta\theta = \max\left(\left|\theta_{\max}^f - \theta_{\min}^f\right|\right) \tag{2-112}$$

分布距离均匀度：

$$\Delta l = \max\left(\left|l_{\max}^f - l_{\min}^f\right|\right) \tag{2-113}$$

摩擦磨损性能约束条件：

$$\mu_0 - \mu_{0\max} < 0 , \quad \mu - \mu_{\max} < 0 , \quad W - W_{\max} < 0 \tag{2-114}$$

接触刚度约束条件：

$$K - K_{\max} < 0 \tag{2-115}$$

2.4.2 铣削工艺层次结构与设计矩阵

由于铣削加工中的各铣削因素之间的交互作用，参数优化目标顺序不明确，应用结构模型对各铣削元素之间的层次关系进行求解，以获得优化目标的优化顺序。

建立铣刀铣削元素集 Acts（Acts=主轴转速 n、每齿进给量 f_z、刀具齿数 z、刀尖圆弧半径 r、主偏角 κ_r、副偏角 κ_r'、铣削力 F、铣削振动振幅与振动频率 A_a+f_m、安装误差 W、刀具变形量 P、刀具使用寿命 T、进给方向轮廓单元曲率 R_f、进给分布间距 l_f、进给方向分布角度 θ_f、进给方向表面粗糙度 Ra_f、误差分布曲面曲率 R_{wf}、进给分布间距 l_{wf}、进给方向分布角度 θ_{wf}、加工效率 V，各元素用 S_i 表示，$i = 1,2,\cdots,19$）：

$$\text{Acts} = \{S_1, S_2, S_3, S_4, S_5, S_6, S_7, S_8, S_9, S_{10}, S_{11}, S_{12}, S_{13}, S_{14}, S_{15}, S_{16}, S_{17}, S_{18}, S_{19}\} \tag{2-116}$$

建立铣刀的关系集，首先需要建立铣削元素二元关系表，如表 2-24 所示，其中：1 表示行元素对列元素有直接制约关系；0 表示行元素对列元素无直接影响关系。

表 2-24　铣刀铣削元素二元关系表

	S_1	S_2	S_3	S_4	S_5	S_6	S_7	S_8	S_9	S_{10}	S_{11}	S_{12}	S_{13}	S_{14}	S_{15}	S_{16}	S_{17}	S_{18}	S_{19}
S_1	1	0	0	0	0	0	1	1	0	1	0	0	0	0	0	0	0	0	1
S_2	0	1	0	0	0	0	1	1	0	1	0	0	1	1	1	0	0	0	1
S_3	0	0	1	0	0	0	1	0	0	1	0	0	0	0	0	0	0	0	0
S_4	0	0	0	1	0	0	1	0	0	1	0	1	0	0	0	0	0	0	0
S_5	0	0	0	0	1	0	1	1	0	1	0	1	1	1	1	0	0	0	0
S_6	0	0	0	0	0	1	1	1	0	1	0	1	1	1	1	0	0	0	0
S_7	0	0	0	0	0	0	1	1	0	1	1	0	0	0	0	0	0	0	0
S_8	0	0	0	0	0	0	0	1	0	1	0	1	1	1	1	1	1	1	0
S_9	0	0	0	0	0	0	1	1	1	0	1	0	0	0	0	0	0	0	0
S_{10}	0	0	0	0	0	0	0	0	0	1	0	0	0	0	0	1	1	1	0
S_{11}	0	0	0	0	0	0	0	0	0	0	1	1	1	1	1	1	1	1	1
S_{12}	0	0	0	0	0	0	0	0	0	0	0	1	0	0	0	0	0	0	1
S_{13}	0	0	0	0	0	0	0	0	0	0	0	0	1	0	1	0	0	0	1
S_{14}	0	0	0	0	0	0	0	0	0	0	0	0	0	1	1	0	0	0	1
S_{15}	0	0	0	0	0	0	0	0	0	0	0	0	0	0	1	0	0	0	1
S_{16}	0	0	0	0	0	0	0	0	0	0	0	0	0	0	0	1	0	0	1
S_{17}	0	0	0	0	0	0	0	0	0	0	0	0	0	0	0	0	1	0	1
S_{18}	0	0	0	0	0	0	0	0	0	0	0	0	0	0	0	0	0	1	1
S_{19}	0	0	0	0	0	0	0	0	0	0	0	0	0	0	0	0	0	0	1

根据二元关系表可建立邻接矩阵 A，利用公式（2-117）和公式（2-118）对邻接矩阵 A 的可达矩阵 $R=(r_{ij})$ 进行求解，求解步骤如下：

$$R^{(n)} = A \cdot A \cdot A \cdot \cdots \cdot A = A^{(n-1)} \cdot A \tag{2-117}$$

如果 $R^{(n-1)} \neq R^{(n)}$ 且 $R^{(n)} \neq R^{(n+1)}$，则称 $R^{(n)}$ 为系统因素的可达矩阵，记为 R：

$$R = R^{(n)} \text{ 或 } R = \left(r_{ij}\right) = I \cdot A \cdot A \cdot \cdots \cdot A = \left(I \cdot A\right)^{n} \tag{2-118}$$

按上式计算，得到加工系统的关系集 Rels，计算可得到达矩阵 R，进而按照以下步骤对铣刀铣削加工系统的层次结构进行划分。

（1）将系统元素划分级次。

求元素 S_i 的可达集 $R(S_i)$ 及前因集 $A(S_i)$，其中 $R(S_i)$ 和 $A(S_i)$ 的具体含义是指：

$R(S_i)$={与 S_i 同级且有强连通关系的所有元素}

　　　 ={可达矩阵 R 中第 i 行所有元素为 1 的列所对应的元素}

$A(S_i)$={到达元素 S_i 的所有元素}

　　　 ={与 S_i 有强连通关系的下一级元素}

　　　 ={可达矩阵 R 中第 j 行所有元素为 1 的行所对应的元素}

（2）进行分层级划分，具体做法如下：

设 $L_0 = \varnothing$ （空集），集合 $L_1, L_2, \cdots, L_k$ 表示从上到下的级次，记为

$$\pi_L\left(S\right) = \left[L_1, L_2, \cdots, L_k\right] \tag{2-119}$$

其中 L_k 的算法为

$$L_k = \left\{S_i \in S - L_0 - \cdots - L_{k-1}\left(S_i\right) / R_{k-1}\left(S_i\right) \bigcap A_{k-1}\left(S_i\right) = R_{k-1}\left(S_i\right)\right\} \tag{2-120}$$

按照步骤对各铣削元素按级划分，见表2-25，为方便起见，元素 S_i（$i = 1, 2, \cdots, 19$）在表中用数字 i（$i = 1, 2, \cdots, 19$）表示。

表2-25　铣刀铣削元素分层划分计算表

元素	可达集 $R(S_i)$	前因集 $A(S_j)$	$R(S_i) \bigcap A(S_j)$
S_1	1,7,8,9,10,11,12,13,14,15,16,17,18,19	1	1
S_2	2, 7,8,9,10,11,12,13,14,15,16,17,18,19	2	2
S_3	3,7,8,9,10,11,12,13,14,15,16,17,18,19	3	3
S_4	4,7,8,9,10,11,12,13,14,15,16,17,18,19	4	4
S_5	5,7,8,9,10,11,12,13,14,15,16,17,18,19	5	5
S_6	6,7,8,9,10,11,12,13,14,15,16,17,18,19	6	6
S_7	7,8,10,11,12,13,14,15,16,17,18,19	1,2,3,4,5,6,7	7
S_8	8,9,10,11,12,13,14,15,16,17,18,19	1,2,3,4,5,6,7,8	8
S_9	8,10,11,12,13,14,15,16,17,18,19	1,2,3,4,5,6,7,8,10	8,10
S_{10}	8,10,11,12,13,14,15,16,17,18,19	1,2,3,4,5,6,7,8,10	8,10
S_{11}	11,12,13,14,15,16,17,18,19	1,2,3,4,5,6,7,8,9,10,11	11
S_{12}	12, 15,19	1,2,3,4,5,6,7,8,9,10,11,12	12
S_{13}	13,15,19	1,2,3,4,5,6,7,8,9,10,11,13	13
S_{14}	14,15,19	1,2,3,4,5,6,7,8,9,10,11,14	14
S_{15}	15,19	1~15	15
S_{16}	16,19	1,2,3,4,5,6,7,8,9,10,11,16	16
S_{17}	17,19	1,2,3,4,5,6,7,8,9,10,11,17	17
S_{18}	18,19	1,2,3,4,5,6,7,8,9,10,11,18	18
S_{19}	19	1~19	19

由此得第一层元素集为 L_1={19}，按照此种方法逐一求解，可得综合分层结果为

$$\pi_L\left(S\right)\left[L_1, L_2, \cdots, L_7\right]$$

$$= \left[\left\{S_{19}\right\}, \left\{S_{15}, S_{16}, S_{17}, S_{18}\right\}, \left\{S_{12}, S_{13}, S_{14}\right\}, \left\{S_{11}\right\}, \left\{S_8, S_{10}\right\}, \left\{S_9, S_7\right\}, \left\{S_1, S_2, S_3, S_4, S_5, S_6\right\}\right]$$

在完成级划分后，给出铣削元素的强连通表，如表2-26所示。

表 2-26　铣刀铣削元素关系强连通表

	S_{19}	S_{18}	S_{17}	S_{16}	S_{15}	S_{14}	S_{13}	S_{12}	S_{11}	S_{10}	S_9	S_8	S_7	S_6	S_5	S_4	S_3	S_2	S_1
S_{19}	1	0	0	0	0	0	0	0	0	0	0	0	0	0	0	0	0	0	0
S_{18}	1	1	0	0	0	0	0	0	0	0	0	0	0	0	0	0	0	0	0
S_{17}	1	0	1	0	0	0	0	0	0	0	0	0	0	0	0	0	0	0	0
S_{16}	1	0	0	1	0	0	0	0	0	0	0	0	0	0	0	0	0	0	0
S_{15}	1	0	0	0	1	0	0	0	0	0	0	0	0	0	0	0	0	0	0
S_{14}	1	0	0	0	1	1	0	0	0	0	0	0	0	0	0	0	0	0	0
S_{13}	1	0	0	0	1	0	1	0	0	0	0	0	0	0	0	0	0	0	0
S_{12}	1	0	0	0	1	0	0	1	0	0	0	0	0	0	0	0	0	0	0
S_{11}	1	1	1	1	1	1	1	1	1	0	0	0	0	0	0	0	0	0	0
S_{10}	0	1	1	1	1	1	1	0	1	1	0	0	0	0	0	0	0	0	0
S_9	0	1	1	1	1	1	0	0	1	0	1	0	0	0	0	0	0	0	0
S_8	0	0	0	0	0	0	0	0	0	1	1	1	0	0	0	0	0	0	0
S_7	0	0	0	0	0	0	0	0	0	0	1	1	1	0	1	1	0	0	0
S_6	0	0	0	0	1	1	1	1	1	0	1	0	1	1	1	0	0	0	0
S_5	0	0	0	0	0	1	1	1	1	0	1	0	1	1	1	0	0	0	0
S_4	0	0	0	0	0	0	0	0	0	0	0	0	0	0	0	1	0	0	0
S_3	0	0	0	0	0	0	0	0	0	0	0	0	0	0	0	0	1	0	0
S_2	1	0	0	0	1	1	1	1	0	0	0	0	0	0	0	0	0	1	0
S_1	1	0	0	0	0	0	0	0	0	1	1	0	1	0	0	0	0	0	1

至此，铣刀的基本变量元素的层次已划分完毕，还需确定铣削加工中的初始条件。铣刀铣削加工过程中，影响结合面加工表面质量的初始条件包括刀具振动性能、加工工件的硬度及其被加工型面的结构参数及结合面性能要求。其中，刀具振动性能是选择稳定铣削参数的基础，刀具直径及齿间距等参数将通过影响铣削层面积来对铣削过程产生影响。结合面性能要求是加工目标确定的约束条件，故依据层次结构分析结果及初始条件，优化指标层次顺序为：加工效率、表面粗糙度、误差分布规律、表面微观结构、刀具寿命、铣削振动及刀具变形和铣削载荷及刀具安装误差。

2.4.3　机床结合面铣削工艺优化设计模型

为对铣刀加工效果进行评价，需建立铣刀铣削加工评价模型，建立设计变量的目标函数，通过目标函数对铣削加工参数进行优化，获得高效、高质量的铣削工艺参数。依据参数优化评价层次关系，建立优化目标模型。

机床静结合面在仅受法向载荷压力的条件下，要求其应具有较大接触刚度和较高的抗变形能力以增强整机稳定性。通过 2.3.2 节分析可知，影响静结合面接触刚度的主要因素是宏观依附曲面的曲率半径、微观轮廓单元的曲率及半径分布，故影响动结合面的主要因素是主轴转速、每齿进给量及刀具圆弧半径。

　　根据静结合面接触性能及变形性能提出六种机床结合面加工表面宏微观特征要求，并对分别满足六种加工要求的工艺域 $A_1 \sim A_6$ 进行交集求解，最后可得到满足机床静结合面性能要求的结合面加工表面工艺域，如图 2-49 所示。

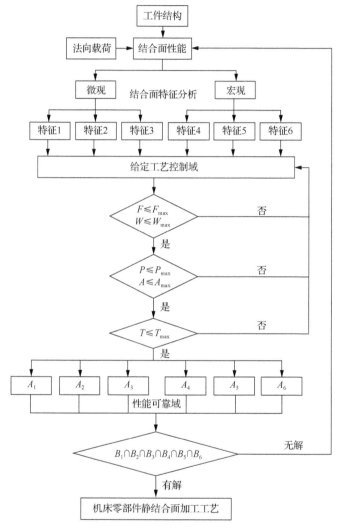

图 2-49　机床静结合面表面加工工艺优化

　　依据机床动结合面性能要求，在法向载荷及切向载荷作用下提出加工表面质量要求。以加工表面及铣削过程要求为约束条件，分别给出满足六种机床动结合面加工表面的影响因素域，通过求解六种影响因素域 $B_1 \sim B_6$ 的交集得到满足机床动结合面性能要求的工艺方案。

通过对加工表面质量影响因素的分析，依据动结合面性能加工约束条件，给出动结合面工艺设计方法，如图 2-50 所示。

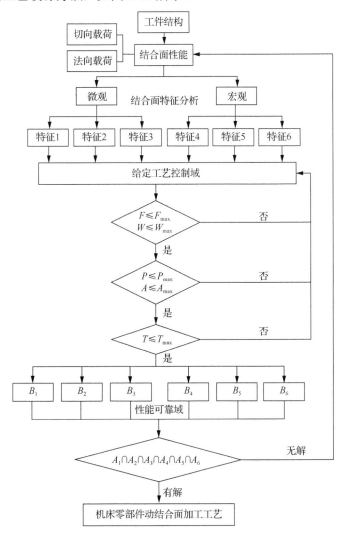

图 2-50　机床动结合面表面加工工艺优化

通过对机床结合面表面微观形貌及铣削加工工艺分析，以结合面性能要求为约束条件，提出工艺优化设计方法主要原则如下：

（1）加工静结合面及动结合面驱动力允许范围内，选刀过程中应尽量选择圆弧半径大的刀片，在保证结合面性能的前提下提高加工效率；

（2）铣削加工过程中，铣削振动过大时应尽量降低进给速度，以减小刀具振动冲击对加工表面几何结构的影响；

（3）如果铣削过程刀具磨损严重，应首先考虑降低主轴转速以延长刀具寿命，减小刀具磨损对加工表面几何结构的影响。

2.4.4　机床结合面铣削工艺优化方法验证

为了验证所提出的重型机床结合面加工工艺优化方法的有效性，进行结合面高效铣削加工实验，实验所采用的机床为大连机床厂生产的 DMTGVML-1000E，根据企业调研数据选取原工艺参数，并采用所提出的结合面加工工艺优化方法获得与原工艺参数相对应的新工艺参数，如表 2-27 所示。

表 2-27　工艺参数表

工艺参数	铣削线速度 V_c /（m/min）	进给速度 V_f /（m/min）	铣削深度 a_p /mm
原工艺参数	395.64	0.8	0.32
新工艺参数	494.59	0.9	0.32

实验结束后，采用超景深显微镜对原工艺与新工艺加工表面质量进行对比，如图 2-51 所示。

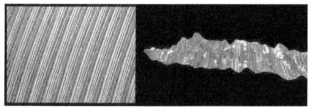

（a）原工艺加工表面质量

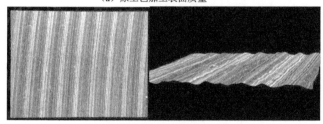

（b）新工艺加工表面质量

图 2-51　原工艺与新工艺加工表面质量对比

通过原工艺和新工艺对比分析发现，新工艺的工件表面粗糙度为 0.712μm，单位时间铣削面积为 864mm²/min，与原有工艺参数相比，表面粗糙度值为原工艺的 22.91%，加工效率提高了 12%。在加工表面放大 100 倍观测时，新工艺加工表面残余高度较小，轮廓与轮廓的变化幅度小，说明新工艺轮廓单元所依附的加工曲面平缓。在放大 1000 倍下观测表面，新工艺的轮廓单元分布平缓，分布较原工艺更加均匀。

为进一步验证工艺参数优化方法的有效性，利用 ANSYS 软件对静结合面、动结合面接触应力场及变形量进行分析，结果如表 2-28 和表 2-29 所示。

表 2-28　静结合面性能分析

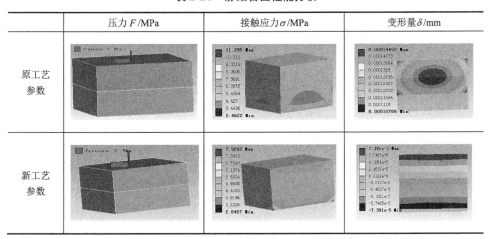

	压力 F/MPa	接触应力 σ/MPa	变形量 δ/mm
原工艺参数			
新工艺参数			

表 2-29　动结合面性能分析

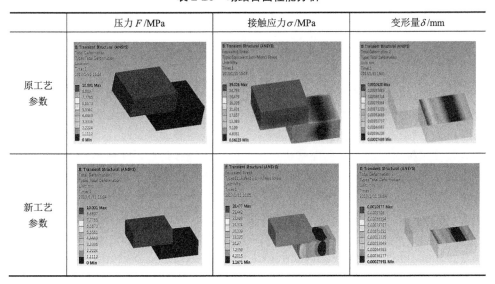

	压力 F/MPa	接触应力 σ/MPa	变形量 δ/mm
原工艺参数			
新工艺参数			

对原工艺和新工艺静结合面的接触刚度进行分析，对比结果如图 2-52 所示。

通过有限元仿真分析发现，由于新工艺加工表面微观轮廓单元曲率半径大，分布距离及分布角度小，其在相同载荷作用下参与接触的单元个数较旧工艺加工表面增多。随着法向载荷的增加，当压力增加到接近轮廓单元的屈服极限时，轮廓单元因应力集中而导致塑性变形，使得接触界面中弹性变形所占接触变形比例下降。

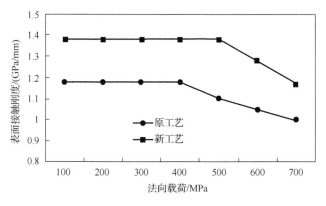

图 2-52　静结合面接触刚度分析

　　由于原工艺加工表面微观轮廓加工分布角度更大，因此其先进入塑性变形的轮廓单元更多，导致原工艺的接触刚度下降。在相同载荷作用下，新工艺加工表面构成的结合面变形性能提高了 29.7%、接触刚度提高了 19.8%。在结合面相对运动速度相同的条件下，新工艺结合面较旧工艺结合面接触应力低，抗摩擦磨损能力提高了 27.8%。说明采用所提出的结合面加工工艺优化方法有效。

2.5　本　章　小　结

　　（1）本章对机床装配精度指标进行了描述和分析，通过对精度指标的进一步分解，将机床的装配误差分为结合面的初始加工误差和装配变形误差，提取了与各精度指标相关的结合面，揭示了结合面的误差对整机装配精度的影响特性。并对各精度指标对应的结合面在整机结构上的位置进行定位，从而得出了各结合面的空间分布特性，通过对空间结合面误差的分析，明确了影响机床装配精度的结合面为构成机床各轴运动副的结合面。运用齐次坐标变换及其微分理论，对机床装配精度进行建模，揭示了影响机床装配精度的因素为各运动副结合面的本质偏差及装配过程中的累积误差。建立了结合面误差与机床零部件自由度的关系，揭示了机床结合面误差对机床装配精度及装配后加工精度的影响特性，提出了满足机床装配精度的结合面公差设计方法。

　　（2）本章建立铣刀和刀齿瞬时铣削运动模型，揭示了铣刀刀齿瞬时铣削位姿的动态变化特性及其控制变量。结果表明，受刀齿误差、铣削刃磨损、铣削振动的影响，铣刀刀齿的位姿时刻发生变化，进而导致铣削刃与工件过渡表面的接触关系发生变化，影响加工误差的形成过程。依据铣刀铣削方式，刀齿切入、切出工件时刻，铣削力和铣削振动信号振幅存在突变性，据此可识别出铣刀刀齿切入、切出工件的时刻。分析刀齿误差、铣削刃磨损、铣削振动影响下铣削运动轨迹变化特性，建立加工表面几何误差形成过程解算模型，通过仿真结果与实验结果的对比分析，验证了该模型的有效性。

（3）本章通过对结合面误差描述和分析，得出了影响装配精度的误差为与基准有关的方位偏差和与基准无关的本质偏差，且方位偏差受本质偏差和结合面接触变形误差影响，揭示了结合面误差对机床整机装配精度和机床加工精度的影响特性。建立了表面微观形貌评价指标体系，实现了对表面微观形貌的定量描述，并对铣削加工表面形貌进行了表征。建立动静结合面性能指标与其表面微观结构关系模型，获得了加工表面几何结构变化对结合面性能的影响规律，结果表明：增大静结合面表面曲率半径或减小分布距离、分布角度可提高静结合面的抗变形能力及接触刚度；增大动结合面表面曲率半径会减小分布距离、分布角度，这将导致其静摩擦系数的增大，在驱动载荷允许条件下，有利于提高动结合面抗磨性。

（4）本章对各个机床结合面高效铣削质量影响因素进行了层次结构划分处理，获得了铣削特征变量与控制变量的层次结构关系。以结合面性能要求及工艺条件为约束，建立了基于结合面性能要求的铣削加工工艺优化设计方法。对结合面加工参数进行优化设计，通过工艺加工表面效果及结合面性能分析发现，新工艺表面微观形貌分布平缓，其加工表面构成的动静结合面在相同载荷条件下表现出的摩擦磨损性能、接触刚度及抗变形性能均优于旧工艺，验证了该机床结合面高效铣削工艺设计方法的有效性。

第3章　高效铣削重型机床基础部件刀具安全稳定性

建立在高性能机床全面发展基础之上的高效铣削技术，其核心是采用安全可靠的刀具来实现高效、高精度和高表面质量的加工，但在重型机床零部件铣削过程中，高效铣刀结构在离心力和动态切削力等周期性载荷和冲击载荷作用下的振动响应，直接影响切削行为，进而对刀具磨损和加工表面质量产生影响，当高效铣刀铣削所受的动载荷超过铣刀结构的承载能力，则直接影响铣刀的安全稳定性，重则导致铣刀产生永久性破坏。

本章分析铣削过程中能量的消耗，提出了铣削层厚度和加工表面残留高度能效评价指标，建立了高效铣刀铣削能效模型。通过离心力及切削力交互作用下的高效铣刀模态分析，建立单齿切削和多齿切削的动态切削力模型，并利用频谱，结合铣刀模态分析，研究高效铣刀安全稳定性的主要影响因素及不同组件的稳定性行为特征。采用灰色关联分析法，探究铣削振动与切削载荷的关系，提出高效铣刀结构动力稳定性的评价指标，形成高效铣削稳定性控制方法。

3.1　高效铣削能效及其稳定性

3.1.1　铣削能效评价

数控机床进给系统具有单独的动力驱动装置。进给系统具有独立的驱动电动机，其传递的能量由该电动机单独提供，其能量传递如图3-1所示。

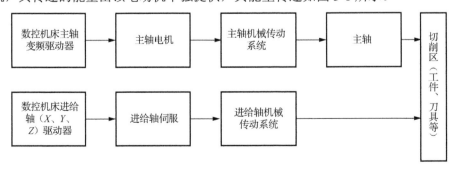

图 3-1　数控机床能量传递示意图

机械加工系统在运行时，每个子系统都伴随着能量的输入、储存和释放、损耗和输出。机械加工系统实现加工所需的能量经过机床主轴和进给系统的驱动电动机转变为机械能。其中一部分机械能用以维系机械加工系统中各个子系统的相关运动，另外一部分机械能经传递、损失能耗而抵达切削加工工件的区域。

在某一时间段内，机床主轴系统的能量流包括：机床主轴系统的输入能量（E_i）；主轴系统的切削能耗（E_c）；主轴系统广义储能（E_s），即加工过程中主轴系统储存能量和释放能量的代数和；主轴系统损耗的总能量（E_L），如图 3-2 所示。

机械加工系统实现加工所需的能量，经过主轴电动机和机床主轴系统的传递转变为机械能。其中一部分机械能用以维系机械加工系统的运动和损耗，另一部分机械能经传递转化为切削金属所需的能量，如式（3-1）所示：

$$E_i(t) = E_s(t) + E_L(t) + E_c(t) \qquad (3-1)$$

根据实际加工物理过程，机床功率实质是机床不同运行状态功率特性，如图 3-3 所示。

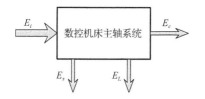

图 3-2　数控机床主轴系统的能流图

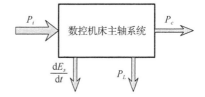

图 3-3　数控机床主轴系统的瞬态能流图

上述的能耗可用功率进行瞬态能量表示，如式（3-2）所示：

$$P_i(t) = \frac{\mathrm{d}E_s}{\mathrm{d}t} + P_L(t) + P_c(t) \qquad (3-2)$$

式中，P_i 为机床主轴系统的输入功率；E_s 为机床主轴系统广义储能；P_L 为机床主轴系统传动能耗功率；P_c 为主轴系统的切削功率。

当图 3-3 中的主轴系统切削功率 $P_c=0$ 时，主轴系统处于空载运行的状态，主轴系统总输入的功率称为主轴系统空载功率。空载功率是维持主轴运动最基本的功率，是一种无关切削载荷的功率，也可以称为非载荷功率，用 P_u 表示，它包括主轴系统广义储能功率和空载时机床主轴系统传动能耗功率。因此，机床空载时主轴系统的空载功率如式（3-3）所示：

$$P_i(t) = P_u(t) = \frac{\mathrm{d}E_s}{\mathrm{d}t} + P_L(t) \qquad (3-3)$$

在保持切削参数不变时，根据 Kienzle 公式进行计算，切削层单位面积上的切削力不变，如式（3-4）所示：

$$P_c = \frac{P_{c1.1}}{h_D^\mu} \tag{3-4}$$

式中，$P_{c1.1}$ 为切削厚度和宽度各为 1mm 时的切削层单位面积切削力；h_D 为切削厚度；μ 为指数，表示 h_D 对切削层单位面积切削力的影响程度。

在加工参数不变的情况下，切削功率不变。引入 Kienzle 公式，切削功率如式（3-5）所示：

$$P_c = p_c \cdot A_D \cdot v_c \tag{3-5}$$

式中，p_c 为材料的平均单位切削力；A_D 为切削面积；v_c 为切削速度。

当图 3-3 中的主轴系统切削功率 $P_c \neq 0$ 时，主轴系统处于负载运行的状态，其传动时阻力及电机磁场也会发生变化，主轴进给传动系统和主轴电动机的总损耗功率要在原空载损耗的基础上增加，增加的这部分损耗称为主轴系统附加损耗功率 P_a。因此，机床负载时的主轴系统功率如式（3-6）所示：

$$P_i(t) = \frac{dE_s}{dt} + P_L(t) + P_a(t) + P_c(t) \tag{3-6}$$

切削作用导致数控机床负载运行时主轴系统的输入功率与数控机床空载运行时的主轴系统的输入功率存在差值，因此，数控机床主轴系统输入功率的差值如式（3-7）所示：

$$\Delta P_i(t) = P_{c1}(t) + P_a(t) + \left(\frac{dE_s}{dt} - \frac{dE_{s1}}{dt}\right) \tag{3-7}$$

式中，ΔP_i 表示数控机床主轴系统的输入功率的差值；P_a 表示主轴系统附加损耗功率；P_{c1} 表示主轴系统的有效切削功率；E_{s1} 表示空载时主轴系统广义储能。

当主轴系统处于负载状态时，切削载荷增加，切削功率也随之增加，因此数控机床主轴系统输入功率的差值如式（3-8）所示：

$$\Delta P_i(t) = P_{c1}(t) + P_a(t) + \left(\frac{dE_{s2}}{dt} - \frac{dE_{s1}}{dt}\right) + \Delta P_f \tag{3-8}$$

式中，ΔP_f 表示主轴系磨损附加能耗功率；E_{s2} 表示负载时主轴系统广义储能。

在不考虑切削过程中的主轴振动和切削磨损时，数控机床负载运行状态和空载运行状态下的机床主轴系统的输入功率差值不仅包括切削功率，还包括机床主轴系统的附加损耗功率。

机床主轴系统的效率可作为一项能耗指标，它能反映主轴系统在任一瞬时切削功率、损耗功率和输入功率之间的比例关系。

引入主轴系统能量效率概念，并将其定义为：某一时刻，数控机床主轴系统的切削功率与主轴系统能量流输入功率之和的比值。机床切削工件时主轴系统能量效率如式（3-9）所示：

$$\psi = \frac{P_{c1}(t)}{P_{c1}(t) + P_a(t) + \dfrac{\mathrm{d}E_{s2}}{\mathrm{d}t} + \Delta P_f(t) + P_L(t)} \tag{3-9}$$

式中，ψ 为主轴系统能量效率；P_{c1} 为主轴系统的有效切削功率。

　　为了正确评价高效铣削能效，需要对高效铣刀能量效率求解，为此，进行高效铣削加工实验。实验使用大连机床厂生产的 DMTGVML-1000E 机床，刀具为直径 63mm、主偏角 45°的装有硬质合金刀片的 6 齿等齿距面铣刀，实验材料为 HT300，工件尺寸为 300mm×150mm×100mm，具体实验参数如表 3-1 所示。

表 3-1　实验参数表

编号	铣削行程 L/mm	切削速度 $v_c/(\mathrm{m/min})$	每齿进给量 f_z/mm	切削宽度 a_e/mm	切削深度 a_p/mm
1	300	395	0.4	30	0.04
2	900	395	0.4	30	0.04
3	1500	395	0.4	30	0.04
4	2100	395	0.4	30	0.04
5	2700	395	0.4	30	0.04

　　依据上述方案进行高效铣削加工实验，通过机床的功率提取面板对机床的空载、负载的输入功率进行提取，从而得到功率与切削长度间的关系，如图 3-4 所示。

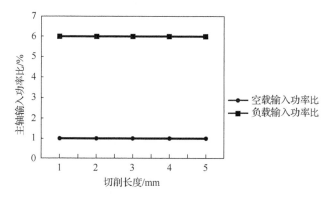

图 3-4　机床输入功率变化特性

　　主轴系统负载后会产生主轴系统附加损耗功率，使得理论计算的有效切削功率和实验获得的有效切削功率不同。实验中，随着切削长度的增加主轴系统振动和磨损的结果如表 3-2 和表 3-3 所示。

表 3-2　主轴系统振动检测结果

编号	$A_x/(\mathrm{m/s^2})$	f_x/Hz	$A_y/(\mathrm{m/s^2})$	f_y/Hz	$A_z/(\mathrm{m/s^2})$	F_{jg}/Hz
1	3.12	950	2.04	8200.00	1.16	3300.00
5	3.11	950	2.01	8250.00	1.16	3350.00

表 3-2 中：A_x 表示主轴方向和行距方向振幅；f_x 表示主轴方向和行距方向振频；A_y 表示主轴方向振幅；f_y 表示主轴方向振频；A_z 表示进给方向振幅；F_{jg} 表示进给方向振频。

表 3-3　铣刀磨损检测结果

编号	L/mm	$v_c/(\mathrm{m/min})$	f_z/mm	a_e/mm	a_p/mm	P_{i1}/%	P_{i2}/%
1	300	395	0.4	30	0.04	1	6
5	2700	395	0.4	30	0.04	1	6

表 3-3 中：P_{i1} 表示空载输入功率占机床额定功率百分比值；P_{i2} 表示负载输入功率占机床额定功率百分比值。

根据上述实验结果可知，在保持切削参数不变时，随着切削长度的增加，负载前后主轴系统的振动几乎不变，铣刀刀齿前刀面磨损深度和后刀面磨损宽度较小，因此可忽略主轴系统的振动和铣刀磨损对切削功率的影响。

加工系统振动能耗是系统在加工过程中能量储存与释放的总和，它主要是以振动的形式在切削系统中进行储存，主轴系统的振动系数 k 仅受到主轴系统结构和组成部件的影响。因此，本实验中 k 为定值，可联立方程组对其求解，得到加工系统振动的能耗为 25W。

式（3-8）中机床主轴系统主轴电机的额定功率为 4000W，因此，假设数控机床负载运行时主轴系统的输入功率与数控机床空载运行时主轴系统的输入功率的差值均由切削力引起，则此时的切削功率为 200W。

在加工参数不变的情况下，主轴系统的有效切削理论能耗功率经过计算为 126.54W。但切削振动是由刀具切削工件产生的，所以振动能耗是切削能耗的一部分，故有效切削功率为 101.54W。因此，根据式（3-4）可得，该时刻负载后产生的主轴系统附加损耗功率为 73.46W。

当主轴系统处于负载状态时，随切削时间的增加刀具出现磨损，导致刀具与工件间切削载荷增加，机床负载输入功率中增加的功率为刀具磨损附加功率。本实验中磨损附加功率为零。数控机床主轴系统的有效切削功率与主轴系统能量流输入功率之和的比值，即机床切削工件时主轴系统能量效率，经计算为 0.527。为了体现加工过程中能量的消耗及转化和工件表面的形成，可根据切削层参数对表面效果和铣削过程中主轴系统能量分配及消耗进行描述。

切削过程中切削层厚度以及参数的稳定性决定切削载荷的大小及稳定性，因此提出单位切削功率下的切削厚度（h_D/P）来衡量高效切削的切削能力，建立切削输入功率和切削层厚度间的能效指标，如式（3-10）所示：

$$k_{h}(t) = \dfrac{h_D}{P_{c1}(t) + \left(\dfrac{\mathrm{d}E_{s2}}{\mathrm{d}t} - \dfrac{\mathrm{d}E_{s1}}{\mathrm{d}t} \right) + \Delta P_f(t)} \qquad (3\text{-}10)$$

式中，k_h 为切削厚度能效比；h_D 为切削厚度。

切削层厚度的变化直接影响加工表面残留体积的高度，进而影响工件表面的加工效果。切削厚度与切削宽度随主偏角大小变化，切削层横截面积只与切削用量中的进给量有关。

机床的主传动系统的输入功率的差值中包括：主轴系统附加损耗功率和切削功率。通过数控机床主轴系统的切削功率与主轴系统能量流输入功率之和的比值，求解切削功率。同时，结合实验结果和理论分析可以将切削厚度能效比进一步深化，得到切削层厚度能效模型。该模型可以对高效切削的切削能力进行评价，如式（3-11）所示：

$$k_{h}(t) = \dfrac{f_z \sin \kappa_r}{P_{c1}(t) + \left(\dfrac{\mathrm{d}E_{s2}}{\mathrm{d}t} - \dfrac{\mathrm{d}E_{s1}}{\mathrm{d}t} \right) + \Delta P_f(t)} \qquad (3\text{-}11)$$

式中，f_z 为每齿进给量；κ_r 为主偏角。

3.1.2　铣刀振动对切削能效的影响

根据机床主轴传动系统的能量流结构，获取数控机床主轴系统在一般条件下的能量效率模型。机床负载时主轴系统广义储能和机床空载时主轴系统广义储能分别如式（3-12）和式（3-13）所示：

$$E_{s1}(t) = \frac{1}{2} k A_1(t)^2 \qquad (3\text{-}12)$$

$$E_{s2}(t) = \frac{1}{2} k A_2(t)^2 \qquad (3\text{-}13)$$

式中，E_{s1} 为空载时主轴系统广义储能；A_1 为空载时主轴系统的振幅；E_{s2} 为负载时主轴系统广义储能；A_2 为负载时主轴系统的振幅；k 为数控机床主轴系统振动系数。

综上所述，机床主传动系统的输入功率如式（3-14）所示，包括：机床主轴系统传动能耗功率；负载前后系统的进给系统广义储能差值，即负载前后振动能量的微分差值；主轴系统负载的理论切削功率；负载后主轴传动系统引起的损耗功率。

$$P_i(t) = P_{c1}(t) + P_a(t) + \left(\frac{dE_{s2}}{dt} - \frac{dE_{s1}}{dt}\right) + P_L(t) \tag{3-14}$$

式中，P_{c1} 为主轴系统的有效切削功率；P_a 表示主轴系统附加损耗功率。

根据图 3-5，切削厚度如式（3-15）所示：

$$h_D = \left(f_z + A_i F_{bx}\left(2\pi f(t) + \varphi\right) + A_{i+1} F_{bx}\left(2\pi f\left(t + \frac{30\theta}{\pi n}\right) + \varphi\right)\right)\sin\kappa_r \tag{3-15}$$

式中，h_D 为切削厚度；φ 为初始相位角；f_z 为每齿进给量；F_{bx} 为由波形因子决定的波形函数；θ 为齿间角；n 为主轴转速；A 为进给方向振幅。

图 3-5 中：d 为高效铣刀直径，a_e 为切削宽度，u_1 为切离一侧露出的加工面距离，u_2 为切入一侧露出的加工面距离，ϕ_0 为切入角，ϕ_e 为切出角，ϕ_s 为接触角，ϕ 为进给方向角。

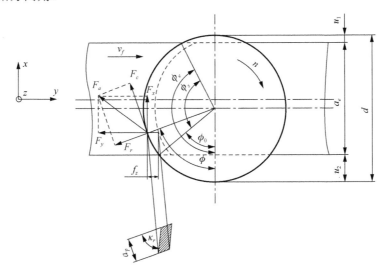

图 3-5　高效铣刀单齿切削模型

同理，切削厚度能效比模型进一步深化得到式（3-16）：

$$k_{h(t)} = \frac{\sin\kappa_r\left(f_z + A_i F_{bx}\left(2\pi f(t) + \varphi\right) + A_{i+1} F_{bx}\left(2\pi f\left(t + \frac{30\theta}{\pi n}\right) + \varphi\right)\right)}{P_{c1}(t) + \left(\frac{dE_{s2}}{dt} - \frac{dE_{s1}}{dt}\right)} \tag{3-16}$$

根据上文高效铣削振动对能量效率的定量分析可知，铣刀振动会分离能量，能量效率减小。但依据实验定性分析得知，能量效率随着切削效率增大而增大，说明铣刀振动对切削效率和能量效率产生影响。因此，在此基础上还需对高效铣削振动和能量效率间的关系进行分析，实现根据能量效率范围对铣刀的振动进行求解，进而给出切削工艺能效设计的控制目标。

当铣削工件时，主轴系统振动的储能会由空载时的 E_{s1} 提高到 E_{s2}，但此时由于铣刀参与切削，机床增加的主轴系统附加损耗功率 P_a、切削功率 P_c 等远远大于振动储存功率的变化，因此，切削振动对切削过程中的能量分配影响较小，具体关系如式（3-17）所示：

$$\psi = \frac{P_{c1}(t)}{P_c(t) + P_a(t) + \dfrac{\mathrm{d}E_s}{\mathrm{d}t} + P_L(t)} \tag{3-17}$$

式中，ψ 表示主轴系统能量效率。

主轴系统振动的储能是系统在加工过程中能量储存与释放的总和，主要以振动的形式在系统中进行储存，如式（3-18）所示：

$$E_s(t) = \frac{1}{2}kA(t)^2 \tag{3-18}$$

将式（3-17）和式（3-18）进行联立，可得到铣削振幅与铣削能量效率的关系，如式（3-19）所示：

$$A(t) = \sqrt{2\int\left(\frac{P_{c1}(t)}{k\psi} - \frac{P_L(t) + P_a(t) + P_c(t)}{k}\right)\mathrm{d}t} \tag{3-19}$$

式（3-19）描述铣削振动与能量效率的关系，是求解切削能效比的基础，同时也可以反映切削过程中的能量分配。因此，为实现切削能效的稳定性，需要切削能量效率保持在一个稳定的范围。高效铣刀能量效率稳定域如式（3-20）所示：

$$A(t) \leqslant A_\psi \tag{3-20}$$

式中，$A(t)$ 表示主轴振动振幅；A_ψ 表示能量效率稳定的最大振幅。

切削层能效比表征的是单位切削功率下的切削层厚度，反映铣削过程中切削载荷的稳定性及铣刀的切削能力。因此，为了保证切削过程的稳定性，需要保持切削层厚度能效比指标在一个稳定的范围内，进而推导出高效铣削层能效比稳定的振动区域，如式（3-21）所示：

$$\frac{\mathrm{d}k_h(A)}{\mathrm{d}A} = 0 \tag{3-21}$$

根据式（3-21）求解得到式（3-22）：

$$A = 2\sin\kappa_r\left((2\pi f(t) + \varphi) + 2\pi f\left(t + \frac{30\theta}{\pi n}\right) + \varphi\right) \tag{3-22}$$

因此，根据上式分析可知当机床切削过程中的频率确定后，即可求解出高效铣削厚度能效稳定的振动区域，如式（3-23）所示：

$$A(t) \leqslant A_h \tag{3-23}$$

式中，$A(t)$ 表示主轴振动振幅；A_h 表示切削厚度能效稳定的最大振幅。

3.1.3　铣刀磨损对切削能效的影响

铣削工件表面形貌的形成，主要受到刀具的磨损和振动交互作用的影响，刀具的磨损和振动是由刀具和切削参数决定的。刀具磨损会使得铣刀刀齿与工件之间的相对摩擦作用更加剧烈，不仅影响工件表面质量，还导致切削层参数发生改变，同时使切削过程中机床负载输入功率增大，如图 3-6 所示。

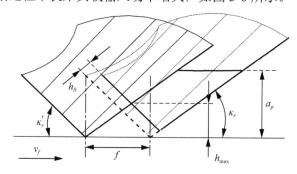

图 3-6　铣刀磨损对切削层参数影响示意图

因此，切削厚度能效比模型进一步深化，如式（3-24）所示：

$$k_h(f) = \frac{\left(f_z + A_i F\left(2\pi f(t) + \varphi\right) + A_{i+1} F 2\pi f\left(\left(t + \dfrac{30\theta}{\pi n}\right) + \varphi\right)\right)\sin\kappa_r}{P_{c1}(t) + \left(\dfrac{\mathrm{d}E_{s2}}{\mathrm{d}t} - \dfrac{\mathrm{d}E_{s1}}{\mathrm{d}t}\right) + \Delta P_f(t)} \qquad (3\text{-}24)$$

由 3.1.2 节分析可知，高效铣刀铣削工件时铣刀磨损对能量效率影响较大；随着切削长度的增加，铣刀磨损程度逐渐增大，主轴系统负载输入功率逐渐增大，能量效率逐渐减小，说明铣刀磨损改变了切削过程中的能量分配，同时铣刀磨损减小了有效切削面积和有效切削功率，因此，能量效率下降。

当主轴系统处于负载状态时，随着切削时间的增加，刀具出现磨损，导致刀具与工件间的切削载荷增加，切削功率也随之增大，因此，增加的切削功率主要是磨损附加能耗功率 ΔP_f，铣刀磨损的能量效率可由式（3-25）表示：

$$\psi \approx \frac{P_{c1}(t)}{P(t) + \Delta P_f(t)} \qquad (3\text{-}25)$$

式中，P 为刀具没有磨损时的切削功率。

磨损增加的切削功率可表示为式（3-26）：

$$\Delta P_f(t) = \lambda H V_B a_p v_c \qquad (3\text{-}26)$$

式中，λ 为修正系数，可由实验获取；H 为结合面的布式硬度；V_B 为刀具后刀面磨损宽度。

根据上述分析，可得到铣刀后刀面磨损宽度与铣削能量效率的关系，如式（3-27）所示：

$$V_B = \frac{P_{c1}(t)}{\psi H a_p v_c} - \frac{P(t)}{H a_p v_c} \tag{3-27}$$

切削能量效率是切削能效比求解的基础，同时能够反映切削过程中的能量分配。因此，为了实现切削能效的稳定性，需要切削能量效率保持在一个稳定的范围，进而推导出高效铣刀能量效率稳定的磨损区域，如式（3-28）所示：

$$V_B < V_{B\psi} \tag{3-28}$$

式中，V_B 表示铣刀后刀面磨损宽度；$V_{B\psi}$ 表示能量效率稳定的最大铣刀后刀面磨损宽度。

在切削过程中，铣刀磨损使切削参数设计冲突更加明显，因此需要选取能同时满足切削性能和加工效果的铣刀磨损阈值。根据切削层厚度能效比模型进行分析，得到铣刀后刀面磨损宽度与铣削层厚度比的关系，如式（3-29）所示：

$$V_B = \frac{\Delta P_i(t) - P_a(t)}{\mu H a_p v_c} - \frac{h_D}{\mu H a_p v_c k_h} \tag{3-29}$$

对式（3-29）分析可知，当机床切削过程中的频率确定后，即可求解出高效铣削厚度能效稳定的磨损区域，如式（3-30）所示：

$$V_B < [V_B] \tag{3-30}$$

式中，V_B 表示铣刀后刀面磨损宽度；$[V_B]$表示切削厚度能效稳定的最大铣刀后刀面磨损宽度。

3.2　高效铣刀安全稳定性分析

3.2.1　高效铣刀离心力与切削力

高效铣刀在切削过程中受离心力、切削力的综合作用，刀具组件发生微小变形，由于铣刀各组件变形会引起铣刀质心及刀工接触关系的改变，同时各组件间的结合处发生微小塑性变形，将导致铣刀组件间的结合状态发生改变，整体高效铣刀系统稳定性下降，使铣刀组件应力场分布不均匀，进而产生破坏失效现象。

高效铣刀及其组件所承受的离心力和预紧力载荷主要包括：

$$P_e = \frac{1}{9} \cdot m \cdot r_p \cdot (\pi \cdot n)^2 \cdot 10^{-8} \tag{3-31}$$

$$P_0 = T_0 / (k_0 \cdot d_0) \tag{3-32}$$

式中，P_e 为离心力；m 为铣刀不平衡质量；r_p 为偏心距；n 为铣刀转速；P_0 为刀片预紧力；T_0 为螺栓预紧力矩；k_0 为影响系数；d_0 为螺钉直径。

根据式（3-31）、式（3-32），铣刀必须能够安全地承受转速的提高所引起的离心力二次方增加，每个刀齿必须能够安全地承受切削力周期性变化所产生的冲击作用。同时，为确保铣刀的安全性，刀片的夹紧力不能随着离心力和切削力的增加而减少。

（1）高效铣刀单齿动态切削力模型。

根据图 3-5 分析高效铣刀单齿切削加工方式。

其中，各角度关系如下所示：

$$\phi_s = \phi_e - \phi_0, \quad \phi_0 \leqslant \phi \leqslant \phi_e \tag{3-33}$$

铣刀切向切削力 F_c、径向切削力 F_r 和轴向切削力 F_z 分别为

$$F_c = P_c \cdot a_p \cdot f_z \cdot \sin\phi \tag{3-34}$$

$$F_r = \eta' \cdot F_c = \eta' \cdot P_c \cdot a_p \cdot f_z \cdot \sin\phi \tag{3-35}$$

$$F_z = \eta' \cdot \cot\kappa_r \cdot F_c = \eta' \cdot \cot\kappa_r \cdot P_c \cdot a_p \cdot f_z \cdot \sin\phi \tag{3-36}$$

式中，P_c 为平均单位切削力；a_p 为切削深度；f_z 为每齿进给量；ϕ 为进给方向角；κ_r 为主偏角；η' 为系数，与具体切削条件有关，由实验确定。

（2）高效铣刀多齿动态切削力模型。

高效铣削中，高效铣刀通常为接触角较大的多齿动态切削，因此，为得到高效铣刀多齿动态切削力模型，设铣刀任意两齿齿距各不相同，等齿距为其特例。故根据切削力叠加原理，多齿切削力模型可由单齿切削力叠加获得。其具体加工方式如图 3-7 所示。

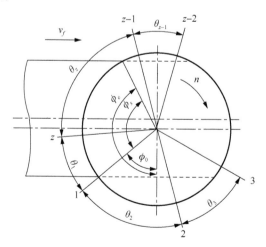

图 3-7　高效铣刀多齿动态切削力模型

设刀具齿数为 z，各刀齿位置为 θ_i（$i=1\sim z$），θ_i 为刀具的第 i 齿与第 $i-1$ 齿的齿距。对于齿间距相同的高效铣刀，$\theta_i=2\pi/z$。

刀具转角 β （rad）为变量，则 β 为

$$\beta=2\pi nt \tag{3-37}$$

在某一瞬时，多齿参与切削的高效铣刀铣削分力 F_c、F_r 可分别表示为

$$F_c(\beta)=\sum_{i=1} F_c(i,\beta) \tag{3-38}$$

$$F_r(\beta)=\sum_{i=1}^{g} F_r(i,\beta)=\eta'\sum_{i=1}^{g} F_r(i,\beta) \tag{3-39}$$

式中，$F_c(i,\beta)$、$F_r(i,\beta)$ 分别代表刀具转角为 β 时，第 i 号刀齿的切向、径向铣削分力。

某一瞬时，沿铣刀三方向的切削分力 $F_x(\beta)$、$F_y(\beta)$、$F_z(\beta)$ 分别为

$$F_x(\beta)=\sum_{i=1}^{g} F_x(i,\beta) \tag{3-40}$$

$$F_y(\beta)=\sum_{i=1}^{g} F_y(i,\beta) \tag{3-41}$$

$$F_z(\beta)=\sum_{i=1}^{g} F_z(i,\beta) \tag{3-42}$$

式中，$F_x(i,\beta)$、$F_y(i,\beta)$、$F_z(i,\beta)$ 分别为刀具转角为 β 时，第 i 齿三个方向的切削分力。

当 $(2\pi\cdot m_0+\sum_{j=2}^{i}\theta_j)\leqslant\beta\leqslant(2\pi\cdot m_0+\phi_s+\sum_{j=2}^{i}\theta_j)$ （$m_0=1,2,3,\cdots$）时，

$$F_c(i,\beta)=q_i^{\lambda}\cdot p_{cav}\cdot a_p\cdot f_{zav}\cdot\sin\phi_i(\beta) \tag{3-43}$$

$$F_x(i,\beta)=q_i^{\lambda}\cdot p_{cav}\cdot a_p\cdot f_{zav}\cdot(\sin\phi_i(\beta)-\eta'\cdot\cos\phi_i(\beta))\cdot\sin\phi_i(\beta) \tag{3-44}$$

$$F_y(i,\beta)=-q_i^{\lambda}\cdot p_{cav}\cdot a_p\cdot f_{zav}\cdot(\cos\phi_i(\beta)+\eta'\cdot\sin\phi_i(\beta))\cdot\sin\phi_i(\beta) \tag{3-45}$$

$$F_z(i,\beta)=\eta'\cdot\cot\kappa_r\cdot q_i^{\lambda}\cdot p_{cav}\cdot a_p\cdot f_{zav}\cdot\sin\phi_i(\beta) \tag{3-46}$$

当 $\beta<(2\pi\cdot m_0+\sum_{j=2}^{i}\theta_j)$ 或 $\beta>(2\pi\cdot m_0+\phi_s+\sum_{j=2}^{i}\theta_j)$ （$m_0=1,2,3,\cdots$）时，

$$F_c(i,\beta)=0,\quad F_x(i,\beta)=0,\quad F_y(i,\beta)=0,\quad F_z(i,\beta)=0 \tag{3-47}$$

式中，q_i 为第 i 个铣刀齿距与齿距均值的比值；p_{cav} 为对应于 f_{zav} 的单位切削力均值；λ 为指数，与具体切削条件有关，可由实验确定；$\phi_i(\beta)$ 为第 i 齿在某瞬时的切削方向角。

（3）不同齿数高效铣刀动态铣削力模型。

高效铣刀进行切削时，任意刀齿的切削情况基本一致，各个刀齿的切削力波形相同，相邻刀齿的铣削力波形时间间隔相等，高效铣刀切削力组成了切削力波形，其波形是周期为刀具转过单个齿距的时间的波形序列。故对高效铣刀进行切削力频谱分析，可转化为分析单齿切削力波形组成的周期波形序列。

高效铣刀单齿切削力波形为 $F_0(t)=[F_x(t),F_y(t),F_z(t)]^{\mathrm{T}}$，根据狄拉克函数可得其周期切削力为

$$F(t) = F_0(t) \cdot \delta_{\mathrm{T}}(t) \tag{3-48}$$

式中，$\delta_{\mathrm{T}}(t) = \sum_{n=-\infty}^{\infty} \delta(t - nt_z)$，$z$ 为铣刀齿数（$n = 1,2,3,\cdots$）。

通过卷积定理，对上式进行傅里叶变换，可得其周期性切削力频谱：

$$P(f) = P_0(f_j = n_0 f_j) \cdot \sum_{n_0=-\infty}^{\infty} \delta(f - n_0 f_j) \tag{3-49}$$

式中，基频 $f_j = 1/t_j = n_0 j$；n_0 为铣刀转速（r/s）；离散频谱采样频率 $f = n_0 f_j$（$n_0 = 1,2,3,\cdots$）。

高效铣刀顺铣时，$\varphi(t) = (\pi - \varphi_s) + 2\pi n_0 t$，由上述两式得

$$\begin{cases} F_x(t) = P_c \cdot a_p \cdot f_z \cdot \left(\sin((\pi - \phi_s) + 2\pi n_0 t) - \eta' \cdot \cos((\pi - \phi_s) + 2\pi n_0 t) \right) \cdot \sin((\pi - \phi_s) + 2\pi n_0 t) \\ F_y(t) = -P_c \cdot a_p \cdot f_z \cdot \left(\cos((\pi - \phi_s) + 2\pi n_0 t) + \eta' \cdot \sin((\pi - \phi_s) + 2\pi n_0 t) \right) \cdot \sin((\pi - \phi_s) + 2\pi n_0 t) \end{cases} \tag{3-50}$$

根据傅里叶变换，由上述各式得

$$P_{0x}(f) = \int_{-\infty}^{+\infty} F_x(t) \mathrm{e}^{-j2\pi f t} \, \mathrm{d}t \tag{3-51}$$

$$P_{0y}(f) = \int_{-\infty}^{+\infty} F_y(t) \mathrm{e}^{-j2\pi f t} \, \mathrm{d}t \tag{3-52}$$

将上述两式代入式（3-49）中，得高效铣削时，x、y 方向的铣削力频谱为

$$P_x(f) = f_j \cdot P_{0x}(f = n_0 f_j) \cdot \sum_{n_0=-\infty}^{\infty} \delta(f - n_0 f_j) \tag{3-53}$$

$$P_y(f) = f_j \cdot P_{0y}(f = n_0 f_j) \cdot \sum_{n_0=-\infty}^{\infty} \delta(f - n_0 f_j) \tag{3-54}$$

根据式（3-49）、式（3-53）、式（3-54），切削力的频率主要由铣刀的转速和齿数决定。切削力频谱主要受到单齿切削力单脉冲函数和每齿进给量 f_z 的影响，且仅与整数倍的 f_z 有关，故能量比较集中。由式（3-53）、式（3-54），分别对不同齿数的高效刀具切削力频谱进行求解。

根据图 3-8，偶数齿的高效铣刀在接触角 $\phi_s \geqslant 90°$ 时，其动态切削力谱值随接触角增大而下降；奇数齿的高效铣刀的接触角 ϕ_s 在 $60° \sim 90°$ 范围内，动态切削力谱值可得到抑制，接触角大于 $90°$ 时，动态切削力谱值会逐步下降。当单位切削力逐步增大时，高效铣刀切削力频谱值会增大，同时切削振动会愈加明显。因此，当单位切削力较大时，采用大前角高效铣刀可有效减小动态切削力谱值，降低高效铣削过程中的振动。

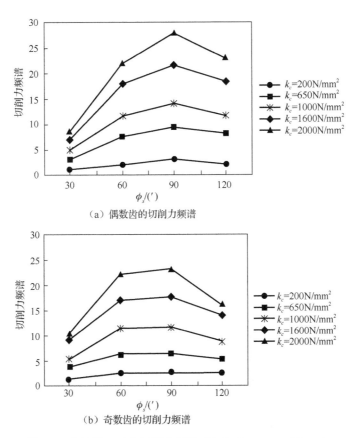

（a）偶数齿的切削力频谱

（b）奇数齿的切削力频谱

图 3-8 高效铣刀动态切削力频谱（f_z=0.08mm，a_p=1.0mm）

综上所述，增大刀具前角，适当增加齿数可有效降低切削力。单位切削力较大时，应采用较大前角的高效铣刀，以达到减小动态切削力谱值的作用。高效铣刀刀齿数量的增加不仅改变了动态铣削力的频率，而且使得铣削力频谱峰值降低，刀具接触角的适用范围增大。

3.2.2 高效铣刀失效分析

为提高分析结果的准确性，需分析引起高效铣刀破损的实际工况，从而初步判别高效铣刀的破坏受载形式。采用由整体到细节的顺序对已破损铣刀进行观测，描述其破坏发生时的现场状态。对已破损高效铣刀进行宏观与直观分析，通过各刀齿不同变形特征和对比分析，对它所受载荷与载荷突变情况进行理论推导，可分析其完整性破坏过程。图 3-9 所示为具体发生完整性破坏的高效铣刀刀齿及螺钉细节图。

采用不等齿高效铣刀，其主轴最高转速 18000r/min。由图 3-9 可知，该刀具刀齿及螺钉均出现较大程度破坏，不同刀齿呈现破坏程度不同，利用超景深显微镜对它进一步观测，获取更细致的极端破坏形式，如图 3-10 所示。

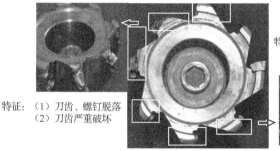

特征：（1）刀片脱落
　　　　（2）刀齿、螺钉破坏不明显

特征：（1）刀齿、螺钉脱落
　　　　（2）刀齿严重破坏

图 3-9　刀齿及螺钉细节图

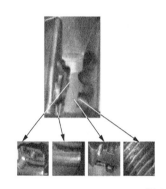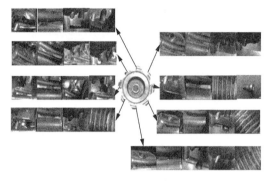

图 3-10　分析刀齿四部分细节

宏观地观察完整刀体及其组件，发现仅有一个刀齿留有完整刀片、刀齿和紧固螺钉，将它记为一号刀齿，沿逆时针标记其后第一个刀齿为二号刀齿，依次类推，分别标记剩余七个刀齿。

根据图 3-9 可知，该刀具的刀齿破坏形式大致呈现两类：二号、三号、四号和五号四个刀齿整体变形严重，出现较大程度破坏；而六号、七号和八号三个刀齿发生整体破坏且刀片崩断丢失，同时螺钉破坏程度也表现不同。

分析刀具的失效因素，采用刀片粘接层能谱判定该刀具主要加工铝镁合金。由上文分析得到具有明显破坏性质的临界值，选取切削性质产生突变的刀齿，通过刀齿破坏形式推知其正常工作时的切削层参数，同时确定刀体出现破坏时的临界值。经上述方法确定如下参数：工件材料为铝镁合金，切削深度 4～5mm，每齿进给量 1.2mm，详见图 3-11。

由加工工况角度入手分析产生此类现象的具体原因：一号刀齿保存完整，进入切削瞬间其切削参数没有变化，切削载荷平稳，同时处于破坏高效铣刀组件的强度范围内。在八号刀齿开始切削的瞬间，由于特殊的外在因素（如机床振动、工件偏离、操作失误等原因）诱发切削参数的突然改变，切削层面积骤然增大，刀片受力急剧升高，引发刀片破损。同理，该状况在七号、六号刀齿继续攀升。

在五号刀齿切入瞬间，此时切削状况已急剧恶化，刀具偏离严重，刀齿直接撞击工件形成大面积刀齿塑性变形，原因是刀具的位置突变产生了冲击作用力。因此，五号刀齿方向与刀具的进给方向不一致，而从后跟进的四号、三号和二号刀齿破坏状态可以发现，它们的方向是大致沿着五号刀齿的切线方向，因此五号刀齿之后的三个刀齿虽也发生了整体变形，但变形程度呈下降趋势。

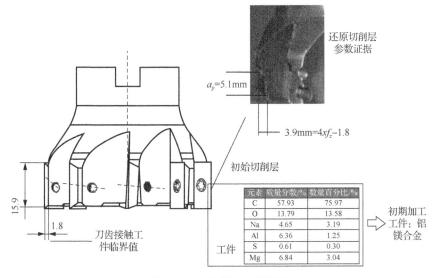

图 3-11　破坏样本证据提取

根据上述理论及仿真分析可知，该破坏的高效铣刀在切削时由于外部特定因素引起稳定性下降，进而引起切削参数突变，切削层面积增大，切削力超出刀片强度范围，导致六号、七号、八号刀齿刀片崩断丢失；第二阶段破坏的二号、三号、四号、五号刀齿是由于非正常切削状态下的冲击作用力引起的整体破坏。

3.2.3　铣刀完整性破坏的应力场特性

对上述两类完整性破坏载荷分别进行仿真分析，具体模型参数和分析结果见图 3-12。

第一类工况为特殊外部因素引起切削层面积突变导致切削力急剧增大，具体表现在六号、七号、八号刀齿损伤形式。当切削层面积骤然增大，切削力急剧升高，刀片应力值超过其强度范围，刀片发生破坏。但此时刀齿等效应力仍未超过其屈服强度，且未发生整体塑性变形。第一类刀齿破坏主要是因为外部因素引发切削参数突变，切削力增大引起刀片破损，结合面微小塑性变形。此时刀具系统的稳定性下降但并未彻底丧失，刀具仍处于切削阶段。有限元分析结果如图 3-13～图 3-16 所示。

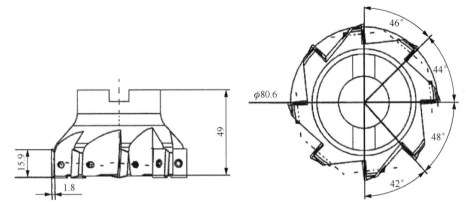

图 3-12　完整性破坏刀具的几何模型参数

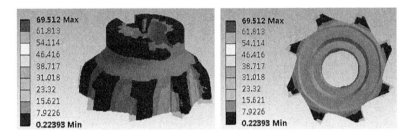

图 3-13　大切削力作用下刀体应力场云图

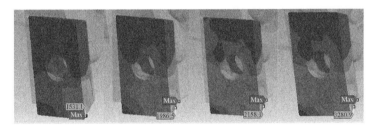

（a）刀片应力场云图

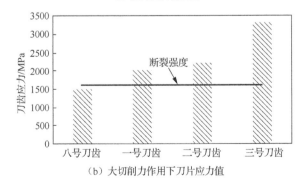

（b）大切削力作用下刀片应力值

图 3-14　大切削力作用下刀片应力场

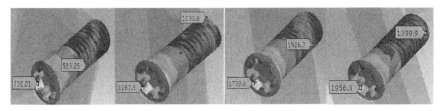

（a）不同刀齿螺钉应力场云图

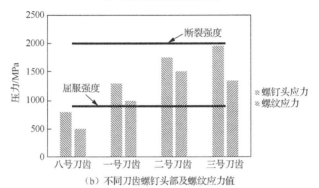

（b）不同刀齿螺钉头部及螺纹应力值

图 3-15　大切削力作用下螺钉应力场

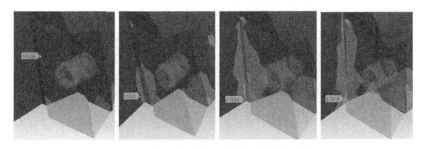

（a）不同刀齿刀体与刀片结合面应力场云图

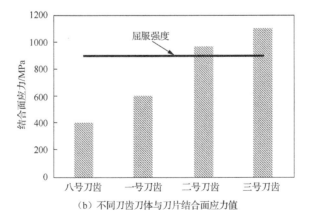

（b）不同刀齿刀体与刀片结合面应力值

图 3-16　大切削力作用下结合面应力场

　　第二类刀齿破坏具体表现在二号、三号、四号、五号刀齿损伤形式，此时刀具系统稳定性被完全破坏，刀具系统偏离严重，形成高效冲击作用。由上文分析可知，刀具偏离严重改变其原有切削轨迹，冲击载荷并未按正常切削载荷方向分布，而载荷具体方向为五号刀齿近似切线方向。因此，作为首先承受冲击载荷的刀齿，五号刀齿受力面积大，冲击载荷作用强，破坏最为严重，后跟进的三个单齿由于作用力方向的改变，其受力面积相应减小，破坏程度依次递减。通过有限元仿真结果可知各刀齿破坏程度不同的原因：一方面由于受力面积的减少，另一方面由于冲击速度的改变，其结果为铣刀组件的整体破坏，如图 3-17 和图 3-18 所示。

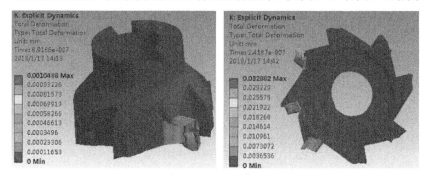

（a）冲击载荷作用下的刀体应力场

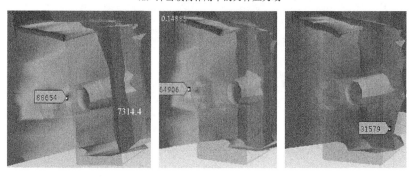

（b）冲击载荷作用下刀体与刀片定位面及刀体与螺钉结合面应力场

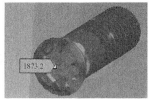

（c）冲击载荷作用下螺钉应力场

图 3-17　冲击载荷作用下各部位应力场

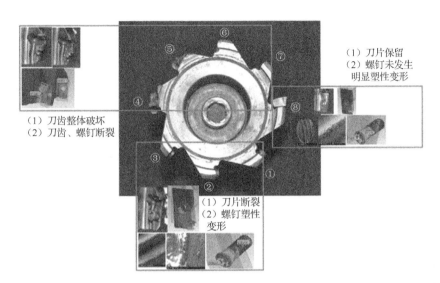

（1）刀片保留
（2）螺钉未发生明显塑性变形

（1）刀齿整体破坏
（2）刀齿、螺钉断裂

（1）刀片断裂
（2）螺钉塑性变形

图 3-18　高效铣刀完整性破坏过程

3.3　高效铣削稳定性的识别与控制

　　高效铣削稳定性的影响因素主要有铣刀结构、切削力载荷和离心力载荷等，高效铣削稳定性与切削过程中的刀具和工件振动密切相关，因此，揭示高效铣刀动力学特性与振动行为的关系，给出高效铣削稳定性的评价指标具有十分重要的意义。高效铣削稳定性失稳，直接导致多齿切削行为不一致，故需要揭示高效铣刀结构稳定性与多齿切削行为的关系，给出高效铣刀结构稳定性的评判方法。

3.3.1　铣刀安全稳定性影响因素分析

　　离心力所引起的高效刀具振动与圆频率为 ω 的激振力作用下的刀具振动类似，其运动方程为

$$M\ddot{x} + C\dot{x} + Kx = P_x(t) \tag{3-55}$$

$$M\ddot{y} + C\dot{y} + Ky = P_y(t) \tag{3-56}$$

$$\ddot{x}(t) + 2\varsigma\omega_n\dot{x}(t) + \omega_n^2 x(t) = \omega_n^2 P_x(t) \tag{3-57}$$

$$\ddot{y}(t) + 2\varsigma\omega_n\dot{y}(t) + \omega_n^2 y(t) = \omega_n^2 P_y(t) \tag{3-58}$$

　　式（3-58）为二阶常系数非齐次微分方程，其通解为

$$x_1(t) = e^{-\varsigma\omega_n t}(B_1\cos\omega_d t + B_2\sin\omega_d t) \tag{3-59}$$

式中，B_1 和 B_2 为由初始条件确定的常数；$\omega_d = \omega_n\sqrt{1-\varsigma^2}$ 为有阻尼的固有频率。

特解为

$$x_2(t) = B_3 \sin \omega t + B_4 \cos \omega t \tag{3-60}$$

式中，B_3 和 B_4 为待定系数。

由克拉默法则可得该动力学微分方程式的一个特解为

$$x(t) = B_3 \sin \omega t + B_4 \cos \omega t = \sqrt{B_3^2 + B_4^2} \sin(\omega t + \alpha_x) = |X| \sin(\omega t + \alpha_x) \tag{3-61}$$

式（3-60）动力学微分方程的通解可表示为

$$x = e^{-\varsigma \omega_n t} (B_1 \sin \omega_d t + B_2 \cos \omega_d t) + |X| \sin(\omega t + \alpha_x) \tag{3-62}$$

由初始条件来确定待定常数 B_1 和 B_2，最终式（3-60）的通解为

$$x = e^{-\varsigma \omega_n t} \left(\frac{\dot{x}(0) + \varsigma \omega_n x(0)}{\omega_d} \sin \omega_d t + x(0) \cos \omega_d t \right)$$

$$+ |X| e^{-\varsigma \omega_n t} \left(\frac{\varsigma \omega_n \sin \alpha_x - \omega \cos \alpha_x}{\omega_d} \sin \omega_d t + \sin \alpha \cos \omega_d t \right) + |X| \sin(\omega t + \alpha_x) \tag{3-63}$$

由式（3-60）可看出，表示由初始条件引起的刀具有阻尼的自由振动为右端第一项；由离心力引起的自由振动为第二项；第三项为由离心力引起的铣刀稳态响应，其频率与离心力相同，但其振幅与初始条件关系不大。

设铣刀偏心距为 e，阻尼的存在使自由振动逐步变成衰减振动，其过程由初始阶段的过渡期，最终变为稳态振动，故其特解可表示为

$$x(t) = |X| \sin(\omega t + \alpha_x) \tag{3-64}$$

$$|X| = \frac{m_0 e \omega^2}{\sqrt{(k - M\omega^2)^2 + (c\omega)^2}} = \frac{m_0 e (\omega / \omega_n)^2}{M \sqrt{\left(1 - (\omega / \omega_n)^2\right)^2 + (2\varsigma \omega / \omega_n)^2}} \tag{3-65}$$

$$\alpha_x = \arctan \frac{k - M\omega^2}{c\omega} = \arctan \frac{1 - (\omega / \omega_n)^2}{2\varsigma(\omega / \omega_n)} \tag{3-66}$$

同理可得

$$y(t) = |Y| \sin(\omega t + \alpha_y) \tag{3-67}$$

$$|Y| = \frac{m_0 e (\omega / \omega_n)^2}{M \sqrt{(1 - (\omega / \omega_n)^2)^2 + (2\varsigma \omega / \omega_n)^2}} \tag{3-68}$$

$$\alpha_y = \arctan \frac{2\varsigma(\omega / \omega_n)}{1 - (\omega / \omega_n)^2} \tag{3-69}$$

由 α_x、α_y 可知：

$$\tan \alpha_x \cdot \tan \alpha_y = 1 \tag{3-70}$$

$$\alpha_y = 90° - \alpha_x \tag{3-71}$$

则由离心力引起振动的总振幅为

$$A = \sqrt{x^2 + y^2} = \frac{m_0 e (\omega / \omega_n)^2 \cdot \sqrt{1 + \sin 2\omega t \cdot \sin 2\alpha_x}}{M \sqrt{1 - (\omega / \omega_n)^2 + (2\varsigma \omega / \omega_n)^2}} \qquad (3\text{-}72)$$

可得由离心力引起振动振幅的最大值为

$$A_{\max} = \frac{\sqrt{1 + \sin 2\alpha_x}\, m_0 e (\omega / \omega_n)^2}{M \sqrt{1 - (\omega / \omega_n)^2 + (2\varsigma \omega / \omega_n)^2}} \qquad (3\text{-}73)$$

分析离心力及其振动幅值可知，其振动频率、大小均与转速成正比，且铣刀振动幅值分量 $x(t)$ 和 $y(t)$ 与偏心距 e、不平衡量 m_0 及角速度平方均成正比。当 $m_0 e$ 无限接近 0 时，铣刀振动幅值也向 0 靠近，表明减小偏心与不平衡量可以有效抑制由离心力引起的振动。

由动力学方程可得

$$M\ddot{x} + C\dot{x} + Kx = F_x(\beta) \qquad (3\text{-}74)$$

$$M\ddot{y} + C\dot{y} + Ky = F_y(\beta) \qquad (3\text{-}75)$$

将动态切削力在 X 轴和 Y 轴的分力 $F_x(\beta)$、$F_y(\beta)$ 进行三角函数转化，可得

$$F_x(\beta) = -\sum_{i=1}^{g} \left(q_i^{\lambda} \cdot k_c \cdot a_p \cdot f_{zav} \cdot \sqrt{\cos^2 \lambda_s + (\eta \sin \kappa_r)^2} \cdot \cos \alpha_1 \right)$$

$$+ \sum_{i=1}^{g} \left(q_i^{\lambda} \cdot k_c \cdot a_p \cdot f_{zav} \cdot \sin \kappa_r \cdot \sqrt{\cos^2 \lambda_s + (\eta \sin \kappa_r)^2} \cdot \cos(2\beta - 4\pi m_0 - 2\theta_i + \alpha_1) \right)$$

$$(3\text{-}76)$$

$$M\ddot{x} + C\dot{x} + Kx = c_0 + \sum_{i=0}^{g} c_g \cos(120\omega t - 4\pi m_0 - 2\theta_i + \alpha_1) \qquad (3\text{-}77)$$

式中，$\beta = 2\pi n_0 t = 60\omega t$；$\arctan \alpha_1 = \cos \lambda_s / \eta \sin \kappa_r$。

式（3-77）右端第一项是一个恒力，其仅对刀具振动的静平衡位置产生影响，因此只要将该动位移的原点移到静平衡位置上，此常数项为 0。但微分方程的通解仍由两部分构成：一部分为自由振动的齐次解，其振动由于阻尼的作用经过一段时间后就会衰减为 0；另一部分为周期性稳态振动的非齐次特解。故可由叠加原理得到该稳态振动的动位移：

$$x(t) = \sum_{i=1}^{g} \frac{c_g}{M \sqrt{(\omega_n - \omega)^2 + (2\varsigma \omega \omega_n)^2}} \cos(120\omega t - 4\pi m_0 - \theta_i + \alpha_1 + \alpha_x) \qquad (3\text{-}78)$$

式中，

$$\alpha_x = \arctan \frac{1 - (\omega / \omega_n)^2}{2\varsigma (\omega / \omega_n)^2} \qquad (3\text{-}79)$$

齿距差为零的高效铣刀振动频率为 $f_m = nz/60$，圆频率为 $\omega = n\pi z / 30$；齿距差不为零的高效铣刀振动频率为 $f_m = n/60$，圆频率为 $\omega = n\pi / 30$。

$$\arctan \alpha_1 \cdot \arctan \alpha_2 = 1 \qquad (3\text{-}80)$$

$$\alpha_2 = 90° - \alpha_1 \tag{3-81}$$

$$F_y(t) = a_0 - \sum_{i=0}^{g} a_g \sin(120\omega t - 4\pi m_0 - 2\theta_i - \alpha_2)$$

$$= a_0 - \sum_{i=0}^{g} a_g \sin(120\omega t - 4\pi m_0 - 2\theta_i + \alpha_1) \tag{3-82}$$

$$M\ddot{y} + C\dot{y} + Ky = a_0 - \sum_{i=0}^{g} a_g \sin(120\omega t - 4\pi m_0 - 2\theta_i + \alpha_1) \tag{3-83}$$

得 y 方向的振动位移为

$$y(t) = -\sum_{i=1}^{g} \frac{a_g}{M\sqrt{(\omega_n - \omega)^2 + (2\varsigma\omega\omega_n)^2}} \cdot \sin(120\omega t - 4\pi m_0 - \theta_i + \alpha_1 + \alpha_y) \tag{3-84}$$

$$\arctan\alpha_y = \frac{2\varsigma(\omega/\omega_n)}{1 - (\omega/\omega_n)^2} \tag{3-85}$$

则由动态切削力引起的总振幅为

$$A = \sqrt{x^2 + y^2} = \frac{a_p \cdot v_f \cdot S_s \cdot z^\lambda \cdot \sin\kappa_r \cdot (\cot\phi + \tan(\phi + \alpha - \gamma_0))}{z \cdot (2\pi)^\lambda \cdot M \cdot n \cdot \sqrt{(\omega_n - \omega)^2 + (2\varsigma\omega\omega_n)^2}} \cdot \sqrt{\cos^2\lambda_s + (\eta\sin\kappa_r)^2} \cdot \sum_{i=1}^{g}\theta_i^\lambda$$

$$\times \sqrt{\sum_{i=1}^{g} \left(\cos^2(120\omega t - 2\pi m_0 - \theta_i + \alpha_1 + \alpha_x) + \cos^2(120\omega t - 2\pi m_0 - \theta_i + \alpha_1 + \alpha_x)\right)}$$

$$\tag{3-86}$$

式中，S_s 为剪切面上的剪应力。

当齿距差为零时，高效铣刀动态切削力作用下振动幅值为

$$A = \sqrt{x^2 + y^2} = \frac{a_p \cdot v_f \cdot S_s \cdot \sin\kappa_r \cdot (\cot\phi + \tan(\phi + \alpha - \gamma_0))}{\sqrt{z} \cdot (2\pi)^\lambda \cdot M \cdot n \cdot \sqrt{(\omega_n - \omega)^2 + (2\varsigma\omega\omega_n)^2}} \cdot \sqrt{\cos^2\lambda_s + (\eta\sin\kappa_r)^2}$$

$$\times \sqrt{\cos^2(120\omega t - 4\pi m_0 - \theta + \alpha_1 + \alpha_x) + \cos^2(120\omega t - 4\pi m_0 - \theta + \alpha_1 + \alpha_x)}$$

$$\tag{3-87}$$

由式（3-63）得动态切削力作用下振幅的最大值为

$$A_{1\max} = \frac{a_p \cdot v_f \cdot S_s \cdot z^\lambda \cdot \sin\kappa_r \cdot (\cot\phi + \tan(\phi + \alpha - \gamma_0))}{z \cdot (2\pi)^\lambda \cdot M \cdot n \cdot \sqrt{(\omega_n - \omega)^2 + (2\varsigma\omega\omega_n)^2}} \cdot \sqrt{\cos^2\lambda_s + (\eta\sin\kappa_r)^2} \cdot \sum_{i=1}^{g}\theta_i^\lambda \tag{3-88}$$

分析切削力引起的振动幅值可知：振幅与高效铣削速度成反比，与切深及进给成正比，其中削速度为主要影响因素。由式（3-86）可知，增大前角或刃倾角均可降低振动幅值，但增大主偏角会引起幅值的增大。因而合理的组合刀具角度可提高高效铣刀的动态切削性能，由式（3-87）灵敏度分析可得影响振动幅值的刀具角度由大到小的顺序为主偏角、前角及刃倾角。

3.3.2　铣削稳定性的表征与识别

切削振动是高效铣削稳定性的外在表现。为了获得高效铣刀动力特性对铣刀结构、载荷的响应特征，实验选择四种结构不同的可转位面铣刀在不同工艺条件下的振动行为，同时为获得高效铣削稳定性对加工效果的影响，对实验刀具和加工表面形貌进行测量，实验材料为 45#钢。利用 DH5922 动态信号测试分析系统分别对实验中四种可转位面铣刀切削 45#钢时的切削振动进行测试。具体刀具信息和实验参数见表 3-4。

表 3-4　实验参数表

实验编号	刀具	每齿进给量 f_z/mm	主轴转速 n/（r/min）	铣削深度 a_p/mm
1	4 齿等齿距（ϕ63mm）	0.08	1011	0.3
2			1517	
3		0.15	1011	0.5
4			1517	
5	4 齿不等齿距（ϕ63mm）	0.08	1011	0.3
6	4 齿等齿距（ϕ80mm）			
7	5 齿等齿距（ϕ80mm）			

图 3-19（a）为 ϕ63mm 等齿距 4 齿刀具在主轴转速为 1517r/min、每齿进给量为 0.08mm 条件下的实验测试结果，图 3-19（b）为 ϕ80mm 等齿距 4 齿刀具在主轴转速为 1011r/min、每齿进给量为 0.08mm 条件下的实验测试结果。通过实验结果发现，高效铣削振动行为对结构、载荷、刀具磨损和加工表面质量存在显著影响。

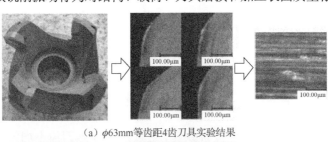

（a）ϕ63mm等齿距4齿刀具实验结果

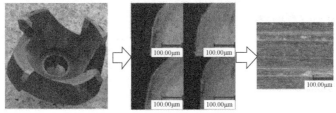

（b）ϕ80mm等齿距4齿刀具实验结果

图 3-19　实验测试结果

铣削加工过程中的每个方向振动信号是多种信号的叠加,包括机床固有特性、刀具和工艺参数的影响,每种激励产生的振动信号都包含频率和振幅的信息。根据振动行为时域信息与频域信息的分析,铣削振动信号的完整描述从振动行为的三个方向分别表征,具体如式(3-89)所示:

$$Z = \left\{ Z_{pt}, Z_{py}, Z_{pz}, Z_{sx}, Z_{sy}, Z_{sz} \right\} \tag{3-89}$$

式中,Z_{sx}, Z_{sy}, Z_{sz} 表示行距、进给和主轴方向时域参量;Z_{px}, Z_{py}, Z_{pz} 表示行距、进给和主轴方向频域参量。其中,各个方向的时域特征表征如式(3-90):

$$Z_{si} = \left\{ \Delta A_i, K_{f_i}, K_i \right\} \tag{3-90}$$

式中,i 代表振动行为的方向;ΔA_i 为最大振幅;波形因子 K_{f_i} 反映振动行为时域波形的形状;峭度 K_i 反映工艺系统冲击振动存在与否及其程度大小。

高效铣刀振动的频域特征可以由式(3-91)表示:

$$Z_{pi} = \left\{ m_i, f_{ii}, A_i \right\} \tag{3-91}$$

式中,i 为振动行为的方向;主频数量 m_i 反映工艺系统存在多种性质的振动行为;第一主频 f_{ii} 反映工艺系统振动行为的整体振动性质;第一主频对应的振幅 A_i 反映工艺系统主要振动行为的振幅,具体含义如图 3-20 所示。

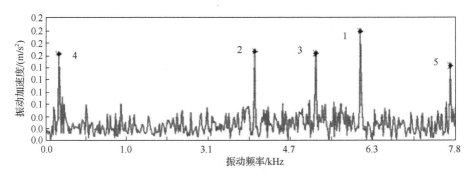

图 3-20　铣削振动行为的频域特征

振动行为的性质由主频数量 m 决定,主频数量 m 是刀齿不均匀切削的外在表现。在主频数量一致的条件下,主频的大小代表着相同性质的振动行为间振动剧烈程度的差异,反映切削行为不均匀性的程度。第一主频对应的振幅影响刀具不均匀切削水平。

振动是高效铣削稳定性的外在表现,通过上节的分析可知,以主频数量、第一主频及其对应振幅、最大振幅、波形因子、峭度满足完整振动行为特征的要求,同时分析发现振动特征对高效铣刀的结构和载荷具有明显的响应。根据高效铣削稳定性的响应特性分析可知,采用振动行为特征作为高效铣刀结构动力学评价指标是正确的，也是有效的。高效铣刀结构动力学分为主轴方向、进给方向、行距方向三个方向评价，每个方向的具体评价指标如式（3-92）所示：

$$D_i = \left\{ m_i, f_{ii}, A_i, \Delta A_i, K_{fi}, K_i \right\} \tag{3-92}$$

式中，D_i 为铣刀主轴方向、进给方向、行距方向任一方向的结构动力学表现，其中 $i=x,y,z$。

利用式（3-92）建立的评价指标能够反映高效铣刀直径、齿数、齿距分布、偏心质量对切削力、切削力频率、离心力、离心力频率的动力学响应特性，具体如图 3-21 所示。

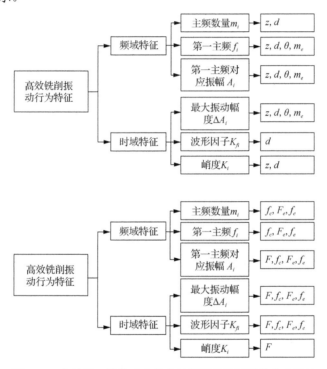

图 3-21　高效铣刀结构动力稳定性的评价指标及其响应特性

图 3-21 中，z 为铣刀齿数，d 为铣刀直径，θ 为铣刀齿数分布，m_e 为铣刀偏心质量，F 为切削力，f_c 为切削力频率，F_e 为离心力，f_e 为离心力频率。

根据高效铣削振动行为的实验测试结果，利用改进的灰色关联分析方法，建立高效铣刀振动行为特征与激励载荷间的关联矩阵，如表 3-5 和表 3-6 所示，依据关联度值，分析动载荷条件下的高效铣削稳定性的响应特征。

改进的灰色关联分析算法主要体现了以下特点：一方面可以反映出参考序列与比较序列两条曲线之间变化的相近程度；另一方面可以反映出这两条曲线之间关联性的正负关系。若各段的斜率比值越集中在 1 附近，则关联性越高；反之，则关联性越低。

表 3-5　　高效铣刀振动行为频域特征与激励载荷的关联矩阵

载荷	频域								
	行距方向			进给方向			主轴方向		
	A_x	f_{xx}	m_x	A_y	f_{yy}	m_y	A_z	f_{zz}	m_z
F	0.936	0.835	0.787	0.922	0.840	0.836	0.925	0.870	0.850
f_c	0.863	0.963	0.903	0.859	0.975	0.950	0.812	0.967	0.952
F_e	0.932	0.839	0.750	0.902	0.859	0.893	0.866	0.849	0.863
f_e	0.843	0.953	0.920	0.969	0.930	0.976	0.872	0.803	0.950

表 3-6　　高效铣刀振动行为时域特征与激励载荷的关联矩阵

载荷	时域								
	行距方向			进给方向			主轴方向		
	ΔA_x	K_x	K_{fx}	ΔA_y	K_y	K_{fy}	ΔA_z	K_z	K_{fz}
F	0.923	0.934	0.871	0.912	0.972	0.728	0.929	0.969	0.962
f_c	0.785	0.877	0.975	0.813	0.876	0.909	0.575	0.836	0.936
F_e	0.904	0.863	0.806	0.902	0.836	0.801	0.803	0.829	0.872
f_e	0.851	0.577	0.901	0.796	0.863	0.903	0.864	0.803	0.823

选取两段同样长度的参考序列与比较序列，并分别记为 A_{mn} 和 A_{mh}。

$$\begin{cases} A_{mn} = \{a_{mn}(1), a_{mn}(2), \cdots, a_{mn}(S)\}, & m = 1, 2, \cdots, q \\ A_{mh} = \{a_{mh}(1), a_{mh}(2), \cdots, a_{mh}(S)\}, & h = (q+1), (q+2), \cdots, u \end{cases} \quad (3\text{-}93)$$

计算序列在区间 $[b-1, b]$（$b = 2, 3, \cdots, S$）上的斜率，分别构建 K_{mn} 和 K_{mh} 序列，如式（3-94）和式（3-95）所示：

$$K_{mn} = \{k_{mn}(1), k_{mn}(2), \cdots, k_{mn}(S-1)\} \quad (3\text{-}94)$$

$$K_{mh} = \{k_{mh}(1), k_{mh}(2), \cdots, k_{mh}(S-1)\} \quad (3\text{-}95)$$

计算序列 K_{mn} 和 K_{mh} 在区间 $[b-1, b]$（$b = 2, 3, \cdots, S$）上的斜率比值，从而获得序列 K_{mnh}，如式（3-96）所示：

$$K_{mnh} = \left\{ \frac{k_{mn}(1)}{k_{mh}(1)}, \frac{k_{mn}(2)}{k_{mh}(2)}, \cdots, \frac{k_{mn}(S-1)}{k_{mh}(S-1)} \right\} \quad (3\text{-}96)$$

通过计算序列 K_{mn} 可以得到变异系数 $\delta(A_{mn})$，其计算公式如式（3-97）所示：

$$\delta(A_{mn}) = \frac{\lambda_{mn}}{\overline{K_{mn}}} \times 100\% \quad (3\text{-}97)$$

式中，

$$\overline{K_{mn}} = \frac{1}{s-1} \sum_{p=1}^{s-1} k_{np} \quad (3\text{-}98)$$

$$\lambda_{mn} = \sqrt{\frac{1}{s-2}\sum_{p=1}^{s-1}(k_{mp} - \overline{K_{mn}})^2} \tag{3-99}$$

计算 K_{nh} 的广义变异系数 $\gamma(A_{mn}/A_{mh})$：

$$\gamma(A_{mn}/A_{mh})\frac{\lambda_{nh}}{K_{nh}}\times 100\% \tag{3-100}$$

式中，

$$\overline{K_{nh}} = \frac{1}{s-1}\sum_{p=1}^{s-1}(k_{op}/k_{hp}) \tag{3-101}$$

$$\lambda_{nh} = \sqrt{\frac{1}{s-2}\sum_{p=1}^{s-1}\left(\frac{k_{np}}{k_{hp}}-1\right)^2} \tag{3-102}$$

计算序列 A_{mn} 和 A_{mh} 的灰色关联度 $\xi(A_{mn}, A_{mh})$：

$$\xi(A_{mn}, A_{mh}) = \begin{cases} \dfrac{1+|\delta(A_{mn})|}{1+|\delta(A_{mn})|+|\gamma(A_{mn}/A_{mh})|}, & \overline{K_{nh}} \geqslant 0 \\[3mm] -\dfrac{1+|\delta(A_{mn})|}{1+|\delta(A_{mn})|+|\gamma(A_{mn}/A_{mh})|}, & \overline{K_{nh}} < 0 \end{cases} \tag{3-103}$$

高效铣刀振动行为频域特征与激励载荷的关联结果表明：铣削振动行为频域特征中的行距方向、进给方向、主轴方向主频数量反映铣削稳定性对离心力频率、切削力频率的响应；行距方向、进给方向、主轴方向第一主频反映铣削稳定性对切削力频率的响应，其中行距方向、进给方向第一主频同时反映铣削稳定性对离心力频率的响应；行距方向、进给方向、主轴方向第一主频对应的振幅反映铣削稳定性对切削力大小的响应，其中行距方向、进给方向第一主频对应的振幅同时反映铣削稳定性对离心力大小的响应。

高效铣刀振动行为时域特征与激励载荷的关联结果表明：铣削振动行为时域特征中行距方向、进给方向、主轴方向的最大振幅反映铣削稳定性对切削力大小的响应，其中行距与进给方向的最大振幅同时反映铣削稳定性对离心力大小的响应；行距与进给波形因子反映了铣削稳定性对切削力频率、离心力频率的响应，轴向波形因子反映了铣削稳定性对切削力大小和切削力频率的响应；行距方向、进给方向、主轴方向的峭度反映了铣削稳定性对切削力大小的响应。

由表 3-6 可知，依据振动行为特征对激励载荷的响应特性，建立高效铣刀载荷影响下结构动力学特性的识别方法。以行距方向、进给方向、轴向方向的主频数量、第一主频、波形因子的集合识别铣刀结构动力学特性对切削力主频的响应特性；以行距方向、进给方向、轴向方向的第一主频对应振幅、最大振动幅度、峭度以及轴向波形因子的集合识别铣刀结构动力学特性对切削力大小的响应特性；以行距方向、进给方向、轴向方向的主频数量、第一主频以及行距方向、进给方向的第一主频对应振幅、波形因子的集合识别铣刀结构动力学特性对离心力频率的响应特性；以行距方向、进给方向的第一主频对应振幅、最大振动幅度的集合识别铣刀结构动力学特性对离心力大小的响应特性。

图 3-22 所示激励载荷影响下的高效铣削稳定性反映了高效铣刀对载荷条件改变时的动力学特性响应，载荷大小基本决定高效铣削稳定性的响应时域特征，响应频域特征与载荷频率密切相关。

依据振动行为测试结果，利用灰色系统理论，建立高效铣刀振动行为特征与铣刀结构间的关联矩阵，如表 3-7 和表 3-8 所示，依据关联度值的大小，分析动载荷条件下的高效铣削稳定性的响应特征。

表 3-7　高效铣刀结构与频域特征的关联矩阵

结构	频域								
	行距方向			进给方向			主轴方向		
	A_x	f_{xx}	m_x	A_y	f_{yy}	m_y	A_z	f_{zz}	m_z
z	0.953	0.934	0.900	0.920	0.930	0.900	0.952	0.909	0.900
θ	0.936	0.773	0.750	0.859	0.795	0.750	0.912	0.969	0.750
d	0.984	0.938	0.903	0.965	0.894	0.903	0.896	0.893	0.903
m_e	0.843	0.750	0.750	0.969	0.930	0.750	0.972	0.750	0.750

表 3-8　高效铣刀结构与时域特征的关联矩阵

结构	时域								
	行距方向			进给方向			主轴方向		
	ΔA_x	K_x	K_{fx}	ΔA_y	K_y	K_{fy}	ΔA_z	K_z	K_{fz}
z	0.906	0.943	0.718	0.912	0.929	0.928	0.909	0.962	0.689
θ	0.875	0.777	0.753	0.813	0.768	0.898	0.755	0.756	0.813
d	0.972	0.936	0.906	0.936	0.963	0.903	0.975	0.932	0.909
m_e	0.819	0.757	0.761	0.965	0.753	0.753	0.944	0.765	0.768

由表 3-7 可知，铣刀振动行为特征中的行距方向、进给方向、主轴方向的主频数量均能反映铣削稳定性对铣刀齿数和直径变化的响应；行距方向、进给方向第一主频反映铣削稳定性对铣刀直径和偏心质量变化的响应；主轴方向第一主频反映铣削稳定性对刀具齿数和齿数分布的响应；行距方向、进给方向、主轴方向的第一主频对应的振幅反映铣削稳定性对齿数分布的响应。

由表 3-8 可知，铣削振动行为时域特征中的行距方向、进给方向、主轴方向的最大振幅反映铣削稳定性对齿数分布的响应；行距方向、进给方向、主轴方向的波形因子反映铣削稳定性对刀具直径的响应；行距方向、进给方向、主轴方向的峭度反映铣削稳定性对齿数分布的响应，其中行距方向、进给方向的峭度同时反映铣削稳定性对刀具齿数的响应。

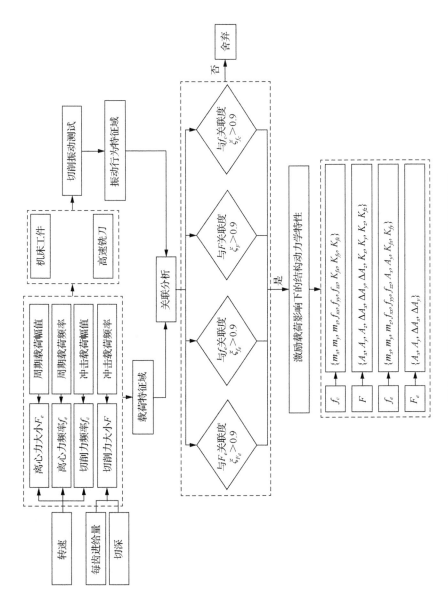

图 3-22　激励载荷影响下的高效铣削稳定性

依据振动行为特征对铣刀结构的响应特性,建立高效铣削稳定性的识别方法,如图 3-23 所示。

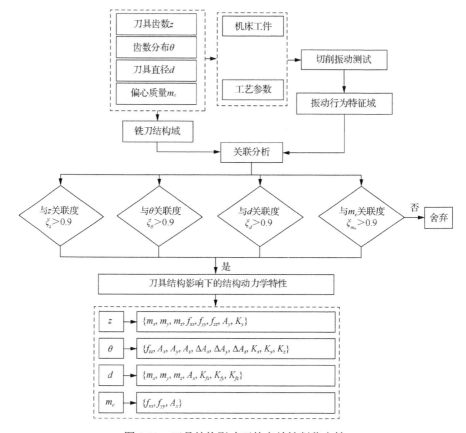

图 3-23　刀具结构影响下的高效铣削稳定性

以铣削振动行为特征中行距方向、进给方向、主轴方向三个方向的主频数量、行距方向第一主频、进给方向第一主频、进给方向第一主频对应的振幅、进给峭度的集合识别刀具齿数的动力稳定性;以行距方向、进给方向、主轴方向三个方向的第一主频对应振幅、最大振幅、峭度以及主轴方向的第一主频的集合识别齿数分布的动力稳定性;以行距方向、进给方向、主轴方向三个方向主频数量、波形因子以及行距的第一主频对应的振幅的集合识别铣刀直径的动力稳定性;以行距方向及其对应的振幅和进给方向第一主频的集合识别铣刀偏心质量的动力稳定性。

高效铣削稳定性是由铣刀结构和载荷条件共同决定的,同时,高效铣刀的切削稳定性的评价是多指标评价,这些指标中有些与铣刀单个结构或者单个载荷特征有关,有些与铣刀多个结构或者多个载荷特征有关,因此,本节以高效铣削稳定性的评价指标为研究对象,依据评价指标与结构、载荷的关联特性,获得高效铣削稳定性的结构和载荷控制变量,如图 3-24 和图 3-25 所示。

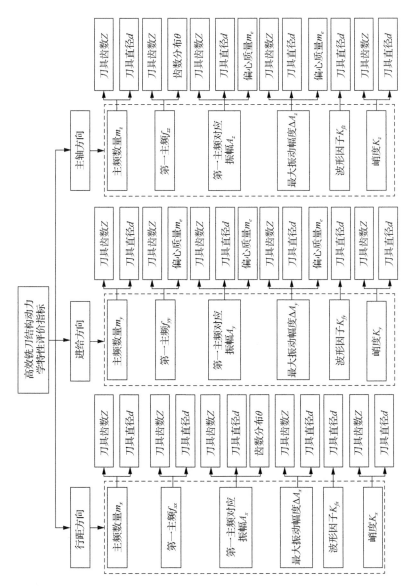

图 3-24　高效铣削稳定性的结构控制变量

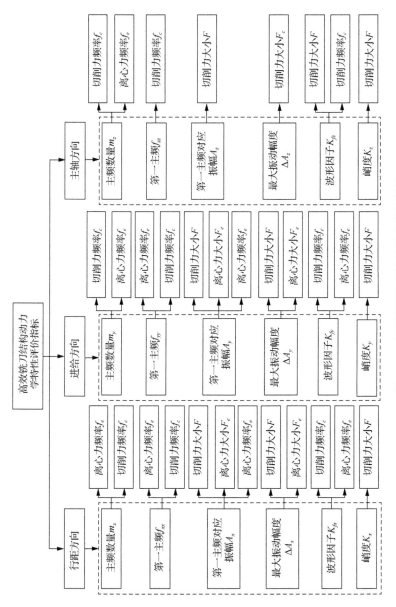

图 3-25 高效铣削稳定性的载荷控制变量

通过高效铣削稳定性的控制变量的识别，实现了对高效铣削稳定性评价指标具有针对性的控制策略。通过控制变量的分析可知，铣刀结构间、激励载荷间在同一个指标上存在交互，刀具齿数与刀具直径间存在交互作用的指标较多，载荷间交互多以切削力频率与离心力频率、切削力大小与切削力频率间交互形式出现。铣刀结构间的交互在铣刀三个方向动力学特性分布较为均匀，载荷间的交互主要出现在进给和行距方向。

3.3.3 高效铣削稳定性控制方法

高效铣刀结构动力稳定性的控制目的是实现高效铣刀多齿切削行为的一致性，而刀齿误差虽然不会影响铣刀整体结构的稳定性，但会直接影响铣刀多齿切削行为。因此，可以控制误差补偿振动行为引起的刀齿间切削参数变动量，实现在不改变铣刀整体切削稳定性的条件下，对高效铣刀多齿切削行为进行直接补偿。

铣刀刀齿不均匀切削的根本原因是刀具的振动频率和刀齿切削频率不一致。切削参数决定了刀具的切削行为，但是不会导致刀具产生不均匀切削。由于切削过程中振动的产生，改变了刀具与工件的接触关系，使得刀齿在重复切削时切削参数发生频率性变化，工件材料的去除量不一致，刀具刀齿产生不均匀切削的现象。

铣刀多齿切削时，刀具整体振动频率与刀齿切削振动频率不能重合，即不存在整数倍的关系，使得相邻刀齿在切削工件的切削参数不一致，导致工件的去除量存在偏差。而刀齿的切削频率由刀齿的齿距和主轴转速决定，因此，调节齿距，可使得刀齿的三个方向切削频率与刀齿振动主要频率构成整数倍的关系，如式（3-104），实现每个刀齿在相同切削位置的振动主体波形一致。

$$\theta_{i,i+1} = \frac{N_1 n\pi}{30 f_{xx}} = \frac{N_2 n\pi}{30 f_{yy}} = \frac{N_3 n\pi}{30 f_{zz}} \tag{3-104}$$

式中，$\theta_{i,i+1}$ 为相邻刀齿 i 和刀齿 $i+1$ 间的齿距；N_1, N_2, N_3 为整数；n 为主轴转速；f_{xx}, f_{yy}, f_{zz} 为铣刀在行距方向、进给方向和主轴方向的振动主频。

高效铣削振动不仅仅包括振动主频决定的振动行为，还包括其他振动信号，利用机床因素引起的振动行为以及切削颤动，同样影响振动切削的一致性，但齿距的调整只能实现切削频率与多种振动信号中存在整数倍关系。

振动行为中主频代表的振动信号反映铣刀振动主要性质和程度，其余振动信号导致刀齿间在相同切削位置的振幅不同。而振动对切削层的影响，最终还是通过振幅的形式体现，不同刀齿间在相同位置振幅差值可以通过刀齿间的误差补偿。

刀齿间行距方向振幅差值通过调整径向误差，主轴方向振幅差值通过调整主轴方向误差实现切削过程中振动行为的误差补偿，形成如图 3-26 的误差补偿方法，实现刀齿切削行为一致性的控制。

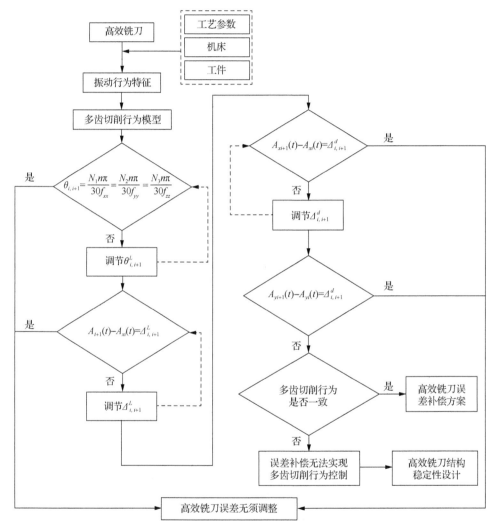

图 3-26　多齿切削行为一致性的误差补偿方法

高效铣刀多齿切削行为一致性误差补偿方法的具体实施流程如下：高效铣刀在给定切削参数下进行试切，获取振动行为特征，在不改变铣刀振动行为表征的基础上，依据刀齿齿距与振动行为主频关系，给出齿距分布方案；根据行距、轴向振动振幅，分别给出刀齿间轴向误差与径向误差分布方案；若建立误差补偿方案仍无法实现高效铣刀多齿切削行为的一致性，则说明实现高效铣刀多齿切削行为、刀具磨损以及加工表面形貌的一致性，需要通过高效铣刀结构稳定性的控制实现。高效铣削过程中的振动行为是由切削力与离心力引起的。高效铣削时，由于其自身结构不对称形成的质量偏心误差所引起的离心力，是高效铣削振动行为的激励源。离心力是由偏心质量、铣刀直径和主轴转速共同作用的结果。而离心力的激振频率与铣刀结构无关，与主轴转速呈二次函数关系。

高效铣削过程中，刀具振动的另一个重要激振力是刀具与工件之间相互作用产生的动态切削力。切削力的大小与切削过程中的铣削深度和每齿进给量成正比，而在切削条件不变的条件下，每齿进给量与齿数成反比、与齿距大小成正比，因此，切削力的大小与齿数成反比，与齿距大小成正比，而切削力的激振频率与齿数及主轴转速成正比。

通过分析离心力与切削力频率的关系可知，离心力的频率与铣刀结构无关，仅由主轴转速决定，而切削力频率是刀具齿数与主轴转速共同作用的结果。依据高效铣刀结构动力稳定性评判方法、刀具磨损判据、加工表面形貌判据，结合高效铣刀结构动力稳定性的激励载荷控制变量分析，建立高效铣刀结构动力稳定性的工艺控制方法。

依据高效铣刀在特定参数下试切所获得的振动行为测试结果，结合振动条件下的多齿切削模型，判别切削行为的一致性。若切削行为一致，则铣刀匹配工艺参数合理，否则分别依据铣刀结构动力稳定的刀具磨损判据和加工形貌判据，识别结构动力稳定性的载荷控制变量，并对控制刀具磨损均匀性和加工表面形貌一致性的载荷变量进行合并，对相同变量依据铣刀结构动力稳定交互作用关系进行协同控制，不相同的控制变量依据高效铣刀刀具磨损与加工表面形貌的控制变量序列进行控制。最后，对新形成的工艺方案进行试切验证，对不合理的参数进行二次控制。

依据高效铣刀结构动力稳定性评判方法、刀具磨损判据、加工表面形貌判据以及多齿切削行为的误差补偿方法，结合高效铣刀结构动力稳定性的铣刀结构控制变量分析，建立特定工艺条件下的高效铣刀结构动力稳定性的铣刀结构控制方法，如图 3-27 所示。

依据高效铣刀在特定工艺条件下的振动行为测试结果，结合多齿切削行为模型，识别多齿切削行为的一致性，对不能实现一致性的高效铣刀进行结构再设计，如图 3-28 所示。

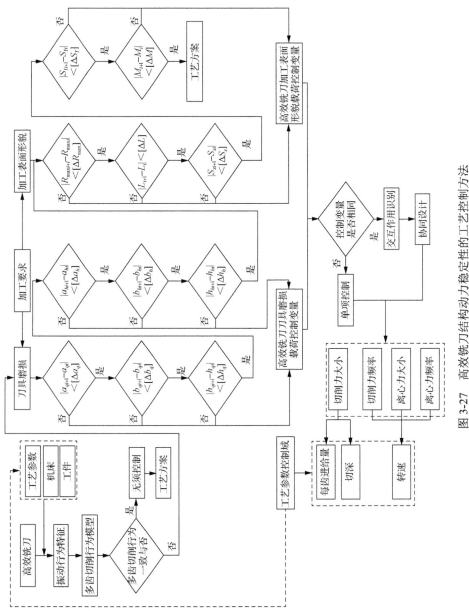

图 3-27　高效铣刀结构动力稳定性的工艺控制方法

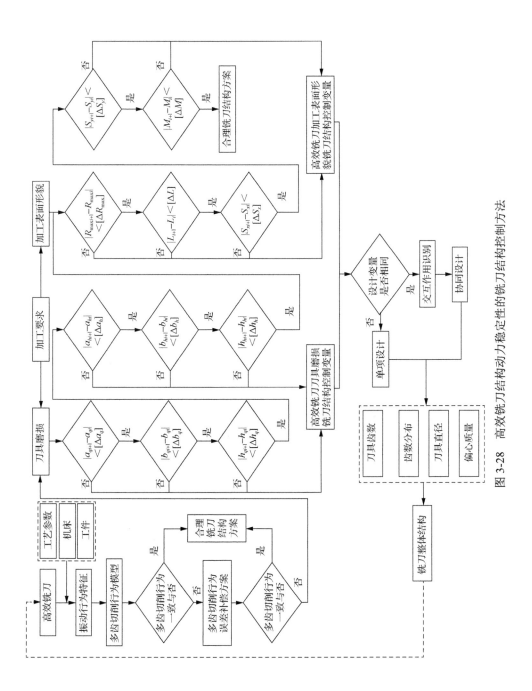

图 3-28　高效铣刀结构动力稳定性的铣刀结构控制方法

首先，依据高效铣刀多齿切削行为的误差补偿方法进行切削行为控制，若能实现多齿切削行为的一致性，则以原刀具为基础，建立新的误差分布方案。如果误差补偿无法实现切削行为的一致性，则根据加工需求建立刀具均匀磨损与加工表面形貌一致性的判据，提出高效铣刀结构及其动力稳定性的设计目标，并对设计目标进行合并，如果设计目标相同，对原刀具提出铣刀整体结构的改进方案。最后对新形成的刀具的控制效果进行试切验证，若不能满足加工要求，则进行再次设计。

为验证铣刀结构动力稳定性控制方法的有效性，进行高效铣削加工实验，主轴转速为 2200r/min，每齿进给量为 0.06mm，铣削深度为 0.32mm。具体刀具参数如表 3-9 所示。

表 3-9　刀具参数

	刀具编号	厂商	直径/mm	齿数	齿间角/（°）
原工艺	1	奥斯特	63	5	72
新工艺	2	住友	63	6	60

利用 DH5922 动态信号测试分析系统测量新工艺条件下的刀具切削振动行为，结果如图 3-29 所示。

对比不同工艺条件下的刀具切削振动行为，如图 3-29 所示，发现新工艺方案条件下时域波形突变相对少于原工艺方案，同时新工艺的频域波形反应的主频数量和第一主频小于原工艺方案，说明新工艺方案的刀具抵抗载荷的干扰能力大于原工艺方案中的刀具。因此，从振动响应的角度来说，新工艺方案所表现出来的铣刀结构稳定性优于原工艺方案的刀具。

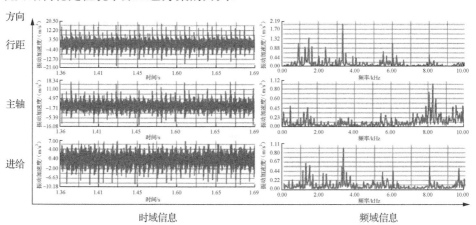

（a）原工艺

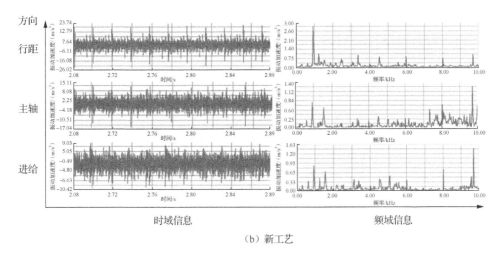

（b）新工艺

图 3-29　不同工艺方案刀具切削振动

采用超景深显微镜对不同工艺条件下的刀具磨损情况进行观测，结果如图 3-30～图 3-33 所示。

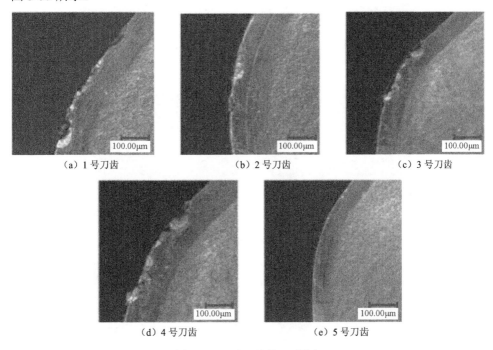

（a）1 号刀齿　　　　（b）2 号刀齿　　　　（c）3 号刀齿

（d）4 号刀齿　　　　（e）5 号刀齿

图 3-30　1 号刀具前刀面磨损

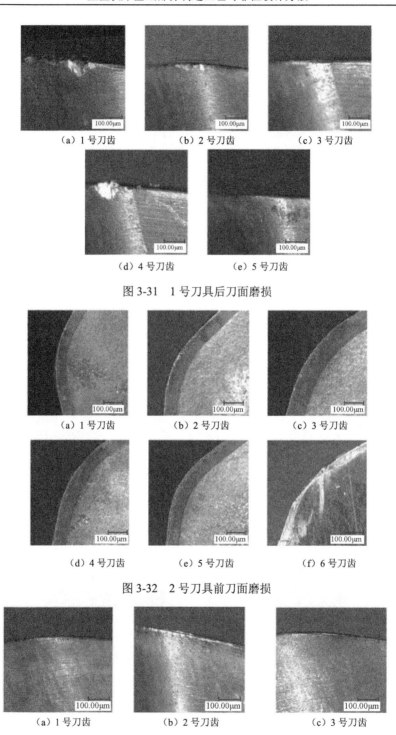

（a）1 号刀齿　　　（b）2 号刀齿　　　（c）3 号刀齿

（d）4 号刀齿　　　　　（e）5 号刀齿

图 3-31　1 号刀具后刀面磨损

（a）1 号刀齿　　　（b）2 号刀齿　　　（c）3 号刀齿

（d）4 号刀齿　　　（e）5 号刀齿　　　（f）6 号刀齿

图 3-32　2 号刀具前刀面磨损

（a）1 号刀齿　　　（b）2 号刀齿　　　（c）3 号刀齿

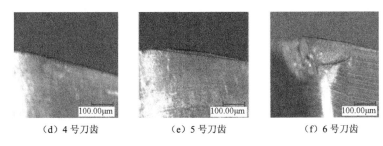

(d) 4 号刀齿　　　　　　(e) 5 号刀齿　　　　　　(f) 6 号刀齿

图 3-33　2 号刀具后刀面磨损

不同工艺条件下，铣刀刀齿前、后刀面磨损长度对比如图 3-34 所示。

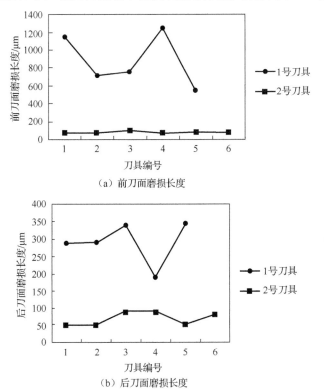

(a) 前刀面磨损长度

(b) 后刀面磨损长度

图 3-34　不同工艺方案刀具磨损均匀性

由图 3-34 可知，新工艺方案的刀具前刀面磨损长度小于原工艺方案的刀齿磨损长度，新工艺方案刀齿间前、后刀面磨损长度一致性也优于原工艺方案获得的刀具磨损结果。因此，采用高效铣刀结构动力稳定性的控制方法，获得工艺方案能够满足获得均匀性良好的刀具前刀面磨损长度和后刀面磨损长度的要求。

新工艺方案切削加工表面形貌测试结果见图 3-35，具体表面形貌如表 3-10所示。

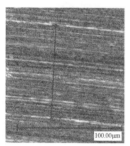

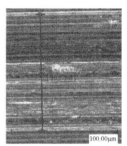

（a）切入阶段　　　　　　　　（b）稳定切削阶段　　　　　　　　（c）切出阶段

图 3-35　新工艺加工表面形貌测试结果

表 3-10　新工艺的加工表面形貌

	$R_{max}/\mu m$			$L_c/\mu m$		
	切入阶段	稳定阶段	切出阶段	切入阶段	稳定阶段	切出阶段
原工艺	8.97	11.24	13.71	24.42	29.98	31.5
新工艺	9.05	10.09	10.95	27.46	29.56	30.26

　　综合分析两种工艺方案的刀具磨损、工件表面加工形貌，不同工艺方案刀齿磨损都存在磨损不均匀性和表面形貌的不均匀性，但是新工艺方案刀具磨损和加工表面形貌相对优于原工艺方案，因此，所建立的高效铣刀结构动力稳定性的工艺控制和铣刀结构控制方法是可行且有效的。

3.4　本 章 小 结

　　（1）高效铣刀能效实验结果表明，负载输入功率与空载输入功率差值的组成包括：主轴系统切削功率、主轴系统的附加损耗功率、负载前后系统的进给系统广义储能差值和主轴系统磨损附加能耗功率。利用铣削厚度能效比，实现了铣刀结构、切削参数对铣削能效影响程度的评价。获得铣刀振动对切削能量效率的影响特性，依据铣刀振动和磨损对切削层厚度的影响规律，建立了铣削能效稳定性的振动判据和磨损判据。

　　（2）通过对高效铣刀破坏样本的分析，得出高效铣刀失效是一种动态的过程，高效铣刀安全性衰退行为特征分为：组件变形、结合面压溃、延性断裂以及刀具切削的稳定性。建立有限元仿真模型，对高效铣刀进行多物理场的仿真分析，验证所分析的实际工况与破坏顺序分析结果，证明工况分析的准确性和合理性。铣刀组件变形和位移对切削层影响的分析结果表明，当刀齿径向长度伸长且轴向长度缩短时，主偏角增大，切削层宽度即切削刃接触长度减小，切削层厚度减小，切削层面积减小。当铣刀产生扭转变形时，前角减小，后角增大，前刀面磨损宽度减小，后刀面磨损宽度及厚度减小。建立了单齿、多齿及奇偶齿数下的动态切削力模型，进行了高效铣刀在不同铣削深度及齿数下的频谱分析，揭示了不同切削参数下，对高效铣刀稳定性影响的主要因素及高效铣刀组件的稳定性行为特征。

（3）利用灰色系统理论，建立振动行为特征与铣刀结构、激励载荷关联特性，依据关联度的大小，获得了刀具齿数、铣刀直径、齿数分布、切削力大小、切削力频率、离心力大小、离心力频率对高效铣刀结构动力学特性的影响关系，识别出高效铣刀结构动力学特性的切削参数影响因素，并针对高效铣刀结构动力学特性特征识别出其控制变量。

（4）以多齿切削行为与铣刀结构动力学特性的关系模型为基础，结合对影响多齿切削行为的刀具误差进行系统分析，明确刀具径向误差、轴向误差对多齿切削行为的影响，识别出高效铣刀多齿切削行为的误差控制变量：轴向误差、径向误差。结合刀具整体振动对刀齿的影响，建立铣刀多齿切削行为一致的误差补偿方法。依据刀具磨损和加工表面形貌的载荷控制变量序列、铣刀结构控制变量序列，以刀具均匀磨损和加工形貌一致为目标，建立高效铣刀结构学稳定性工艺控制与铣刀结构控制方法，解决通过误差补偿无法实现切削行为一致性的铣刀结构动力稳定性问题。利用高效铣刀结构动力稳定性的控制方法的验证实验结果证明，新工艺方案的刀具磨损均匀性和加工表面形貌一致性均优于原工艺方案，证明了高效铣刀结构动力稳定性控制方法的有效性。

第4章　高效铣削重型机床基础部件刀具振动磨损

重型机床零部件加工中切削时间长、能量消耗大，对加工质量要求高；重型机床零部件切削加工过程中，刀具磨损迅速，甚至出现微崩刃、破损等危险情况。同时由于切削振动的不合理控制，切削过程中刀具磨损加剧，会出现不均匀磨损现象，严重影响刀具使用寿命和机床零部件的加工表面质量。

本章研究铣刀受迫振动行为与铣刀磨损行为的关联特性，提出铣刀受迫振动磨损识别方法。对热力耦合场作用下铣刀应力/应变状态进行仿真分析，研究热力耦合场对磨损、滑动摩擦系数和相对滑动系数的影响特性，进行重型机床零部件高效铣削加工实验。建立铣刀磨损状态的识别模型以及铣刀磨损程度的预报模型。提出铣刀抗振动磨损的评价指标，形成抗振动磨损铣刀的设计方法。

4.1　高效铣刀振动磨损行为特征

4.1.1　铣刀振动磨损行为关联分析

为研究和表征铣刀的振动磨损，本节进行高效铣刀振动磨损实验。实验机床为大连机床厂生产的 VDL-1000E，刀具为直径 63mm 的 4 齿等齿距面铣刀，工件材料为 45#钢，工件形状尺寸为长方体，长为 200mm，宽为 150mm，高为 100mm。具体实验仪器及设备如图 4-1 所示。

图 4-1　实验仪器及设备

实验所采用的铣削参数为：每齿进给量 f_z=0.06mm，主轴转速 n=3100r/min，a_p=0.32mm。铣刀四个刀齿磨损情况如图 4-2 所示。

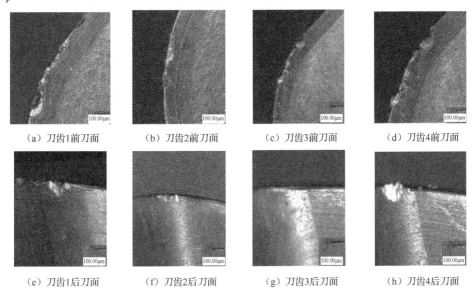

（a）刀齿1前刀面　　　（b）刀齿2前刀面　　　（c）刀齿3前刀面　　　（d）刀齿4前刀面

（e）刀齿1后刀面　　　（f）刀齿2后刀面　　　（g）刀齿3后刀面　　　（h）刀齿4后刀面

图 4-2　4 齿等齿距面铣刀磨损对比

从图 4-2 可以看出，铣刀四个刀齿前刀面、后刀面的磨损位置和磨损程度均存在明显差别，即铣刀产生了多齿不均匀磨损。

铣刀振动特性检测结果如图 4-3～图 4-6 所示。

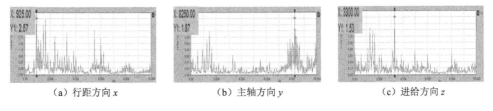

（a）行距方向 x　　　　　（b）主轴方向 y　　　　　（c）进给方向 z

图 4-3　铣刀振动频域特征（f_z=0.08mm，n=1517r/min）

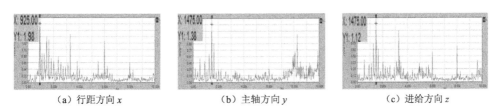

（a）行距方向 x　　　　　（b）主轴方向 y　　　　　（c）进给方向 z

图 4-4　铣刀振动频域特征（f_z=0.08mm，n=3539r/min）

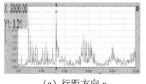 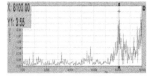 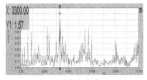

（a）行距方向 x　　　　（b）主轴方向 y　　　　（c）进给方向 z

图 4-5　铣刀振动频域特征（f_z=0.15mm，n=1517r/min）

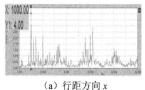 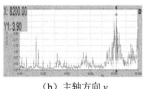 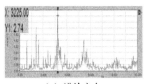

（a）行距方向 x　　　　（b）主轴方向 y　　　　（c）进给方向 z

图 4-6　铣刀振动频域特征（f_z=0.15mm，n=3539r/min）

从图 4-3～图 4-6 可以看出，相同条件下，铣刀在三个方向上的振动频率存在明显差异，三个方向的驱动力大小不同导致主频、振幅均不同，而三个方向的驱动力频率不相同，使得铣刀振动的频率各不相同。振动振幅对铣刀单个刀齿的振动磨损影响显著，而振动的频率对面铣刀磨损的均匀性影响显著。

铣刀振动磨损是伴随振动的动态行为产生的，为了解振动与刀具磨损之间的相互关系，采用 3.3.2 节的灰色关联分析算法，对以上参数的刀具振动行为参数与磨损行为参数进行灰色关联分析。结果如表 4-1 所示，其中 A_{hj} 为主轴行距方向振幅，f_{hj} 为主轴行距方向振频，A_{zh} 为主轴方向振幅，f_{zh} 为主轴方向振频，A_{jg} 为主轴进给方向振幅，f_{jg} 为主轴进给方向振频；b_q 为前刀面磨损宽度，h_q 为前刀面磨损深度，l_{xq}、l_{yq}、l_{zq} 为前刀面磨损位置三个方向坐标，VB 为后刀面磨损宽度，h_h 为后刀面磨损深度，l_{xh}、l_{yh}、l_{zh} 为后刀面磨损位置三个方向坐标。

表 4-1　振动行为与磨损行为参数灰色关联分析结果

	A_{hj}	f_{hj}	A_{zh}	f_{zh}	A_{jg}	f_{jg}
b_q	0.868	0.534	0.673	0.767	0.876	0.769
h_q	0.978	0.524	0.622	0.688	0.766	0.690
l_{xq}	0.804	0.541	0.709	0.823	0.956	0.826
l_{yq}	0.598	0.627	0.886	0.750	0.677	0.748
l_{zq}	0	0	0	0	0	0
VB	0.5828	0.651	0.824	0.710	0.649	0.708
h_h	0.5676	0.685	0.764	0.671	0.621	0.670
l_{xh}	0.8957	0.531	0.661	0.748	0.850	0.751
l_{yh}	0.8164	0.539	0.701	0.811	0.938	0.814
l_{zh}	0.7182	0.557	0.792	0.951	0.892	0.955

根据表 4-1 的分析结果可知：①前刀面磨损宽度 b_q 与主轴行距方向振幅、主轴进给方向振幅关系密切；②前刀面最大磨损深度 h_{qmax} 与主轴行距方向振幅关系

密切；③前刀面最大磨损深度位置与主轴方向振幅、主轴方向振频、主轴进给方向振幅、主轴进给方向振频关系密切；④后刀面磨损宽度 VB 与主轴方向振幅关系密切；⑤后刀面最大磨损深度 $h_{h\max}$ 与主轴方向振幅关系密切；⑥后刀面最大磨损深度位置与主轴行距方向振幅、主轴方向振频、主轴进给方向振幅、主轴进给方向振频关系密切。

当切削线速度 V_c 变化时，切屑性质与形状改变导致磨损位置发生变化，且刀齿前刀面与切屑接触时间变化，磨损宽度以及最大磨损深度也随之改变。每齿进给量 f_z 增加时，前后刀面所受的切削力均增加，导致前后刀面磨损宽度与磨损深度均增加。齿数 z 影响铣刀的切削频率，影响刀齿与工件的接触状态，因此其与前后刀面的磨损深度位置关系密切。铣刀振动频率增大，会导致铣刀与工件或切屑接触频率增大，使得铣刀前后刀面磨损深度增大，而铣刀振幅的增大会导致铣刀与工件或切屑接触副的相对滑动距离增大，导致铣刀前后刀面磨损宽度增大。

4.1.2　铣刀振动磨损识别方法

依据铣刀振动行为及其时/频域特征参数与铣刀刀齿前、后刀面磨损特征参数的关联分析结果，提出铣刀振动磨损特性识别方法，具体识别流程如图 4-7 所示。

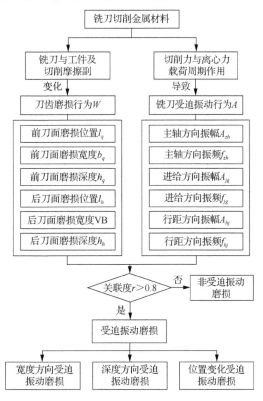

图 4-7　铣刀振动磨损特性识别流程

该识别方法利用铣削金属材料时，其与工件、铣刀与切屑间摩擦副的变化，对铣刀的磨损行为进行识别；监测在铣刀切削力与离心力作用下铣刀产生的振动行为；利用刀具磨损行为与振动行为的关联特性，识别出已发生的刀具磨损中，铣刀单齿振动磨损行为与非振动磨损行为，为下一步识别铣刀振动磨损因素与条件奠定基础。

依据铣刀振动磨损影响因素与振动磨损程度的关联度强弱分析，提出针对高效面铣刀磨损因素的识别方法，如图 4-8 所示。

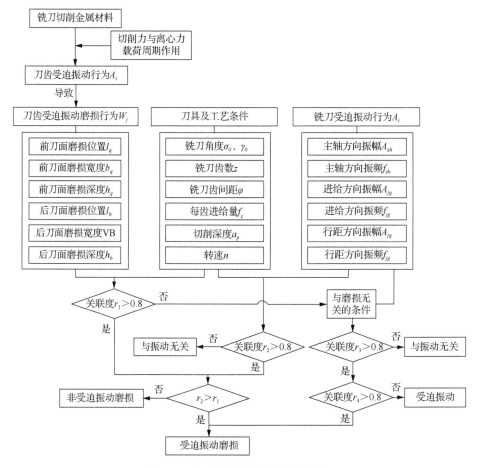

图 4-8　铣刀振动磨损因素识别流程

如图 4-8 所示，对高效面铣刀单个刀齿磨损进行参数化描述，对高效面铣刀的磨损影响因素进行分析，获得不同的磨损形式下铣刀磨损的影响因素，分别建立各影响因素与铣刀振动磨损的关联分析模型，即刀具磨损影响因素的参数化表征，通过参数的变化对刀具的振动磨损主控因素进行识别。

4.2　高效铣刀振动磨损的影响因素

4.2.1　铣刀振动对铣刀磨损的影响特性

当较大切削力产生强烈的振动，使铣刀振动产生多个倍频时，铣刀磨损深度将迅速增大。在此条件下，铣刀磨损量随切削时间不断增长，铣刀与被加工工件接触界面在周期性交变应力作用下产生疲劳裂纹，进而引发更大程度的磨损。由此可知，铣刀振动磨损是在相互压紧的铣刀与被加工工件接触表面间由于铣刀小幅振动而产生的一种复合型的磨损。

铣刀振动与磨损之间的交互影响关系如图 4-9 所示。

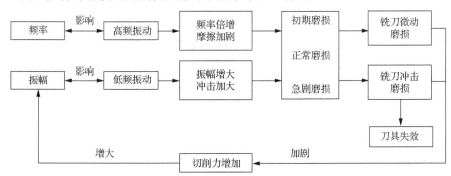

图 4-9　铣刀振动与磨损交互作用关系

由图 4-9 可知，铣刀倍频所产生的高频振动使铣刀微动磨损急剧增加，从而导致铣刀疲劳磨损速率显著增长；铣刀主频所产生的低频振动则通过较大振幅使刀具与工件之间具有较高的冲击能量和较大的接触应力，导致铣刀冲击磨损作用显著增强。随着铣刀刀齿有效切削长度的不断增加，铣刀磨损引起切削力逐渐增大，使铣刀振动不断加剧，由此导致铣刀微动疲劳磨损与冲击磨损交互作用显著增强，并最终使铣刀由正常磨损阶段转入急剧磨损期。

该分析结果表明，铣刀振动所导致的磨损是铣刀微动疲劳磨损与冲击磨损交互作用的结果，由此引起切削力和振动振幅的增加，则进一步加剧了这种磨损的交互作用强度。

由前述分析可知，受离心力与切削力交互作用影响，铣刀振动频率分为主频和倍频。其中，铣刀主频为与主轴转速有关的低频振动，铣刀倍频为切削力和铣刀刚度不足引起的高频振动，如图 4-10 所示。

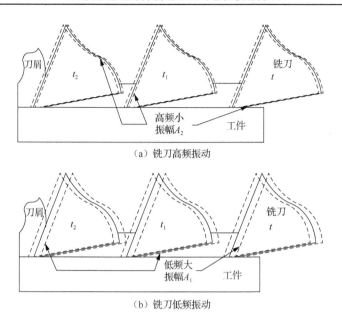

（a）铣刀高频振动

（b）铣刀低频振动

图 4-10　铣刀高频振动与低频振动

　　铣刀与工件之间的接触属高副接触，但由于振动的存在，其接触关系发生了改变：多种振动频率的振幅引起了铣刀对工件不同程度的冲击作用，这些冲击作用改变了刀工接触界面的接触应力，导致铣刀磨损从刀刃接触区处增大并向后、前刀面扩展且逐渐加剧，此外这种变化还将加剧铣刀与工件之间的相对滑动及相对摩擦的程度。

4.2.2　刀齿误差对铣刀磨损的影响特性

　　在高效切削过程中，刀齿误差使得各个刀齿在轴向和径向方向上与理想位置产生一定程度的偏离。这将使得铣刀各个刀齿的刀工接触界面所受载荷和磨损状态有所差别，铣刀振动与磨损交互作用关系将因此转变，如图 4-11 所示。

　　根据上述刀齿误差与刀具振动、磨损之间的相互作用关系，对铣刀各个刀齿磨损演变过程进行描述，如图 4-12 所示。

　　由图 4-11、图 4-12 可知，由于刀齿误差的存在，在切削过程中不仅会导致四个刀齿的接触长度和接触宽度不均匀，还会引起刀具不平衡精度的增大，这些因素的变化会共同引起刀具振动程度的增加，并最终导致刀具磨损程度的不均匀。其中，磨损程度较大的刀齿会比其他刀齿先结束初期磨损阶段并先到达正常磨损阶段，甚至后期剧烈磨损阶段，而单个刀齿到达此阶段则意味着整个刀具的单次服役时间结束，会严重制约刀具整体的使用效率。

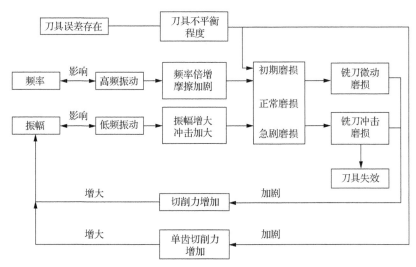

图 4-11　刀齿误差与刀具振动及磨损的关系

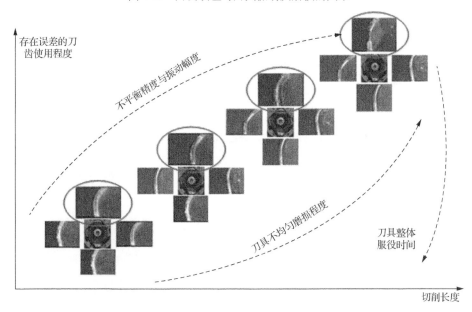

图 4-12　刀齿误差、铣刀振动影响下的刀具磨损演变过程

4.2.3　铣刀振动磨损实验

为验证上节中分析结论的正确性，进行高效铣刀振动磨损实验。实验刀具选用直径为 63mm 的 4 齿等齿距面铣刀、直径为 63mm 的 4 齿不等齿距面铣刀、直径为 80mm 的 4 齿等齿距面铣刀和直径为 80mm 的 5 齿等齿距面铣刀四种。机床为大连机床厂生产的三轴数控铣床，工件材料为 45#钢，工件形状为长方体，长

为 250mm，宽为 200mm，高为 150mm。

　　为全面分析铣刀磨损不同阶段下的振动磨损特征，分别以铣削行程 0.5m、6.5m、12.5m 和 18.5m 代表铣刀初期磨损、中前期磨损、中后期磨损和后期磨损阶段，采用铣刀刀齿有效切削长度计算方法，可知四个条件下对应的刀齿有效切削长度分别为 66m、858m、1634m 和 2458m。铣削方式为逆铣，四个阶段过后采用超景深显微镜对铣刀刀齿的磨损状态进行检测，铣刀磨损量测量方法如图 4-13 所示，实验中所采用的各测试仪器如表 4-2 所示。

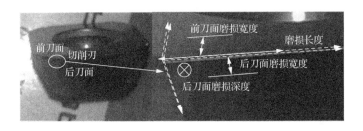

图 4-13　铣刀磨损量测量方法

表 4-2　测试仪器表

测试内容	测试仪器	仪器图片
数据采集	DH5922 动态信号测试分析系统	
刀具磨损	KEYENCE-VHX600 型超景深显微镜	
刀具磨损	扫描电镜	
切削温度	ThermoVisionA40M 红外热像仪	

实验具体参数如表 4-3 所示，实验所采用的工件及刀具如图 4-14 和图 4-15 所示。

表 4-3　实验参数表

实验编号	刀具	进给速度 v_f/（mm/min）	主轴转速 n/（r/min）	切削深度 a_p/mm
1		324	1011	
2		485	1517	0.3
3		800	2528	
4	直径 63mm 的 4 齿等齿距面铣刀	1120	3539	
5		607	1011	
6		910	1517	0.5
7		1500	2528	
8		2100	3539	
9		255	796	
10		382	1194	0.3
11		637	1990	
12	直径 80mm 的 4 齿等齿距面铣刀	892	2787	
13		478	796	
14		717	1194	0.5
15		1194	1990	
16		1672	2787	

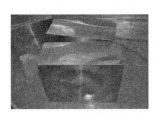

图 4-14　实验用 45#钢工件

图 4-15　直径 63mm 的 4 齿等齿距及直径 80mm 的 4 齿等齿距面铣刀

实验结束后，采用超景深显微镜对铣刀每个刀齿的磨损状态进行检测，结果如图 4-16 和图 4-17 所示。

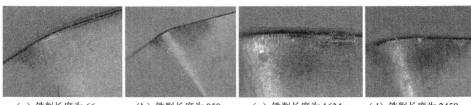

| （a）铣削长度为66m | （b）铣削长度为858m | （c）铣削长度为1634m | （d）铣削长度为2458m |

图 4-16　放大 300 倍时不同刀齿有效铣削长度下后刀面磨损变化

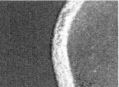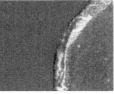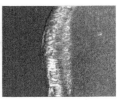

| （a）铣削长度为66m | （b）铣削长度为858m | （c）铣削长度为1634m | （d）铣削长度为2458m |

图 4-17　放大 300 倍时不同刀齿有效铣削长度下前刀面磨损变化

如图 4-16、图 4-17 所示，随刀齿有效铣削长度增加至 1634m，铣刀并没有出现崩刃与破损的情况，属于初期磨损阶段和正常磨损阶段。图 4-16（d）和图 4-17（d）中前、后刀面的磨损程度十分严重，并且出现了破损及崩刃的现象，属于后期磨损阶段。

由图 4-18 和图 4-19 可知，随着切削速度和铣刀刀齿有效切削长度的增加，铣刀径向和轴向振幅均呈现增长趋势，这说明铣刀振动和铣刀后刀面磨损宽度之间属于正相关，将四个磨损时期的振动时域特征参数绘制成随磨损时期的进程曲线，如图 4-20 所示。

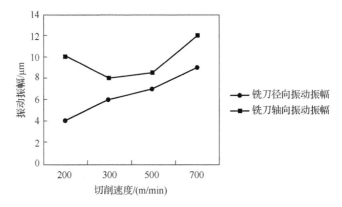

图 4-18　不同切削速度条件下铣刀振动振幅

由图 4-20 可知，从初期磨损到后期磨损刀具的振幅在三个方向整体都是呈现增加的趋势，并且中后期和后期的增幅比较明显。单独来看同一磨损时期下的切削前后振动程度对比可知，切削后的振幅在三个方向上都比切削前要大，并且增幅至少在 113%，最大达到 164%。由以上分析可知，在确定的刀齿有效切削长度或者在确定的主轴转速下，铣刀的振动频率越大，振幅越大，铣刀磨损也就越严重，并且铣刀轴向方向的振幅平均比径向方向的振幅大 147%左右。这是因为振动的幅度越大，铣刀对工件的冲击作用越严重，与此同时振动频率越大，在相同的时间内冲击作用发生的次数越多，所以铣刀的磨损越严重。

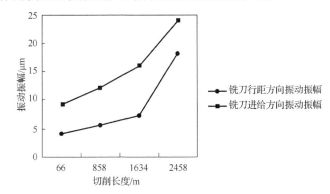

图 4-19　不同刀齿有效铣削长度条件下铣刀振动振幅

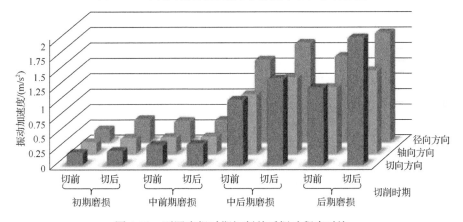

图 4-20　不同磨损时期切削前后振动程度对比

　　将实验中同一刀具的四个刀齿的磨损量分别测量观察并汇总对比，如图 4-21～图 4-23 所示。

　　由图 4-21～图 4-23 可知，每个刀齿在切削结束后由刀齿误差造成的磨损呈现明显的不均匀性，并且磨损不均匀的程度与刀齿误差的分布相符合。此外，初期磨损阶段的后刀面磨损宽度的不均匀程度最大差值为 2μm，占单片刀齿磨损量的9.5%。而后期磨损阶段的后刀面磨损宽度的不均匀程度最大差值为 45μm，占单片刀齿磨损量的 25%。从初期到后期，不均匀磨损程度扩大了 15.5 个百分点。后期磨损阶段的刀齿不均匀程度要远大于初期磨损阶段的刀齿不均匀程度。

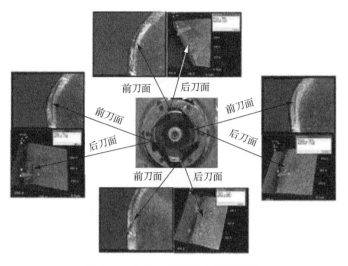

图 4-21　实验刀具不均匀磨损程度

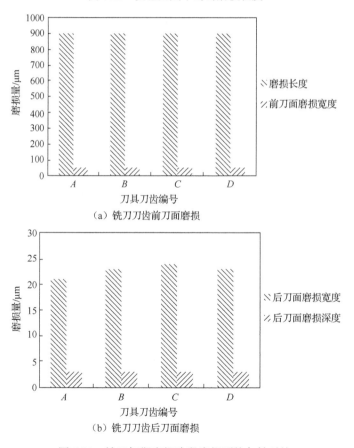

（a）铣刀刀齿前刀面磨损

（b）铣刀刀齿后刀面磨损

图 4-22　铣刀初期磨损阶段磨损不均匀性对比

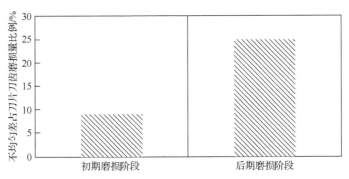

图 4-23　铣刀不同磨损阶段磨损不均匀性对比

采用相对滑动系数计算方法，并根据高效铣刀振动磨损实验测量结果，解算铣刀刀齿前、后刀面相对滑动系数，绘制不同铣刀刀齿有效切削长度条件下，铣刀振动与相对滑动系数之间的关系，如图 4-24 所示。

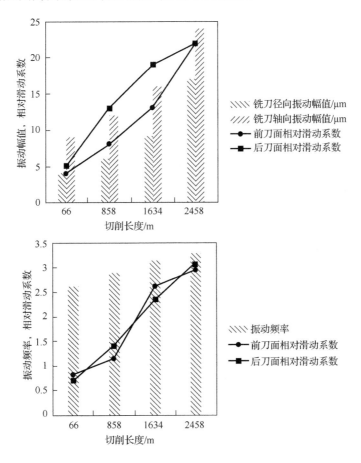

图 4-24　相对滑动系数与铣刀振动之间的关系

由图4-24可知，铣刀的振动幅值与振动频率随刀齿有效切削长度有明显变化。从图中可以看出，铣刀径向方向和轴向方向振动幅值的变化趋势与前、后刀面相对滑动系数的变化趋势相近，铣刀振动频率的变化趋势与前、后刀面相对滑动系数的变化趋势也十分接近。据此分析，铣刀径向方向和轴向方向的振幅越大、铣刀振动频率越大，前、后刀面相对滑动系数也越大，验证了热力耦合场中相对滑动系数的分析结果。

4.2.4　热力耦合场作用下的铣刀摩擦磨损特性

在铣刀铣削过程中，除刀齿误差和振动会对刀具磨损产生影响之外，切削温度的变化也会给刀工接触界面的应力状态和刀具磨损程度带来不可忽视的影响。温度的升高会使铣刀和工件发生热膨胀，刀工接触界面将产生热应力，这种热应力的大小与铣刀、工件材料的热膨胀系数、刀工接触关系等因素有关，其表达式如下：

$$\sigma = \alpha E(T_x - T_0) \tag{4-1}$$

式中，σ 为热应力；α 为材料的热膨胀系数；E 为材料的弹性模量；T_x 为当前的温度；T_0 为初始的温度。

由式（4-1）可知，热应力随着温度的升高而增大，这将直接影响刀工接触界面的载荷状态，从而间接加剧刀具磨损，因此有必要从温度对铣刀的磨损影响和温度对滑动摩擦系数、相对滑动系数的影响等方面进行深入研究。

为揭示热力耦合场作用下的铣刀摩擦磨损特性，采用高效铣削加工实验所测得的刀具磨损和切削温度数据作为边界条件，对高效铣刀热力耦合场应力分布进行仿真分析，铣刀磨损具体参数如表4-4所示。

表4-4　铣刀磨损的热力耦合场仿真条件

编号	磨损时期	温度/℃	后刀面磨损宽度/μm	后刀面磨损深度/μm	前刀面磨损宽度/μm	前刀面磨损深度/μm	磨损长度/μm	应力载荷/MPa
1	无磨损		0	0	0	0	0	400
2	初期磨损		8.63	1.125	56.32	1.607	1198	498
3	中前期磨损	100	65.67	1.287	68.07	1.782	1283	782
4	中后期磨损		103.34	1.504	74.96	2.073	1289	826
5	后期磨损		217.68	2.297	79.88	2.699	1337	974

由表4-4可知，在单一温度加载的环境下，应力应变值随着磨损面积、载荷加载值的增大而有所增大，铣刀刀片及铣刀体的变形量也随之变大，这种应力应变值的增大带来的是刀工接触界面应力值的增大。100℃环境下铣刀应力应变场的变化规律如图4-25所示。

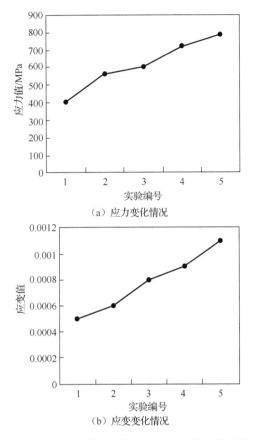

（a）应力变化情况

（b）应变变化情况

图 4-25　100℃环境下铣刀应力应变场变化规律

改变切削温度再次对铣刀应力应变场进行分析，具体参数如表 4-5 所示。

表 4-5　热力耦合场仿真条件

编号	磨损时期	温度/℃	后刀面磨损宽度/μm	后刀面磨损深度/μm	前刀面磨损宽度/μm	前刀面磨损深度/μm	磨损长度/μm	应力载荷/MPa
1	无磨损	50	0	0	0	0	0	400
2	初期磨损	96	8.63	1.125	56.32	1.607	1198	498
3	中前期磨损	137	65.67	1.287	68.07	1.782	1283	782
4	中后期磨损	178	103.34	1.504	74.96	2.073	1289	826
5	后期磨损	224	217.68	2.297	79.88	2.699	1337	974

依据上述仿真边界条件，采用 ANSYS 对铣刀热力耦合场进行仿真分析，获得的铣刀温度场、应力场、应变场和变形程度仿真结果如图 4-26 所示。

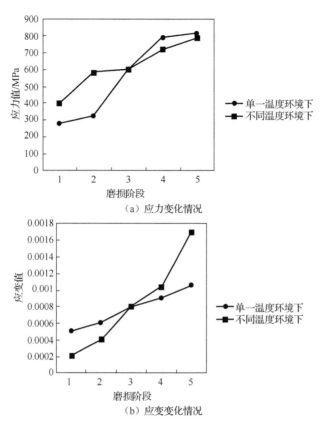

（a）应力变化情况

（b）应变变化情况

图 4-26　不同温度条件下铣刀应力应变对比

　　由图 4-26 可知，在第 1、2 磨损阶段下，铣刀加载的载荷相同，但这两个阶段温度分别为 50℃、96℃，相比 100℃环境下由温度引起的热应力值较小，第 4、5 阶段下虽然加载的载荷值相同，但温度分别以 178℃、224℃进行加载，由温度带来的热应力的增加改变了刀工接触界面的应力状态，因此这两个阶段铣刀等效应力值更大。第 3～5 磨损阶段，温度差值从 37℃变化至 124℃，等效应力增大幅度从 111%变化为 126%。综合以上分析结果可知，切削温度的升高可以引起热应力的增大，这种热应力的增大将直接导致刀工接触界面间应力的增大。

4.3　高效铣刀振动磨损控制方法

4.3.1　铣刀磨损形式的识别方法

　　根据前文所建立的模型可求得各磨损阶段下带有磨损量参数的动态铣削力数

值解，并做平均值处理，可分别获得不同磨损状态下的动态铣削力均值。其中，F_0 为铣刀无磨损（VB=0）状态下的动态铣削力均值，F_1 为铣刀初期磨损（VB = VB_1）结束时刻（t_1）的动态铣削力均值，F_2 为铣刀急剧磨损（VB = VB_2）开始时刻（t_2）动态铣削力均值。

由此，高效铣刀初期磨损阶段动态切削力幅值变化率 k_1、正常磨损阶段动态切削力幅值变化率 k_2、急剧磨损阶段动态切削力幅值变化率 k_3 分别为

$$k_1 = (F_1 - F_0) / t_1 \tag{4-2}$$

$$k_2 = (F_2 - F_1) / (t_2 - t_1) \tag{4-3}$$

$$k_3 = \lambda k_2, \quad \lambda \geqslant 3 \tag{4-4}$$

式中，$F_0 = [F_{0x}, F_{0y}]^{\mathrm{T}}$；$F_1 = [F_{1x}, F_{1y}]^{\mathrm{T}}$；$F_2 = [F_{2x}, F_{2y}]^{\mathrm{T}}$。

以一定的采样频率对高效铣削动态切削力进行采样，获得各采样段动态切削力变化率 k，可对高效铣刀磨损状态做如下判别：

$$a_1 k_i \leqslant k \leqslant a_2 k_{i+1}, i = 0, 1, 2 \tag{4-5}$$

式中，k_i 为各磨损阶段动态切削力幅值变化率；a_1 和 a_2 为容差系数。

铣刀磨损状态识别方法如图 4-27 所示，在铣削过程中，当动态切削力变化幅值和铣刀后刀面磨损值超出规定值时，均可引起铣刀剧烈振动，将严重影响工件表面加工质量，甚至会导致铣刀破损，此时必须停机检查，以保证铣削加工安全性。因此，在采用上述方法对铣削状态进行识别过程中，分别进行动态切削力变化幅值和铣刀后刀面磨损值判别。若两种识别结果一致，则可判别刀具加工所处状态；若两种识别结果不一致，则需停机检查进一步进行识别。

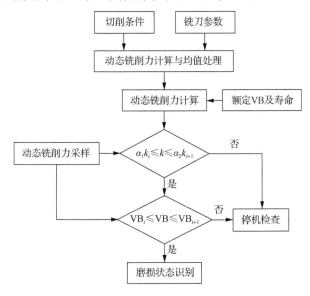

图 4-27　铣刀磨损状态识别方法

4.3.2　铣刀磨损程度的预报方法

高效铣削过程中，由切屑引起的沿铣刀刀片切向的切削分力 F_c、径向切削分力 F_r 和轴向切削分力 F_z 分别为

$$F_c = K'_c A_c + K'_r A_c \tan \gamma_0 \tag{4-6}$$

$$F_r = K'_r A_c + K'_c A_c \tan \gamma_0 \tag{4-7}$$

$$F_z = K'_c \eta_1 a_p f_z \sin \varphi / \tan K_r \tag{4-8}$$

刀齿切削接触角 φ_s 和进给方向角 φ 为

$$\varphi_s = \varphi_e - \varphi_0 \tag{4-9}$$

$$\varphi_0 \leqslant \varphi \leqslant \varphi_e \tag{4-10}$$

式中，φ_0 为刀齿切入角；φ_e 为刀齿切出角。刃形函数为 $R(x)$ 的切削层面积 A_c 为

$$A_c = \sin \varphi \int_0^{f_z} \left(a_p - R(x) \right) \mathrm{d}x \tag{4-11}$$

随着切削厚度变化的切削刚度 K'_c 和 K'_r 为

$$K'_c = k_c (f_z \sin \varphi)^{-m} \tag{4-12}$$

$$K'_r = k_r (f_z \sin \varphi)^{-m} \tag{4-13}$$

刀具磨损引起的切削力可表示为总切削力减去切屑形成引起的切削力

$$\begin{bmatrix} F_{xw} \\ F_{yw} \\ F_{zw} \end{bmatrix} = \begin{bmatrix} F_x \\ F_y \\ F_z \end{bmatrix} - \sum_{i=1}^{z} \left\{ g(\varphi_i) \begin{bmatrix} -\cos \varphi_i & \sin \varphi_i & 0 \\ -\sin \varphi_i & -\cos \varphi_i & 0 \\ 0 & 0 & 1 \end{bmatrix} \cdot A \cdot \begin{bmatrix} F_{cw} \\ F_{rw} \\ 0 \end{bmatrix} \right\} \tag{4-14}$$

式中，F_x、F_y、F_z 为切削分力；z 为高效铣刀齿数；i 为参与切削刀齿个数；$g(\varphi_i)$ 是单位阶跃函数；φ_i 为第 i 个刀齿在某瞬间的进给方向角；A 为铣刀坐标系转换矩阵。

式（4-14）中的 $g(\varphi_i)$ 用来辨别各个刀齿是否参与切削，表示如下：

$$\begin{cases} g(\varphi_i) = 1, & \varphi_0 \leqslant \varphi_i \leqslant \varphi_e \\ g(\varphi_i) = 0, & \varphi_i < \varphi_0 或 \varphi_i > \varphi_e \end{cases} \tag{4-15}$$

$$\varphi_i = \beta + \varphi_0 - 2\pi m - (i-1)(2\pi / z), \quad m = 1, 2, 3, \cdots; \quad \beta = \pi n t / 30 \tag{4-16}$$

式中，β 为铣刀转角变量；n 为主轴转速（r/min）。$t = 0$ 时，$\varphi = \varphi_0$，刀齿处于切入状态。

把每个单齿的铣削力进行叠加计算，获得某一时刻沿 x、y、z 三方向的铣刀多齿磨损影响下的动态切削力模型：

$$\begin{bmatrix} F_{xw} \\ F_{yw} \\ F_{zw} \end{bmatrix} = \sum_{i=1}^{z} \left\{ g(\varphi_i) \begin{bmatrix} -\cos \varphi_i & \sin \varphi_i & 0 \\ -\sin \varphi_i & -\cos \varphi_i & 0 \\ 0 & 0 & 1 \end{bmatrix} \cdot A \cdot \begin{bmatrix} F_{cw} \\ F_{rw} \\ 0 \end{bmatrix} \right\} \tag{4-17}$$

对于高效铣削加工，由加工表面弹性恢复引起的 *CD* 段的挤压和摩擦可忽略不计，则由式（4-17），后刀面磨损引起的切向分力 F_{cw} 和径向分力 F_{rw} 为

$$F_{cw} = a_p \int_0^{OB+\mathrm{VB}} \sigma_w(x)\mathrm{d}x = a_p(OB+\mathrm{VB})\bar{\sigma}_w \qquad (4-18)$$

$$F_{rw} = a_p \int_0^{OB+\mathrm{VB}} \sigma\tau_w(x)\mathrm{d}x = a_p(OB+\mathrm{VB})\bar{\tau}_w \qquad (4-19)$$

式中，$\bar{\sigma}_w$ 为平均正应力；$\bar{\tau}_w$ 为平均剪应力；OB 为修光刃的长度。

后刀面磨损宽度 VB 采用铣刀所有刀齿后刀面平均磨损值表示：

$$\mathrm{VB} = \frac{1}{z}\sum_{i=1}^{z}\mathrm{VB}_i$$

$$\qquad (4-20)$$

式中，z 为铣刀齿数；VB_i 为第 i 个刀齿的后刀面磨损宽度。

依据以上分析，提出铣刀磨损量的预报模型，如图 4-28 所示。

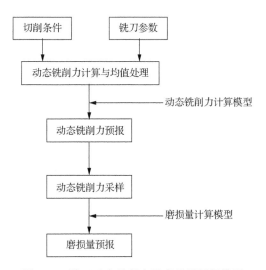

图 4-28　铣刀动态铣削力及磨损量预报模型

4.3.3　铣刀振动磨损控制方法

对高效铣削的热力耦合场分析与振动磨损机理分析结果表明，机械应力、热应力对铣刀造成的磨损以及大振幅和高频小振幅微振动对铣刀磨损影响效果显著，容易使铣刀承受磨粒磨损、热磨损、振动磨损的危险，难以保证铣刀的使用效率和使用寿命。

根据以上分析，提出高效的铣刀磨损程度控制方法，如图 4-29 所示。

在切削过程开始前，刀齿误差对刀具动平衡、刀具振动及刀具磨损影响严重。所以通过减小刀齿误差，可以降低刀具的不平衡程度，从而在切削过程中减小刀

具振动，最终减小刀具磨损程度。在铣刀中低速切削过程中，切削线速度相较于进给量对磨损的影响效果更显著，所以通过降低主轴转速和提升进给量有助于降低铣刀与工件间的接触应力，从而减小磨损速率和磨损量；在铣刀高速切削过程中，可通过提高主轴转速和降低进给量来降低前、后刀面及切削刃处的接触应力，从而减小磨损速率和磨损量。

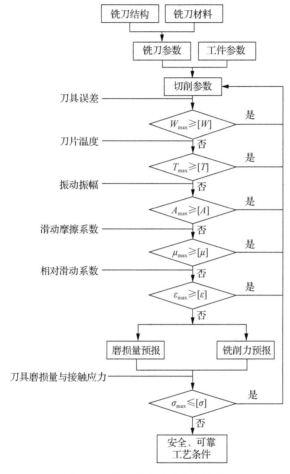

图 4-29　铣刀磨损程度控制方法

　　当优化刀齿误差和切削参数等方法不能改善刀具磨损程度时，可通过优化铣刀结构、铣刀材料的方法来改善高效切削时的刀具磨损问题。例如，通过优化刀具结构来改善切削过程中的接触应力、刀具变形等因素，或者改变刀齿材料来增加切削过程中刀具的散热速率和热交换能力，从而减小热应力，降低磨损程度，进而保证铣刀的加工效率和使用寿命。

4.4　抗振动磨损铣刀的设计

4.4.1　铣刀抗振动磨损评价指标

铣刀与工件摩擦副间的接触应力可以由式（4-21）表示：

$$\sigma = \frac{F_c}{S} = \frac{\eta_2 a_e^{\eta_3} f_z^{\eta_4} z d^{\eta_5} n^{\eta_6}}{S} \tag{4-21}$$

式中，σ 为铣刀与工件摩擦副接触压应力；d 为铣刀直径；n 为主轴转速；z 为齿数；F_c 为切削分力；S 为铣刀磨损面积；a_e 为切削宽度；η_2、η_3、η_4、η_5、η_6 分别为系数，由不同材料所决定。

考虑铣刀不均匀磨损时，同一把铣刀的不同刀齿磨损位置与磨损面积共同决定铣刀与工件形成的摩擦副性质，每个磨损面积下的磨损性质是相同的，因此，基于彭桓武判别法，根据两个刀齿磨损所产生的磨损面积是否存在包含关系判断两刀齿磨损的性质是否一致，即式（4-22）：

$$\frac{2}{3} S_i \subset S_j \tag{4-22}$$

式中，i 为磨损面积较小第 i 齿；j 为磨损面积较大第 j 齿。

若式（4-22）不成立，两个刀齿的磨损位置不均匀，此时应先调整参数，使得磨损位置相同；若式（4-22）成立，分析摩擦副类型。当接触应力大于屈服强度 $[\sigma_s]$ 时，铣刀发生磨损，由此建立磨损面积判据：

$$\begin{cases} S_1 < \dfrac{F_{c1}}{[\sigma_s]} \\[3mm] S_2 \geqslant \dfrac{F_{c2}}{[\sigma_s]} \end{cases} \tag{4-23}$$

式中，S_1、S_2 表示铣刀磨损面积。当 $S_1 < \dfrac{F_{c1}}{[\sigma_s]}$ 成立时，摩擦副接触面积小，磨损面积会在振动的条件下随着切削过程的继续而发生变化；当 $S_2 \geqslant \dfrac{F_{c2}}{[\sigma_s]}$ 成立时，摩擦副接触面积大，磨损深度会在振动的条件下随着切削过程的继续而发生变化。

当 S_i、S_j 不同时属于 S_1 或 S_2 时，两个刀齿的摩擦副类型不同，此时应先调整参数，使得摩擦副类型相同。当 S_i、S_j 均属于 S_1 或 S_2 时，考虑铣刀磨损深度。而在铣刀振动磨损的初期阶段，新刃磨的刀具表面粗糙，以及微观裂纹、氧化或脱碳层缺陷，故这一阶段的时间较短，磨损较快，在此基础上，考虑磨损深度的增加是否会导致磨损面积 S 的变化，进而影响摩擦副接触状态的稳定性。因此，铣刀振动磨损的深度应该满足式（4-24）：

$$\begin{cases} h_i \leqslant h_{\max} \\ h_i = h_j \end{cases} \tag{4-24}$$

式中，磨损最大深度 $h_{\max}$ 为 0.05～0.10mm，磨损量的大小与刃磨质量有关。

综上，铣刀振动磨损的评判方法如图 4-30 所示。

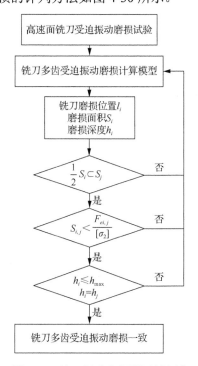

图 4-30　铣刀振动磨损的评判方法

4.4.2　抗振动磨损铣刀设计目标

根据高效铣刀振动磨损机理及其影响因素和影响规律的分析结果可知，铣刀振动磨损是由于铣刀刀齿误差影响各个刀齿与工件的接触关系，进而影响了铣刀各个刀齿的振动频率，因此将刀齿误差、刀具角度和工艺参数作为抗振动磨损铣刀设计的变量，抗振动磨损铣刀的设计目标应包括以下几部分：

（1）选择刀具角度与工艺参数，使铣刀各个刀齿与工件、切屑间摩擦副接触状态相同，即满足式（4-25）：

$$\begin{cases} l_1 = l_2 = l_m = l_z \\ S_1 = S_2 = S_m = S_z \end{cases} \tag{4-25}$$

式中，l_m 表示刀第 m 个刀齿与工件、切屑间摩擦副接触位置；S_m 表示刀第 m 个刀齿与工件、切屑间摩擦副接触面积。

（2）铣刀与工件摩擦副间的接触应力 σ 决定铣刀的磨损位置，应合理选择工艺参数，铣刀各个刀齿相同摩擦副接触位置的应力满足式（4-26）：

$$\sigma_1 = \sigma_2 = \cdots = \sigma_m = \cdots = \sigma_z \tag{4-26}$$

式中，σ_m 表示刀第 m 个刀齿与工件、切屑间摩擦副接触应力。

（3）合理分配铣刀刀齿分布距离 φ，使铣刀各个刀齿的振动频率相同，保证铣刀各个刀齿振动均匀，即各个刀齿振动频率相同，如式（4-27）：

$$\begin{cases} f_1 = f_2 = \cdots = f_m = \cdots = f_z \\ f_m = \dfrac{\varphi_m}{2\pi}nz, \quad m = 1, 2, \cdots, z \end{cases} \tag{4-27}$$

式中，n 为主轴转速；z 为齿数；f_m 为振动频率。

4.4.3　抗振动磨损铣刀设计实例

为验证抗振动磨损铣刀的设计方法及其设计参数，分别选择直径 63mm 的 4 齿等齿距与 4 齿不等齿距面铣刀，研究 4.4.2 节所提出的抗振动磨损铣刀的设计变量对其评价指标的影响规律。铣刀刀体材料为 40Cr，材料参数如表 4-6 所示。

表 4-6　铣刀材料参数

密度/（g /cm³）	泊松比	弹性模量/GPa
7.82	0.28	206

采用 ANSYS 软件对铣刀模态进行分析，根据铣刀实际装夹情况，约束铣刀柄部轴向位移、柄部圆柱径向及切向位移，模态分析结果如表 4-7 所示。

表 4-7　4 齿等齿距与不等齿距面铣刀一至六阶振型

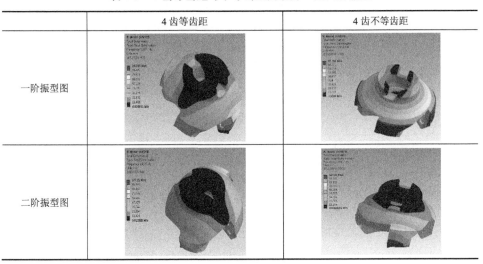

	4 齿等齿距	4 齿不等齿距
一阶振型图		
二阶振型图		

	4 齿等齿距	4 齿不等齿距
三阶振型图		
四阶振型图		
五阶振型图		
六阶振型图		

由表 4-7 中 4 齿等齿距面铣刀输出的一至六阶固有频率，以及相对应的模态振型可知，一阶、四阶、六阶为强振型，振动较为严重；二阶、三阶、五阶为弱振型，各节点的振幅都很小，振动平缓；二阶和三阶固有频率相差很大，模态稀疏。这说明当刀具的固有频率接近加工系统的激振频率时，刀具发生共振、颤振。不受载荷时铣刀一至六阶固有频率如表 4-8 所示。

表 4-8　等齿距与不等齿距面铣刀固有频率　　　　　　　　　　单位：Hz

	4 齿等齿距面铣刀	4 齿不等齿距面铣刀
一阶振型	12831	7767.1
二阶振型	14169	13311
三阶振型	15504	13803
四阶振型	16867	17242
五阶振型	18366	19888
六阶振型	22228	22356

从表 4-8 可知，等齿距与不等齿距条件下，固有频率均呈现由小到大的变化趋势，说明刀具的齿距对刀具的固有频率有明显影响。其中，不等齿距面铣刀的一至六阶振型相比于等齿距面铣刀更小，即刀具的固有频率远离加工系统的激振频率，刀具的共振、颤振发生的概率更小。

为进一步验证上述分析结果，采用研制的 4 齿不等齿距面铣刀（直径为 63mm，齿间角分别为 88°、89°、91° 和 92°）与直径 63mm 的 4 齿等齿距面铣刀进行高效铣削加工实验，测试铣刀振动特性。铣刀刀体结构为锥形刀体，刀体材料为40Cr，紧固螺钉采用细螺纹螺钉，紧固螺钉材料为 35CrMo，刀片为 TiN 涂层硬质合金刀片。刀具悬伸量 L_x 为 36mm，刀具齿数为 4 齿，主偏角为 45°。刀片安装前角 γ_0 为 2°，刀齿分布采用不等齿分布。不等齿距面铣刀刀齿分布如图 4-31所示。

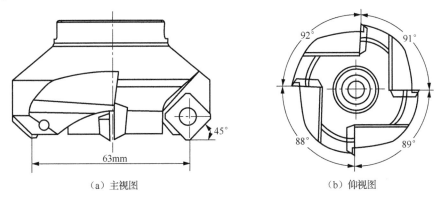

（a）主视图　　　　　　　　　　　　（b）仰视图

图 4-31　直径 63mm 的 4 齿不等齿距面铣刀刀齿分布图

实验机床为大连机床厂生产的 VDL-1000E，工件为 45# 钢，对两把铣刀磨损状态及对应的铣刀振动振幅及频率进行对比分析，具体实验参数如表 4-9 所示。

表 4-9　振动磨损铣刀验证实验参数

编号	刀具	f_z/mm	n /（r/min）	a_p/mm
1	4 齿等齿距面铣刀	0.08	2528	0.3
2	4 齿等齿距面铣刀	0.08	3539	0.3
3	4 齿不等齿距面铣刀	0.08	2528	0.3
4	4 齿不等齿距面铣刀	0.08	3539	0.3

实验过程中，对铣削振动、刀齿磨损进行测量，测量结果如表 4-10 所示。

表 4-10　4 齿等齿距与不等齿距铣刀振动与磨损不均匀度对比

	实验编号			
	1	2	3	4
A_{hj} / (m/s^2)	0.296	1.028	0.420	1.703
f_{hj} /Hz	4003.906	5292.969	5292.969	5292.969
A_{jg} / (m/s^2)	0.263	0.434	0.288	0.810
f_{jg} /Hz	4003.906	5175.781	5292.969	5175.781
A_{zh} / (m/s^2)	0.404	0.992	0.487	1.653
f_{zh} /Hz	3691.406	5175.781	5292.969	5175.781
b_q	4.5631	9.3966	1.9409	1.0158
h_q	3.2761	7.5245	1.1256	0.8926
l_q	2.6845	2.1023	1.0126	1.0018
b_q	0.8595	0.5571	0.4279	0.5152
h_q	0.4995	0.4279	0.3242	0.3013
l_q	1.4786	1.7269	0.6548	0.4276

从表 4-10 中可以看出，当刀具参数与切削参数改变时，铣刀振动也随之变化，其中，4 齿不等齿距面铣刀的振动以及表面质量一致性都有改善，该铣刀通过改变刀齿分布改变了铣刀刀齿的振动频率，减小了铣刀刀齿的磨损；同时，通过这种刀具齿距分布对相位角的调整，使得铣刀的铣削频率与铣刀的振动频率一致，减小了铣刀振动磨损的不均匀性。

4.5　本　章　小　结

（1）铣刀磨损不仅与铣刀各个刀齿的磨损程度有关，还与各个刀齿磨损形态、磨损发生的位置有关；铣刀整体振动可能导致磨损位置、磨损面积、磨损程度发生变化，各个刀齿的振动频率不同，会引起铣刀各个刀齿的不均匀磨损。本章提出了影响多齿磨损的铣刀振动行为识别方法，揭示了铣刀多齿磨损的振动控制变量主要包括铣刀齿数、铣刀角度（前角、后角）、铣刀分布距离、每齿进给量和主轴转速。

（2）刀具误差的存在会导致刀齿的接触长度和接触宽度不均匀和刀具不平衡精度的增大，引起刀具振动程度的增加，并最终导致刀具磨损程度的不均匀。铣刀振动所导致的磨损是铣刀微动疲劳磨损与冲击磨损交互作用的结果，由此引起切削力和振动振幅的增加，进一步加剧了这种磨损的交互作用强度。铣刀振动磨损实验结果表明，前、后刀面磨损宽度随切削速度的增长幅度要小于后刀面磨损深度的增长幅度。温度对铣刀磨损的影响特性研究表明,由切削温度的增加引起热应力增大导致的接触应力增大比较明显,大约是无切削温度下应力值的 112%。

（3）本章提出了铣刀磨损形式的识别方法与磨损程度的预报方法,该方法具有较高的有效性和实用性。并从刀具误差、温度、振幅和接触应力等角度最终给出了铣刀磨损的控制方法,依照此方法可对高效铣削进行特征分析并得到高效稳定工艺方案。

（4）本章提出抗振动磨损铣刀的设计方法,利用铣刀不等齿距分布可改变其振动行为的特性,设计了不等齿距面铣刀,并对其抗振动磨损性能进行了实验验证。

第5章　重型机床定位及重复定位精度可靠性

重型机床整机性能与精度保证主要依附于机床关键结构、关键结合面和关键结合面的装配接触关系等指标。机床定位与重复定位精度的保证，主要体现在机床初次装配、二次装配中定位与重复定位精度可重复性的保证，以及进入稳定服役期后，精度保持性的保证，两者共同体现精度的可靠性。

本章根据机床实际运动及约束条件，利用拓扑结构法构建机床的低序体阵列。利用多体系统传递矩阵法，建立部件体内以及部件间的位姿与载荷关系矩阵，建立机床多柔体系统动力学模型。对机床定位与重复定位精度功能部件的结合面特性、结合面装配接触关系特性及功能部件进行分析，提取定位与重复定位精度的影响因素，并建立包含结合面特征及装配接触关系的定位与重复定位精度可靠性评价模型。

5.1　重型机床的多体系统模型

5.1.1　重型机床部件的低序体阵列

为了在机床未装配前能够形成一种装配方法使得装配后的机床重要部件几何误差以及快速定位运动下的定位误差得到有效控制，几何误差、定位误差建模很关键。而误差建模的前提是建立重型机床的动力学模型。

本节以一台龙门移动式车铣加工中心为研究对象，根据机床实际运动及约束条件，利用拓扑结构法构建机床的低序体阵列。利用多体系统传递矩阵法，建立部件体内以及部件间的位姿与载荷关系矩阵。以从低序体到高序体的顺序，依次建立机床多柔体系统的传递矩阵及传递方程，最终获得机床多柔体系统动力学模型。

对龙门移动式车铣加工中心而言，由于本节研究的并非部件结构而是部件的装配对机床装配后的几何误差以及定位误差的影响，因此，结合面是本节研究的主要对象。龙门移动式车铣加工中心可满足对大尺寸、大吨位、高精度零部件的加工与批量生产，其整机结构如图 5-1 所示。

采用多体系统拓扑结构法对体间关系进行描述，根据拓扑结构法定义，机床的拓扑结构如图 5-2 所示。

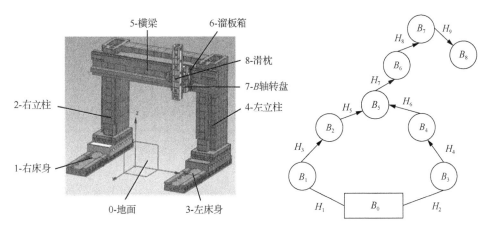

图 5-1　龙门移动式车铣加工中心整机结构　　图 5-2　龙门移动式车铣加工中心拓扑结构图

图 5-2 中，B_0 为零号部件，代表运动规律已知的物体，这里为地面，B_i 中 i 代表图 5-1 中各部件编号，$H_1 \sim H_9$ 代表连接方式，线段方向用于描述线段终点所对应部件相对于线段起点所对应部件的运动。

利用关联矩阵描述部件与铰之间的连接状态，以及部件的运动形式，如式（5-1）所示：

$$S_{ij} = \begin{bmatrix} 1 & 0 & 1 & 0 & 0 & 0 & 0 & 0 & 0 \\ -1 & 1 & 0 & 0 & 0 & 0 & 0 & 0 & 0 \\ 0 & -1 & 0 & 0 & 1 & 0 & 0 & 0 & 0 \\ 0 & 0 & -1 & 1 & 0 & 0 & 0 & 0 & 0 \\ 0 & 0 & 0 & -1 & 0 & 1 & 0 & 0 & 0 \\ 0 & 0 & 0 & 0 & -1 & -1 & 1 & 0 & 0 \\ 0 & 0 & 0 & 0 & 0 & 0 & -1 & 1 & 0 \\ 0 & 0 & 0 & 0 & 0 & 0 & 0 & -1 & 1 \\ 0 & 0 & 0 & 0 & 0 & 0 & 0 & 0 & -1 \end{bmatrix} \quad (5\text{-}1)$$

式中，行号为部件编号；列号为铰编号；与铰 H_j 关联且为该铰起点的部件标为 1，与铰 H_j 关联且为该铰终点的部件标为-1，其他为 0。

利用多体系统低序体阵列表征机床各部件的高序体与相邻低序体的关系，如表 5-1 所示。

表 5-1　龙门移动式车铣加工中心的低序体阵列

$L^n(i)$	i（体编号）							
$L^0(i)$	1	2	3	4	5	6	7	8
$L^1(i)$	0	1	0	3	2、4	5	6	7

续表

$L^n(i)$	i（体编号）							
$L^2(i)$	0	0	0	0	1、3	2、4	5	6
$L^3(i)$	0	0	0	0	0	1、3	2、4	5
$L^4(i)$	0	0	0	0	0	0	1、3	2、4
$L^5(i)$	0	0	0	0	0	0	0	1、3

5.1.2　重型机床运动约束方程及位姿载荷关系矩阵

该龙门移动式机床是一个 X、Y、Z、W 轴直线运动，B 轴摆动，C 轴转动的多功能复合车铣加工中心，其溜板箱沿着机床 X 方向运动，滑座沿着机床 Y 方向运动，镗铣轴沿着机床 Z 方向运动，横梁沿着机床 W 方向运动。其中，横梁的运动决定着机床 Z 轴方向的加工范围，但不直接参与切削运动。溜板箱、滑座和镗铣轴形成复合运动，带动工件和刀具做相对运动，完成部件的轮廓加工。B 轴转盘具有绕着机床 B 轴在-50°～50° 范围内摆动的功能，与机床镗铣轴配合，可以实现对工件斜孔的加工。工作台可以绕 C 轴做回转运动，实现机床的车削功能。

表 5-2 所示为各运动部件的运动约束类型。从表中可看出，直线运动的约束数目为约束两个方向移动和三个方向转动，自由度为一个方向移动。转动的约束数目为约束两个方向转动和三个方向移动，自由度为一个方向转动。因此，直线运动可以抽象为棱柱销型约束，转动可以抽象为回转销型约束。

表 5-2　龙门移动式车铣加工中心机床部件间运动约束类型

	连接体						
	1和2	2和3	1和4	4和5	1和6	6和7	7和8
约束类型	棱柱销型（W右）	棱柱销型（Y右）	棱柱销型（W左）	棱柱销型（Y左）	棱柱销型（X）	回转销型（B）	回转销型（Z）

对于由 N_z 个部件组成的多体系统，记其 C_j 类联结方式的数目为 D_j，C_j 类联结方式的自由度数目为 n_j，则多体系统的结构约束总数 m_z 和自由度总数 n_z 分别如式（5-2）和式（5-3）所示：

$$m_z = \sum_{j=1}^{8} D_j(6-n_j) \tag{5-2}$$

$$n_z = 6 \times N_z - m_z \tag{5-3}$$

重型机床一个运动部件为一个相对滑移自由度的运动形式，或一个相对转动自由度的运动形式。在多体结构力学中，分别将其命名为棱柱销型和回转销型。设 P_1 为直线运动轴线的单位矢量，在滑移轴上建立向量基 e^h 与 e^{h_0}，基点分别为 P 与 Q，如图 5-3 所示。

假设图 5-3 中从 Q 点指向 P 点的矢径为 h，h 的模为广义坐标 q_1。当初始基点重合时，如式（5-4）所示：

$$h = p_1 q_1 \tag{5-4}$$

对上式进行求导，可得到直线运动基点间的速度和加速度，由于 p_1 固结于该基点，则有

$$v_r = \dot{h} = p_1 \dot{q}_1 \tag{5-5}$$

$$\dot{v}_r = \ddot{h} = p_1 \ddot{q}_1 \tag{5-6}$$

直线运动的位移、速度与加速度矢量的本地坐标如式（5-7）所示：

$$h' = p_1' q_1, \quad v_r' = p_1' \dot{q}_1, \quad \dot{v}_r' = p_1' \ddot{q}_1 \tag{5-7}$$

在滑移过程中两个基的方位不变，故方向余弦矩阵 A_h 为单位矩阵，相对角速度与角加速度均为零。

回转销型（C_2）是一种有一个相对转动自由度的铰。在旋转铰轴的中点分别建立基 e^h 与 e^{h_0}，P 与 Q 重合，如图 5-4 所示。

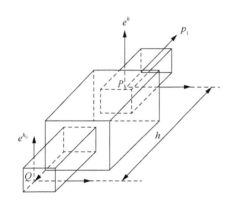

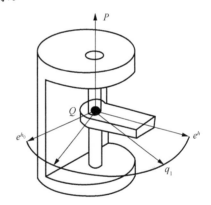

图 5-3　棱柱销型约束示意图　　　　　　图 5-4　回转销型约束示意图

方向余弦矩阵 A_h 为转角 q_1 的函数，如式（5-8）所示：

$$A_h = \begin{bmatrix} 1 & 0 & 0 \\ 0 & C_1 & -S_1 \\ 0 & S_1 & C_1 \end{bmatrix} \tag{5-8}$$

式中，$S_1 = \sin q_1$；$C_1 = \cos q_1$。

旋转铰的相对角速度矢量如式（5-9）所示：

$$w_r = p_1 \dot{q}_1 \tag{5-9}$$

因矢量 p_1 固结于本地基，相对角加速如式（5-10）所示：

$$\dot{w}_r = p_1 \ddot{q}_1 \tag{5-10}$$

因此，角速度与角加速度矢量的本地坐标如式（5-11）和式（5-12）所示：

$$w_r' = p_1' \dot{q}_1 \tag{5-11}$$

$$\dot{w}_r' = p_1'\ddot{q}_1 \tag{5-12}$$

相邻低序体与高序体在相互运动约束位置上传递着载荷，则在单独一个物体上就存在载荷的输入端和输出端。从机床的拓扑图可以看出，除了左右立柱与横梁间的传递为两端输入一端输出，其余的传递方式均为一端输入一端输出。龙门移动式车铣加工机床的体内载荷传递形式有三种，分别为一端输入一端输出的大运动刚体，一端输入一端输出的大运动柔体，两端输入一端输出的大运动柔体。以立柱为例，为一端输入一端输出运动立柱，如图 5-5 所示。

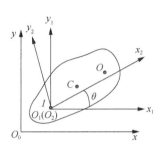

图 5-5　一端输入一端输出运动立柱

输入端为 I 点所在的平面，输出端为 O 点所在的平面，质心为 C。三点可以组成一个面，将这个面放在惯性坐标系 $O\text{-}x_2y_2$ 中，将可能发生的转动形式考虑进去，将平动系 $O\text{-}x_1y_1$ 转动 θ 角得到连体坐标系，如式（5-13）所示：

$$\begin{cases}\theta_O = \theta_I = \theta \\ x_C = x_I + C_{c1}c_I - C_{c2}s_I = x_I + x_{IC} \\ y_C = y_I + C_{c1}s_I + C_{c2}c_I = y_I + y_{IC} \\ x_O = x_I + b_1c_I - b_2s_I = x_I + x_{IO} \\ y_O = y_I + b_1s_I + b_2s_I = y_I + y_{IO}\end{cases} \tag{5-13}$$

式中，$s_I = \sin\theta_I$；$c_I = \cos\theta_I$。

由于立柱受到的外力和外力矩的作用可等效为作用于立柱质心的外力和力矩，因此可以认为立柱只受到作用于质心的外力和力矩。有质心运动方程如式（5-14）和式（5-15）所示：

$$m_I\ddot{x}_C = q_{x,I} - q_{x,O} + f_{x,C} \tag{5-14}$$

$$m_I\ddot{y}_C = q_{y,I} - q_{y,O} + f_{y,C} \tag{5-15}$$

式中，m_I 为立柱质量；(x_C, y_C) 为立柱质心的位置坐标；$f_{x,C}$、$f_{y,C}$ 为质心点在 x 和 y 方向受到的外力；$q_{x,I}$、$q_{y,I}$ 为立柱 I 点在 x 和 y 方向受到的内力；$q_{x,O}$、$q_{y,O}$ 为立柱 O 点在 x 和 y 方向受到的内力。

把立柱相对于动点 I 的绝对动量矩定理投影到惯性系得

$$J_I \ddot{\theta}_I + m_I x_{IC} \ddot{y}_I - m_I y_{IC} \ddot{x}_I = -m_{II} + m_{IO} + m_{IC} + q_{x,O} y_{IO} - q_{y,O} x_{IO} - f_{x,C} y_{IC} + f_{y,C} x_{IC}$$

(5-16)

式中，J_I 为立柱转动惯量。

利用多体系统离散时间传递矩阵法，体内传递位姿、内载荷传递方程及其状态矢量如式（5-17）和式（5-18）所示：

$$z_O = U z_I \tag{5-17}$$

$$z = \left[x, y, \theta, m_1, q_x, q_y, 1 \right]^{\mathrm{T}} \tag{5-18}$$

式中，传递矩阵如式（5-19）所示：

$$U = \begin{bmatrix} 1 & 0 & -y_{IO}(t_{i-1}) & 0 & 0 & 0 & b_1 G_1 - b_2 G_2 \\ 0 & 1 & x_{IO}(t_{i-1}) & 0 & 0 & 0 & b_1 G_2 + b_2 G_1 \\ 0 & 0 & 1 & 0 & 0 & 0 & 0 \\ u_{41} & u_{42} & u_{43} & 1 & u_{45} & u_{46} & u_{47} \\ -m_I A & 0 & m_I A y_{IC}(t_{i-1}) & 0 & 1 & 0 & u_{57} \\ 0 & -m_I A & -m_I A X_{IC}(t_{i-1}) & 0 & 0 & 1 & u_{67} \\ 0 & 0 & 0 & 0 & 0 & 0 & 1 \end{bmatrix} \tag{5-19}$$

其中，

$$u_{41} = m_I A (y_{IO} - y_{IC}) \tag{5-20}$$

$$u_{42} = -m_I A (x_{IO} - x_{IC}) \tag{5-21}$$

$$u_{45} = -y_{IO} \tag{5-22}$$

$$u_{46} = x_{IO} \tag{5-23}$$

$$u_{43} = -m_I A x_{IC}(t_{i-1}) x_{IO} - m_I A y_{IC}(t_{i-1}) y_{IO} + J_I A \tag{5-24}$$

$$u_{47} = -m_{IC} + u_{67} x_{IO} - u_{57} y_{IO} + J_I B_\theta + (m_I B_{yI} - f_{y,C}) x_{IC} + (f_{x,C} - m_I B_{xI}) y_{IC} \tag{5-25}$$

$$x_{IC}(t_{i-1}) = (c_{c1} c_I - c_{c2} s_I)\big|_{t_{i-1}} \tag{5-26}$$

$$y_{IC}(t_{i-1}) = (c_{c1} s_I - c_{c2} c_I)\big|_{t_{i-1}} \tag{5-27}$$

$$x_{IO}(t_{i-1}) = (b_1 c_I - b_2 s_I)\big|_{t_{i-1}} \tag{5-28}$$

$$y_{IO}(t_{i-1}) = (b_1 s_I - b_2 c_I)\big|_{t_{i-1}} \tag{5-29}$$

横梁可看成两端输入一端输出的运动柔体，考虑到柔体变形对运动的影响，在建立柔体状态矢量的时候，在原有刚体状态矢量的基础上，考虑加入反映物体变形相关的物理量。而变形变量与运动变量间存在耦合关系，因此，采用模态方法描述物体变形，平面运动柔体部件的状态矢量如式（5-30）所示：

$$z = \left[x, y, \theta, m_1, q_x, q_y, q_1, q_2, \cdots, q_n, 1 \right]^{\mathrm{T}} \tag{5-30}$$

式中，$q_1, q_2, \cdots, q_n$ 为模态坐标。

　　因此，可以先建立两端输入一端输出刚体内的载荷传递方程，然后利用模态方法，将任一点的变形加入传递方程中，对于模态坐标的解算将在 5.2 节给出具体方法。

　　对于两端输入一端输出的横梁，相当于三个位置在载荷传递上存在着交互作用，因此，状态矢量如式（5-31）所示：

$$z = \left[z_{I_1}^{\mathrm{T}}, z_{I_2}^{\mathrm{T}}, z_{O_1}^{\mathrm{T}} \right]^{\mathrm{T}} \tag{5-31}$$

传递方程如式（5-32）所示：

$$U_z = 0_9 \tag{5-32}$$

式中，I_1 为左立柱与横梁结合部输入端；I_2 为右立柱与横梁结合部输入端；O_1 为横梁与溜板箱结合部输出端。

　　根据多体系统传递矩阵法，其输出端的传递矢量如式（5-33）所示：

$$z_{O_1} = \begin{bmatrix} U_{O_1 I_1} z_{I_1} \\ \begin{bmatrix} 1 & -y_{I_1 O_1} & x_{I_1 O_1} \\ 0 & 1 & 0 \\ 0 & 0 & 1 \end{bmatrix} (U_{I_1}{}^4 z_{I_1} + U_{I_2}{}^4 z_{I_2}) \\ 1 \end{bmatrix} \tag{5-33}$$

$$U_{O_1 I_1} = \begin{bmatrix} 1 & 0 & -y_{I_1 O_1}(t_{i-1}) & 0 & 0 & 0 & b_{1,1}G_1 - b_{2,1}G_2 \\ 0 & 1 & x_{I_1 O_1}(t_{i-1}) & 0 & 0 & 0 & b_{1,1}G_2 + b_{2,1}G_1 \\ 0 & 0 & 1 & 0 & 0 & 0 & 0 \end{bmatrix} \tag{5-34}$$

$$U_{I_2}{}^4 = \begin{bmatrix} 0 & 0 & 0 & 1 & y_{I_1 I_2} & -x_{I_1 I_2} & 0 \\ 0 & 0 & 0 & 0 & 1 & 0 & 0 \\ 0 & 0 & 0 & 0 & 0 & 1 & 0 \end{bmatrix} \tag{5-35}$$

$$U_{I_1}{}^4 = \begin{bmatrix} -m_t y_{I_t C} A & m_t y_{I_t C} A & J_{I_t} A & 1 & 0 & 0 & -m_{tC} + J_{I_t} B_\theta + (m_t B_{y I_t} - f_{y,C}) x_{I_t,C} - (m_t B_{y I_t} - f_{y,C}) y_{I_t,C} \\ -m_t A & 0 & m_t A y_{I_t C}(t_{i-1}) & 0 & 1 & 0 & f_{x,C} - m_t A(C_{c1}G_1 - C_{c2}G_2) - m_t B_{xC} \\ 0 & -m_t A & m_t A y_{I_t C}(t_{i-1}) & 0 & 0 & 1 & f_{y,C} - m_t A(C_{c1}G_1 - C_{c2}G_2) - m_t B_{yC} \end{bmatrix} \tag{5-36}$$

　　根据重型机床的结构可知，其约束属于体间的刚性约束，棱柱销型（C_4）约束是重型机床中最常见也是最重要的一种约束形式。以溜板箱滑动为例，X 轴驱动电机固定在横梁上，电机驱动滚珠丝杠，滚珠丝杠带动溜板箱运动。

　　假定其传动误差忽略不计，只考虑溜板箱 X 轴向进给运动中，摩擦阻力、重力、驱动力以及其他外力所产生的弹性和阻尼效应对于机床体间载荷传递特性的影响。在满足原有约束关系的前提下，采用弹簧阻尼法对两部件间的位置载荷关系进行描述。

　　采用弹簧阻尼法的优点是结合面间的接触刚度、接触阻尼与结合面的加工方法、表面微观形貌、结合面材料、接触面积、法向压力等机床部件的加工、装配所产生的物理量相关,采用此方法,就可以通过接触刚度、接触阻尼建立装配变量与多体模型间的关系。

由于接触刚度对定位误差的影响比接触阻尼对定位误差的影响更显著,根据多体系统传递矩阵法,棱柱销型约束下的弹簧阻尼铰的传递矩阵如式(5-37)和式(5-38)所示:

$$U = \begin{bmatrix} I_3 & O_{3\times3} & O_{3\times3} & K \\ O_{3\times3} & I_3 & O_{3\times3} & O_{3\times3} \\ O_{3\times3} & O_{3\times3} & I_3 & O_{3\times3} \\ O_{3\times3} & O_{3\times3} & O_{3\times3} & I_3 \end{bmatrix} \tag{5-37}$$

$$K = \begin{bmatrix} -\dfrac{1}{K_x} & 0 & 0 \\ 0 & -\dfrac{1}{K_y} & 0 \\ 0 & 0 & -\dfrac{1}{K_z} \end{bmatrix} \tag{5-38}$$

式中,K_x、K_y、K_z 分别为结合面接触刚度在机床 X、Y、Z 轴上的投影长度。

回转销型(C_2)约束主要在 B 轴转盘的 B 轴转动、工作台的 C 轴转动中起主要作用。电机带动齿轮转动,通过一系列的齿轮啮合传动,将运动传递到执行部件。假设其传动误差忽略不计,可将这一类约束定义为带有一定摩擦的沿着某一固定轴线有误差的转动,其传递矩阵如式(5-39)、式(5-40)所示:

$$U = \begin{bmatrix} I_3 & O_{3\times3} & O_{3\times3} & O_{3\times3} \\ O_{3\times3} & I_3 & K' & O_{3\times3} \\ O_{3\times3} & O_{3\times3} & I_3 & O_{3\times3} \\ O_{3\times3} & O_{3\times3} & O_{3\times3} & I_3 \end{bmatrix} \tag{5-39}$$

$$K' = \begin{bmatrix} -\dfrac{1}{K'_x} & 0 & 0 \\ 0 & -\dfrac{1}{K'_y} & 0 \\ 0 & 0 & -\dfrac{1}{K'_z} \end{bmatrix} \tag{5-40}$$

式中,K'_x、K'_y、K'_z 分别为结合面扭转接触刚度在机床 X、Y、Z 轴上的投影长度。

5.1.3　重型机床多柔体系统模型

为构建重型机床整机多柔体系统模型,首先考虑各部件变形对于机床误差的影响,将右立柱、右床身、左立柱、左床身视为柔性体,同时将横梁视为两端输入一端输出的柔体；将溜板箱、B 轴转盘、滑枕、工作台视为柔性体；将支撑机床的地面视为无限大固定刚体，右滑座与右立柱视为固接，左滑座与左立柱视为固接，左右床身前后节与地面视为固接。

对机床各部件所受的重力、螺栓预紧力、刀具受到的切削力、各部件受到的驱动力进行分析，对龙门移动式车铣加工中心机床进行动力学建模，如图 5-6 所示，整机的体及铰的编号方式如表 5-3 所示。

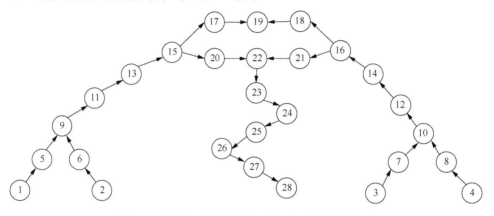

图 5-6　龙门移动式车铣加工中心机床动力学模型

表 5-3　整机的体及铰的编号方式

编号	名称	编号	名称
1	左床身前节与地面固定连接铰	15	左立柱
2	左床身后节与地面固定连接铰	16	右立柱
3	右床身前节与地面固定连接铰	17	左立柱与联结梁的固定连接铰
4	右床身后节与地面固定连接铰	18	右立柱与联结梁的固定连接铰
5	左床身前节	19	联结梁
6	左床身后节	20	横梁与左、右立柱结合面间的棱柱销型铰
7	右床身前节	21	横梁与左、右立柱结合面间的弹簧阻尼组合铰
8	右床身后节	22	横梁
9	左床身与滑座棱柱销型铰与弹簧阻尼组合铰	23	溜板箱与横梁结合面间的棱柱销型铰与弹簧阻尼组合铰
10	右床身与滑座棱柱销型铰与弹簧阻尼组合铰	24	溜板箱
11	左滑座	25	B 轴转盘与溜板箱结合面间的回转销型铰与弹簧阻尼组合铰
12	右滑座	26	B 轴转盘
13	左滑座与立柱固定连接铰	27	滑枕与 B 轴转盘结合面间的棱柱销型铰与弹簧阻尼组合铰
14	右滑座与立柱固定连接铰	28	滑枕

系统共有左床身、右床身、镗铣轴-刀具 3 个边界，将地面作为系统的第一输入端，将镗铣轴-刀具作为传递末端，将地面定义为刚性体 0，刀具与工件接触定义为点、面接触连接副，工件定义为柔性体 33，刀具定位为半柔性体 34。把机床加工过程中体间的相互作用力视为内力，部件的重力、所受驱动力及切削力视为外力。

地面到左、右床身间是固定铰联结，边界联结铰点分别为 1、2、3、4。定义 4 个边界联结铰点的状态矢量如式（5-41）所示：

$$z_{0,i} = \left[x, y, z, \theta_x, \theta_y, \theta_z, m_x, m_y, m_z, q_x, q_y, q_z, 1\right]_{0,i}^{\mathrm{T}}, \quad i = 1, 2, 3, 4 \tag{5-41}$$

式中，x、y、z、θ_x、θ_y、θ_z 分别为浮动框架原点的位置坐标和方位角；m_x、m_y、m_z 分别为系统内力矩在 x、y、z 方向的投影；q_x、q_y、q_z 分别为系统内力在 x、y、z 方向的投影；$z_{0,1}$ 为地面与左床身前段间固定连接的联结铰点的状态矢量；$z_{0,2}$ 为地面与左床身后段间固定连接的联结铰点的状态矢量；$z_{0,3}$ 为地面与右床身前段间固定连接的联结铰点的状态矢量；$z_{0,4}$ 为地面与右床身后段间固定连接的联结铰点的状态矢量。

其传递方程如式（5-42）所示：

$$z_{i+4,i} = U_i z_{0,i}, \quad i = 1, 2, 3, 4 \tag{5-42}$$

传递矩阵如式（5-43）所示：

$$U_i = \begin{bmatrix} I_3 & O_{3\times3} & O_{3\times3} & O_{3\times3} & O_{3\times1} \\ O_{3\times3} & I_3 & O_{3\times3} & O_{3\times3} & O_{3\times1} \\ O_{3\times3} & O_{3\times3} & I_3 & O_{3\times3} & O_{3\times1} \\ O_{3\times3} & O_{3\times3} & O_{3\times3} & I_3 & O_{3\times1} \\ U_{51} & U_{52} & O_{n\times3} & O_{n\times3} & U_{55} \\ O_{1\times3} & O_{1\times3} & O_{1\times3} & O_{1\times3} & 1 \end{bmatrix}, \quad i = 1, 2, 3, 4 \tag{5-43}$$

其中，

$$U_{51} = \left[P_{11}, P_{12}, \cdots, P_{1n}\right]^{\mathrm{T}} \tag{5-44}$$

$$U_{52} = \left[P_{21}, P_{22}, \cdots, P_{2n}\right]^{\mathrm{T}} \tag{5-45}$$

$$U_{55} = \left[P_{51}, P_{52}, \cdots, P_{5n}\right]^{\mathrm{T}} \tag{5-46}$$

$$P_{1j} = \frac{-\bar{m}A}{\left(A + \Omega_j^2\right)d_j} \int_0^l \left[0, Y^j, Z^j\right] A^{\mathrm{T}}\left(t_{i-1}\right) \mathrm{d}x_2 \tag{5-47}$$

$$P_{2j} = \frac{F_j}{\left(A + \Omega_j^2\right)d_j} \tag{5-48}$$

$$P_{5j} = \frac{1}{\left(A + \Omega_j^2\right)d_j} \int_0^l \left[Y^j, Z^j\right] \tag{5-49}$$

$$\begin{bmatrix} f_{2y} - \dfrac{\partial \overline{m}_2 z}{\partial x_2} \\ f_{2z} - \dfrac{\partial \overline{m}_2 y}{\partial x_2} \end{bmatrix} \mathrm{d}x_2 + \frac{E_j}{\left(A + \Omega_j^2\right)d_j} + \frac{\overline{m}A}{\left(A + \Omega_j^2\right)d_j} \int_0^1 \left[0, Y^j, Z^j\right] A^\mathrm{T}\left(t_{i-1}\right)\left[x_{t_{i-1}}, y_{t_{i-1}}, z_{t_{i-1}}\right] \mathrm{d}x_2$$

（5-50）

$$E_j = -\overline{m}\int_0^1 \left[0, Y^j, Z^j\right] \Phi^\mathrm{T}\left(t_{i-1}\right)\left(B_r + A\left[x_{t_{i-1}}, y_{t_{i-1}}, z_{t_{i-1}}\right]_I^\mathrm{T}\right) \mathrm{d}x_2$$

（5-51）

$$F_j = \overline{m}\int_0^1 \left[0, Y^j, Z^j\right] \begin{bmatrix} \dot{T}_1\left(t_{i-1}\right)\left(B_r + A\left[x_{t_{i-1}}, y_{t_{i-1}}, z_{t_{i-1}}\right]_I^\mathrm{T}\right) \\ \dot{T}_2\left(t_{i-1}\right)\left(B_r + A\left[x_{t_{i-1}}, y_{t_{i-1}}, z_{t_{i-1}}\right]_I^\mathrm{T}\right) \\ \dot{T}_3\left(t_{i-1}\right)\left(B_r + A\left[x_{t_{i-1}}, y_{t_{i-1}}, z_{t_{i-1}}\right]_I^\mathrm{T}\right) \end{bmatrix} \mathrm{d}x_2$$

（5-52）

$$\begin{cases} \displaystyle\int_0^l m \begin{bmatrix} Y^j(x_2) \\ Z^j(x_2) \end{bmatrix} \cdot \begin{bmatrix} Y^k(x_2) \\ Z^k(x_2) \end{bmatrix} \mathrm{d}x_2 = \begin{cases} 0, & j \neq k \\ d_j, & j = k \end{cases} \\[6mm] \displaystyle\int_0^l \mathrm{EI} \begin{bmatrix} Y^{j(2)}(x_2) \\ Z^{j(2)}(x_2) \end{bmatrix} \cdot \begin{bmatrix} Y^{k(2)}(x_2) \\ Z^{k(2)}(x_2) \end{bmatrix} \mathrm{d}x_2 = \begin{cases} 0, & j \neq k \\ \Omega_j^2 d_j, & j = k \end{cases} \end{cases}$$

（5-53）

式中，Ω_j 为第 j 阶固有频率；$\Phi(t_{i-1})$ 由式（5-54）确定；T_1、T_2、T_3 由式（5-55）确定；A 为坐标转换矩阵；EI、l、$\overline{m}$ 分别为左右床身的抗弯刚度、长度、线密度；$Y^j(x_2)$、$Z^j(x_2)$ 为左右床身的空间型函数；f_{2y}、f_{2z} 分别为左右床身分布外力在连体系中的分量；m_{2y}、m_{2z} 分别为左右床身分布外力矩在连体系中的分量。

$\Phi(t_{i-1})$ 由多体系统传递矩阵法计算得出，具体方法如式（5-54）所示：

$$\begin{aligned} \Phi\left(t_{i-1}\right) = A\left(t_{i-1}\right)\Bigg\{ &I - \dot{T}_1\left(t_{i-1}\right)\theta_x\left(t_{i-1}\right) - \dot{T}_2\left(t_{i-1}\right)\theta_y\left(t_{i-1}\right) - \dot{T}_3\left(t_{i-1}\right)\theta_z\left(t_{i-1}\right) \\ &+ \begin{bmatrix} \frac{1}{2}\dot{T}_1^2\left(t_{i-1}\right)\dot{\theta}_x^2\left(t_{i-1}\right) + \frac{1}{2}\dot{T}_2^2\left(t_{i-1}\right)\dot{\theta}_y^2\left(t_{i-1}\right) + \frac{1}{2}\dot{T}_3^2\left(t_{i-1}\right)\dot{\theta}_z^2\left(t_{i-1}\right) \\ + \dot{T}_2\left(t_{i-1}\right)\dot{T}_1\left(t_{i-1}\right)\dot{\theta}_y\left(t_{i-1}\right)\dot{\theta}_x\left(t_{i-1}\right) + \dot{T}_3\left(t_{i-1}\right)\dot{T}_2\left(t_{i-1}\right)\dot{\theta}_z\left(t_{i-1}\right)\dot{\theta}_y\left(t_{i-1}\right) \\ + \dot{T}_3\left(t_{i-1}\right)\dot{T}_1\left(t_{i-1}\right)\dot{\theta}_z\left(t_{i-1}\right)\dot{\theta}_x\left(t_{i-1}\right) \end{bmatrix} \Delta T^2 \Bigg\} \end{aligned}$$

（5-54）

T_1、T_2、T_3 可由式（5-55）计算获得：

$$T_1 = [1, 0, 0]^\mathrm{T}, \quad T_2 = [0, c_x, -s_x]^\mathrm{T}, \quad T_3 = \left[-s_x, s_x c_y, c_x c_y\right]^\mathrm{T}$$

（5-55）

左右床身的状态矢量如式（5-56）所示：

$$z_{i+4,i} = \left[x, y, z, \theta_x, \theta_y, \theta_z, m_x, m_y, m_z, q_x, q_y, q_z, q^1, q^2, q^3, q^4, q^5, q^6, 1\right]^\mathrm{T}, \quad i = 1, 2, 3, 4$$

（5-56）

式中，$q^1, q^2, q^3, \cdots, q^6$ 为用模态方法描述变形的广义坐标，上标为所取模态的阶次，其他参数物理含义与式（5-41）相同；$z_{5,1}$ 为左床身前段；$z_{6,2}$ 为左床身后段；$z_{7,3}$ 为右床身前段；$z_{8,4}$ 为右床身后段。

由于左右床身被定义为柔体，所以将柔体变形考虑到整体的运动精度中去，建立传递方程及传递矩阵分别如式（5-57）和式（5-58）所示：

$$Z_{i+4,i} = U z_{i+4,i}, \quad i = 1, 2, 3, 4 \tag{5-57}$$

$$U = \begin{bmatrix} I_3 & U_{12} & O_{3\times3} & O_{3\times3} & U_{15} & U_{16} \\ O_{3\times3} & I_3 & O_{3\times3} & O_{3\times3} & O_{3\times3} & O_{3\times1} \\ U_{31} & U_{32} & I_3 & U_{34} & U_{35} & U_{36} \\ U_{41} & U_{42} & U_{12} & I_3 & U_{45} & U_{46} \\ O_{n\times3} & O_{n\times3} & O_{n\times3} & O_{n\times3} & I_n & O_{n\times1} \\ O_{1\times3} & O_{1\times3} & O_{1\times3} & O_{1\times3} & O_{1\times n} & 1 \end{bmatrix} \tag{5-58}$$

式中，

$$U_{45} = -\overline{m}AA(t_{i-1})\left[\int_0^i \left[0, Y^1(x_2), Z^1(x_2)\right]^{\mathrm{T}} \mathrm{d}x_2, \quad \int_0^i \left[0, Y^2(x_2), Z^2(x_2)\right]^{\mathrm{T}} \mathrm{d}x_2, \cdots, \quad \int_0^i \left[0, Y^n(x_2), Z^n(x_2)\right]^{\mathrm{T}} \mathrm{d}x_2 \right] \tag{5-59}$$

$$U_{46} = \int_0^l \left[f_x, f_y, f_z \right]^{\mathrm{T}} \mathrm{d}x_2 - m_l B_{r_l} - \overline{m}A\varPhi(t_{i-1}) \int_0^l \left[x_2, v, w \right]_{t_{i-1}}^{\mathrm{T}} \mathrm{d}x_2$$
$$+ \overline{m}AA(t_{i-1}) \int_0^l \left[0, v, w \right]_{t_{i-1}}^{\mathrm{T}} \mathrm{d}x_2 - \overline{m} \int_0^l B_{r_l, \sigma_2} \mathrm{d}x_2 \tag{5-60}$$

$$U_{15} = \left[\overline{A}(t_i)\left[0, Y^1(l), Z^1(l)\right]^{\mathrm{T}}, \overline{A}(t_i)\left[0, Y^2(l), Z^2(l)\right]^{\mathrm{T}}, \cdots, \overline{A}(t_i)\left[0, Y^n(l), Z^n(l)\right]^{\mathrm{T}} \right] \tag{5-61}$$

$$U_{31} = H_{41} + \overline{A\dot{r}_{IO}}\overline{A}^{\mathrm{T}} U_{41} \tag{5-62}$$

$$U_{32} = C\overline{A}H_{22} + \overline{A\dot{r}_{IO}}\overline{A}^{\mathrm{T}} U_{42} \tag{5-63}$$

$$U_{34} = \overline{A\dot{r}_{IO}}\overline{A}^{\mathrm{T}} \tag{5-64}$$

$$U_{35} = C\overline{A}(H_{25} + H_{35}) + H_{45} + \overline{A\dot{r}_{IO}}\overline{A}^{\mathrm{T}} U_{45} \tag{5-65}$$

$$U_{36} = C\overline{A}(H_{26} + H_{36}) + D_{G_I} + H_{46} + \overline{A\dot{r}_{IO}}\overline{A}^{\mathrm{T}} U_{46} - \overline{A}\int_0^l \left[\overline{m}_{2,x}, \overline{m}_{2,y}, \overline{m}_{2,z}\right]^{\mathrm{T}} \mathrm{d}x_2$$
$$- \overline{A}\int_0^l \sum_j \dot{r}_{IJ} \left[f_{2,x}, f_{2,y}, f_{2,z} \right]^{\mathrm{T}} \mathrm{d}x_2 \tag{5-66}$$

$$U_{12} = A(t_{i-1})\left[\dot{T}_1(t_{i-1})l_{IO}, \dot{T}_2(t_{i-1})l_{IO}, \dot{T}_3(t_{i-1})l_{IO} \right] \tag{5-67}$$

$$U_{16} = \varPhi(t_{i-1})l_{IO} \tag{5-68}$$

$$U_{41} = -m_l A I_3 \tag{5-69}$$

$$U_{42} = -\overline{m}AA(t_{i-1}) \left[\dot{T_1} \int_0^l [x_2, v, w]^{\mathrm{T}} \, \mathrm{d}x_2, \dot{T_2} \int_0^l [x_2, v, w]^{\mathrm{T}} \, \mathrm{d}x_2, \dot{T_3} \int_0^l [x_2, v, w]^{\mathrm{T}} \, \mathrm{d}x_2 \right]_{t_{i-1}}$$

（5-70）

$$\overline{A} = \begin{bmatrix} \overline{c_y c_z} & \overline{s_x s_y c_z} - \overline{s_z c_x} & \overline{c_x s_y c_z} + \overline{s_z s_x} \\ \overline{c_y c_z} & \overline{s_x s_y c_z} + \overline{c_z c_x} & \overline{c_x s_y c_z} - \overline{c_z s_x} \\ -\overline{s_y} & \overline{s_x c_y} & \overline{c_x c_y} \end{bmatrix}$$

（5-71）

$$\dot{\overline{r}}_{IO} = \begin{bmatrix} 0 & -\overline{V}_{IO} & \overline{W}_{IO} \\ \overline{V}_{IO} & 0 & -1 \\ \overline{W}_{IO} & 1 & 0 \end{bmatrix}$$

（5-72）

$$H_{41} = m_1 A \overline{r}_{IC}(t_{i-1})$$

（5-73）

$$H_{22} = C\overline{m} \int_0^l J_1(t_{i-1}) \overline{H} \, \mathrm{d}x_2$$

（5-74）

$$v(x_2, t) = \sum_{k=1}^n Y^k(x_2) q^k(t)$$

（5-75）

$$H_{25} = \left[\int_0^l \overline{m}(E_2 Y^1 + E_3 Z^1) \mathrm{d}x_2, \int_0^l \overline{m}(E_2 Y^2 + E_3 Z^2) \mathrm{d}x_2, \cdots, \int_0^l \overline{m}(E_2 Y^n + E_3 Z^n) \mathrm{d}x_2 \right]$$

（5-76）

$$H_{35} = \left[\int_0^l \overline{m}(E_4 Y^1 + E_5 Z^1) \mathrm{d}x_2, \int_0^l \overline{m}(E_4 Y^2 + E_5 Z^2) \mathrm{d}x_2, \cdots, \int_0^l \overline{m}(E_4 Y^n + E_5 Z^n) \mathrm{d}x_2 \right]$$

（5-77）

$$H_{45} = \left[\int_0^l E_7 [0, Y^1, Z^1]^{\mathrm{T}} \mathrm{d}x_2, \int_0^l E_7 [0, Y^2, Z^2]^{\mathrm{T}} \mathrm{d}x_2, \cdots, \int_0^l E_7 [0, Y^n, Z^n]^{\mathrm{T}} \mathrm{d}x_2 \right]$$ （5-78）

$$H_{26} = \int_0^1 \overline{m} J_1(t_{i-1}) \overline{H} D_\theta \mathrm{d}x_2 - \int_0^1 \overline{m} [E_2 v_{t_{i-1}} + E_3 \omega_{t_{i-1}}] \mathrm{d}x_2, \quad H_{36} = \int_0^1 \overline{m} E_6 \mathrm{d}x_2$$ （5-79）

$$H_{46} = -\frac{m_l l}{2} \ddot{r}_1(t_{i-1}) \overline{A}(t_i)[1,0,0]^{\mathrm{T}} + m_l \tilde{r}_{IC}(t_{i-1}) \left(B_{r_l} - \ddot{r}_l(t_{i-1}) \right)$$

（5-80）

将 $v(x_2,t)$ 简写为 v，$w(x_2,t)$ 简写成 w，$q^k(t)$ 为在时间 t 时刻溜板箱在 k 阶模态坐标下的坐标。上面公式中的 E_j 可以表示为如式（5-81）～式（5-86）所示：

$$E_2 = \begin{bmatrix} 2v & -x_2 & 0 \\ -x_2 & 0 & -w \\ 0 & -w & 2v \end{bmatrix}_{t_{i-1}} \cdot \omega_{t_{i-1}}$$

（5-81）

$$E_3 = \begin{bmatrix} 2w & 0 & -x_2 \\ 0 & 2w & -v \\ -x_2 & -v & 0 \end{bmatrix}$$

（5-82）

$$E_4 = \begin{bmatrix} \dot{w}_{t_{i-1}} - Cw_{t_{i-1}} \\ 0 \\ Cx_2 \end{bmatrix} \tag{5-83}$$

$$E_5 = \begin{bmatrix} -\dot{V}_{t-i} - CV_{t_{i-1}} \\ -Cx_2 \\ 0 \end{bmatrix} \tag{5-84}$$

$$E_6 = \begin{bmatrix} V_{t_{i-1}}(D_w - \dot{w}_{t-1}) + w_{t-1}(\dot{v}_{t-1} - D_v) \\ -X_2 D_w \\ X_2 D_v \end{bmatrix} \tag{5-85}$$

$$E_7 = -\frac{m_l}{l}\ddot{r}_l(t_{i-1})\overline{A}(t_i) = -\frac{m_l}{l}\begin{bmatrix} 0 & -\ddot{z}_I & -\ddot{y}_I \\ \ddot{z}_I & 0 & -\ddot{x}_I \\ -\ddot{y}_I & \ddot{x}_I & 0 \end{bmatrix}\overline{A}(t_i) \tag{5-86}$$

$$\overline{H} = \begin{bmatrix} 1 & 0 & -\overline{s}_y \\ 0 & \overline{c}_x & \overline{s}_x\overline{c}_y \\ 0 & -\overline{s}_x & \overline{c}_x\overline{c}_y \end{bmatrix} \tag{5-87}$$

左右床身与左右滑座在这里均被定义为柔体，根据床身与立柱在机床中的运动功能可知，可将这两个部件间的联结抽象为弹性铰接，其状态矢量如下所示：

$$z_{i,j-4} = [x, y, z, \theta_x, \theta_y, \theta_z, m_x, m_y, m_z, q_x, q_y, q_z, q^1, q^2, q^3, q^4, q^5, q^6, 1]^{\mathrm{T}}, \quad i = 5,6,7,8 \tag{5-88}$$

其传递方程如下所示：

$$z_{9,i} = k_1 U_i Z_{i,i-4}\,(i=5) + k_2 U_i Z_{i,i-4}\,(i=6) \tag{5-89}$$

$$z_{10,i} = k_3 U_i Z_{i,i-4}\,(i=7) + k_4 U_i Z_{i,i-4}\,(i=8) \tag{5-90}$$

其传递矩阵如下所示：

$$Z_i = U z_i, \quad i = 14 \tag{5-91}$$

$$\begin{bmatrix} U_{21} \\ U_{51} \end{bmatrix} = \begin{bmatrix} -R_2 & I_n \\ I_3 & L_{j+2} \end{bmatrix}^{-1} \begin{bmatrix} R_1 \\ O_{3\times3} \end{bmatrix} \tag{5-92}$$

$$\begin{bmatrix} U_{22} \\ U_{52} \end{bmatrix} = \begin{bmatrix} -R_2 & I_n \\ I_3 & L_{j+2} \end{bmatrix}^{-1} \begin{bmatrix} O_{n\times3} \\ I_3 \end{bmatrix} \tag{5-93}$$

$$\begin{bmatrix} U_{23} \\ U_{53} \end{bmatrix} = \begin{bmatrix} -R_2 & I_n \\ I_3 & L_{j+2} \end{bmatrix}^{-1} \begin{bmatrix} O_{n\times3} \\ I_3 \end{bmatrix} \tag{5-94}$$

$$\begin{bmatrix} U_{24} \\ U_{54} \end{bmatrix} = \begin{bmatrix} -R_2 & I_n \\ I_3 & L_{j+2} \end{bmatrix}^{-1} \begin{bmatrix} -R_1 K^{-1} \\ O_{3 \times 3} \end{bmatrix} \tag{5-95}$$

$$\begin{bmatrix} U_{25} \\ U_{55} \end{bmatrix} = \begin{bmatrix} -R_2 & I_n \\ I_3 & L_{j+2} \end{bmatrix}^{-1} \begin{bmatrix} O_{n \times n} \\ L_j \end{bmatrix} \tag{5-96}$$

$$\begin{bmatrix} U_{26} \\ U_{56} \end{bmatrix} = \begin{bmatrix} -R_2 & I_n \\ I_3 & L_{j+2} \end{bmatrix}^{-1} \begin{bmatrix} R_5 \\ O_{3 \times 1} \end{bmatrix} \tag{5-97}$$

$$U_{14} = -K^{-1} \tag{5-98}$$

$$R_1 = \begin{bmatrix} P_{11}, & P_{12}, & \cdots, & P_{1n} \end{bmatrix}^{\mathrm{T}} \tag{5-99}$$

$$R_2 = \begin{bmatrix} P_{21}, & P_{22}, & \cdots, & P_{2n} \end{bmatrix}^{\mathrm{T}} \tag{5-100}$$

$$R_5 = \begin{bmatrix} P_{51}, & P_{52}, & \cdots, & P_{5n} \end{bmatrix}^{\mathrm{T}} \tag{5-101}$$

$$H_i = \begin{bmatrix} 1 & 0 & -s_y \\ 0 & c_x & c_y \\ 0 & -s_x & c_x c_y \end{bmatrix}, \quad i = j, j+2 \tag{5-102}$$

$$L_{j+2} = H_{j+2}^{-1} \begin{bmatrix} 0 & 0 & \cdots & 0 \\ -\dfrac{\mathrm{d}Z_{j+2}^1(0)}{\mathrm{d}x_2} & -\dfrac{\mathrm{d}Z_{j+2}^2(0)}{\mathrm{d}x_2} & \cdots & -\dfrac{\mathrm{d}Z_{j+2}^n(0)}{\mathrm{d}x_2} \\ \dfrac{\mathrm{d}Y_{j+2}^1(0)}{\mathrm{d}x_2} & \dfrac{\mathrm{d}Y_{j+2}^2(0)}{\mathrm{d}x_2} & \cdots & \dfrac{\mathrm{d}Y_{j+2}^n(0)}{\mathrm{d}x_2} \end{bmatrix} \tag{5-103}$$

$$L_j = H_j^{-1} \begin{bmatrix} 0 & 0 & \cdots & 0 \\ -\dfrac{\mathrm{d}Z_j^1(l_j)}{\mathrm{d}x_2} & -\dfrac{\mathrm{d}Z_j^2(l_j)}{\mathrm{d}x_2} & \cdots & -\dfrac{\mathrm{d}Z_j^n(l_j)}{\mathrm{d}x_2} \\ \dfrac{\mathrm{d}Y_j^1(l_j)}{\mathrm{d}x_2} & \dfrac{\mathrm{d}Y_j^1(l_j)}{\mathrm{d}x_2} & \cdots & \dfrac{\mathrm{d}Y_j^n(l_j)}{\mathrm{d}x_2} \end{bmatrix} \tag{5-104}$$

$$K = \begin{bmatrix} K_x & 0 & 0 \\ 0 & K_y & 0 \\ 0 & 0 & K_z \end{bmatrix} \tag{5-105}$$

式中，U_{2i}（$i=1,2,3,4,6$）阶次为 3×3；U_{5i}（$i=1,2,3,4,6$）阶次为 n×3；$k_1+k_2=k_3+k_4=1$；K 为弹簧刚度系数；K_x、K_y、K_z 分别为 K 在惯性系 3 坐标轴方向上的分量。

左右滑座的传递矩阵如式（5-58）所示，传递方程如式（5-106）所示：

$$Z_9 = Uz_{9,i}, \quad i = 5,6$$
$$Z_{10} = Uz_{10,i}, \quad i = 7,8$$

(5-106)

左右滑座与左右立柱在这里均被定义为柔体，根据滑座与立柱在机床中的运动功能可知，可将这两个部件间的联结抽象为固定，其状态矢量如式（5-107）所示：

$$Z_i = \left[x, y, z, \theta_x, \theta_y, \theta_z, m_x, m_y, m_z, q_x, q_y, q_z, q^1, q^2, q^3, q^4, q^5, q^6, 1 \right]^{\mathrm{T}}, \quad i = 9,10$$

(5-107)

其传递方程如式（5-108）所示：

$$z_{i+2,i} = U_i Z_i, \quad i = 9,10$$

(5-108)

其传递矩阵如式（5-109）所示：

$$U_i = \begin{bmatrix} I_3 & O_{3\times3} & O_{3\times3} & O_{3\times3} & O_{3\times n} & O_{3\times1} \\ U_{21} & O_{3\times3} & O_{3\times3} & U_{24} & O_{3\times n} & U_{25} \\ O_{3\times3} & O_{3\times3} & O_{3\times3} & O_{3\times3} & O_{3\times n} & O_{3\times1} \\ O_{3\times3} & O_{3\times3} & O_{3\times3} & I_3 & O_{3\times n} & O_{3\times1} \\ U_{51} & O_{n\times3} & O_{n\times3} & U_{54} & O_{n\times n} & O_{n\times1} \\ O_{1\times3} & O_{1\times3} & O_{1\times3} & O_{1\times3} & O_{1\times n} & 1 \end{bmatrix}, \quad i = 9,10$$

(5-109)

式中，

$$U_{25} = \left[P_{51}, \ P_{52}, \ \cdots, \ P_{5n} \right]$$

(5-110)

$$P_{5k} = H^{-1} \left[0, \ -\frac{\mathrm{d}Z^k(l)}{\mathrm{d}x_2}, \ \frac{\mathrm{d}Y^k(l)}{\mathrm{d}x_2} \right]^{\mathrm{T}}$$

(5-111)

$$H = \begin{bmatrix} 1 & 0 & -s_y \\ 0 & c_x & s_x c_y \\ 0 & -s_x & c_x \end{bmatrix}_l$$

(5-112)

$$U_{56} = \left[P_{51}, \ P_{52}, \ \cdots, \ P_{5n} \right]^{\mathrm{T}}$$

(5-113)

左右立柱的传递矩阵如式（5-58）所示，传递方程如式（5-114）所示：

$$Z_{i+2,i} = Uz_{i+2,i}, \quad i = 9,10$$

(5-114)

左右立柱与横梁在这里均被定义为柔体，根据左右立柱与横梁在机床中的运动功能可知，可将这两个部件间的联结抽象为弹性铰接，其传递方程如式（5-115）所示：

$$z_i = E_5 U_{i-2} Z_{i-2,i-4} + E_6 U_{i-1} Z_{i-1,i-3}, \quad i = 13$$

(5-115)

横梁的传递矩阵如式（5-58）所示，传递方程如式（5-116）所示：

$$z_i = Uz_i, \quad i = 13$$

(5-116)

横梁与溜板箱均被定义为柔体,根据横梁与溜板箱在机床中的运动功能可知,可将这两个部件间的联结抽象为弹性铰接。其传递方程如式（5-117）所示:

$$z_{i+1} = U_i Z_i, \quad i = 13 \tag{5-117}$$

溜板箱的传递矩阵如式（5-58）所示,传递方程如式（5-118）所示:

$$Z_i = U z_i, \quad i = 14 \tag{5-118}$$

传递矩阵如式（5-119）所示:

$$U_i = \begin{bmatrix} I_3 & O_{3\times3} & O_{3\times3} & O_{3\times3} & O_{3\times n} & O_{3\times1} \\ U_{21} & O_{3\times3} & O_{3\times3} & U_{24} & O_{3\times n} & U_{25} \\ O_{3\times3} & O_{3\times3} & O_{3\times3} & O_{3\times3} & O_{3\times n} & O_{3\times1} \\ O_{3\times3} & O_{3\times3} & O_{3\times3} & I_3 & O_{3\times n} & O_{3\times1} \\ U_{51} & O_{n\times3} & O_{n\times3} & U_{54} & O_{n\times n} & O_{n\times1} \\ O_{1\times3} & O_{1\times3} & O_{1\times3} & O_{1\times3} & O_{1\times n} & 1 \end{bmatrix}, \quad i = 14 \tag{5-119}$$

$$\begin{bmatrix} U_{21} \\ U_{51} \end{bmatrix} = \begin{bmatrix} U_{32} & U_{35} \\ -P_{21} & I_{n\times1} \\ -P_{22} & I_{n\times1} \\ \vdots & \vdots \\ -P_{2n} & I_{n\times1} \end{bmatrix}^{-1} \begin{bmatrix} U_{31} \\ P_{11} \\ P_{12} \\ \vdots \\ P_{1n} \end{bmatrix} \tag{5-120}$$

$$\begin{bmatrix} U_{24} \\ U_{54} \end{bmatrix} = \begin{bmatrix} U_{32} & U_{35} \\ -P_{21} & I_{n\times1} \\ -P_{22} & I_{n\times1} \\ \vdots & \vdots \\ -P_{2n} & I_{n\times1} \end{bmatrix}^{-1} \begin{bmatrix} -U_{34} \\ O_{n\times3} \end{bmatrix} \tag{5-121}$$

$$\begin{bmatrix} U_{25} \\ U_{55} \end{bmatrix} = \begin{bmatrix} U_{32} & U_{35} \\ -P_{21} & I_{n\times1} \\ -P_{22} & I_{n\times1} \\ \vdots & \vdots \\ -P_{2n} & I_{n\times1} \end{bmatrix}^{-1} \begin{bmatrix} -U_{34} \\ P_{51} \\ P_{52} \\ \vdots \\ P_{5n} \end{bmatrix} \tag{5-122}$$

$$\int_0^l \rho U_i U_k \mathrm{d}x = \begin{cases} 0, & i \neq k \\ d_k, & i \neq k \end{cases} \tag{5-123}$$

$$\int_0^1 \mathrm{EI} U_{i,xx} U_{k,xx} \mathrm{d}x = \begin{cases} 0, & i \neq k \\ \Omega_k^2 d_k, & i \neq k \end{cases} \tag{5-124}$$

B 轴转盘的传递矩阵如式（5-58）所示,传递方程如式（5-125）所示:

$$Z_i = U z_i, \quad i = 15 \tag{5-125}$$

B 轴转盘与滑枕均被定义为柔体，根据 B 轴转盘与滑枕在机床中的运动功能可知，可将这两个部件间的联结抽象为弹性铰接。误差经过 B 轴转盘传递到滑枕过程中，其传递方程如式（5-126）所示：

$$z_{i+1} = U_i z_i, \quad i = 15 \tag{5-126}$$

滑枕的传递矩阵如式（5-58）所示，传递方程如式（5-127）所示。

$$Z_i = U_i z_i, \quad i = 16 \tag{5-127}$$

将上述各部件及其之间连接的状态矢量以及传递矩阵（5-41）～（5-127）联立方程，得到执行端的状态矢量如式（5-128）所示：

$$
\begin{aligned}
Z_{16} = {} & UU_{15}UU_{14}UU_{11}U \\
& \times (0.5 \times U_{11}UU_9(UU_5UU_1Z_{0,1} + UU_6UU_2Z_{0,2}) \\
& + 0.5 \times U_{12}UU_{10}(UU_7UU_3Z_{0,3} + UU_8UU_4Z_{0,4}))
\end{aligned} \tag{5-128}
$$

当机床各部件视为刚性体时，公式（5-128）中的 U 为单位矩阵。当机床各部件视为柔性体时，公式（5-128）中的 U 为式（5-58）所示的矩阵。

5.2　重型机床定位误差影响因素及其解算方法

5.2.1　重型机床定位误差影响因素

定位精度被定义为机床的运动部件在数控系统的控制下所能达到的实际位置的精度。在驱动电机带动下，传动系统将动力传递给其中的运动部件，实现了运动部件的运动。本节首先以床身与滑座两个部件为例，对其定位误差的产生原因及影响因素进行分析，进而将其推广到整机。床身与滑座间的运动如图 5-7 所示。

图 5-7　重型机床工作台进给运动部件

分析图 5-7 所示的部件之间的定位运动可知，其定位误差的来源有两个，一个是传动装置产生的传动误差，另一个是由滑座镶条与床身导轨间的相对运动产生的误差。首先检测滑座镶条与床身导轨间的形位误差、接触误差，其次检测滚珠丝杠瓦架与床身间的形位误差、接触误差。检测结果如表 5-4 所示。

表 5-4　关键误差项检测结果

检测位置	检测结果
滑座镶条与床身导轨	（1）滑座镶条导轨刮研面接触点数为 10～12 个/25×25mm² （2）结合面间隙：0.02mm 塞尺不入 （3）左滑座与左床身导轨面平行度 0.02/1000
瓦架与床身	（1）丝杠瓦架刮研底面与床身结合点为 6 个/25×25mm² （2）结合面间隙：0.03mm 塞尺不入 （3）丝杠瓦架孔与刮研面平行度为 0.005/1000

采用单因素分析法，判定各因素对定位误差的影响权重，在不考虑温度以及滚珠丝杠对定位误差的影响的条件下，其因素主要有滚珠丝杠的传动刚度、床身导轨与滑座镶条间的接触刚度、瓦架与床身间的形位误差、接触刚度，床身导轨与滑座镶条间的动静摩擦系数之差。下面分析各因素对机床定位误差的影响。仿真条件有驱动速度、驱动总行程，仿真模型如图 5-8 所示。

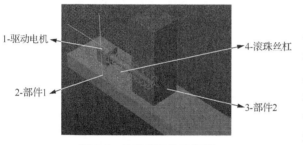

图 5-8　传动系统仿真模型

根据测量要求，将驱动总行程设定为 1000mm，进给速度按照重型机床快速进给设定为 1000mm/min，每 250mm 位置停止 5s，共 5 个位置，使部件往复运动，完成一次定位运动，然后重复上述运动，共 5 次。其运动模式如图 5-9 所示。

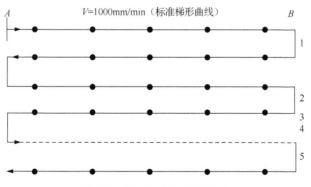

图 5-9　仿真定位运动模型图

图 5-9 中，运动起点为 A 点，终点为 B 点，驱动速度为标准梯形曲线。将形位误差、接触刚度、动静摩擦系数之差、传动刚度分别作为单一控制变量用 ADAMS 进行仿真分析。传动刚度对定位误差的影响如表 5-5 所示。

表 5-5　传动刚度对定位误差的影响

第一组	形位误差	法向接触刚度/（N/m）	动静摩擦系数之差	传动刚度/（N/μm）	仿真结果	
					时间/s	运动位置/mm
1 号	ΔT_1=+0.005mm ΔT_2=0mm	10^8	0.1	0.8	15.0	1650.0452
2 号	ΔT_1=+0.005mm ΔT_2=0mm	10^8	0.1	1.5	15.0	1650.0343
3 号	ΔT_1=+0.005mm ΔT_2=0mm	10^8	0.1	2.5	15.0	1649.9254

从表 5-5 中可以看出，传动刚度越大，定位误差越小。在装配工艺设计时，可以利用这种方法，选择经济且能够满足定位误差要求的滚珠丝杠。

法向接触刚度对定位误差的影响如表 5-6 所示。

表 5-6　法向接触刚度对定位误差的影响

第二组	形位误差	法向接触刚度/（N/m）	动静摩擦系数之差	传动刚度/（N/μm）	仿真结果	
					时间/s	运动位置/mm
1 号	ΔT_1=+0.005mm ΔT_2=0mm	10^7	0.1	2.5	15.0	1650.0452
2 号	ΔT_1=+0.005mm ΔT_2=0mm	10^8	0.1	2.5	15.0	1650.0343
3 号	ΔT_1=+0.005mm ΔT_2=0mm	10^9	0.1	2.5	15.0	1649.9254

由表 5-6 可知，法向接触刚度为 10^7N/m 时 Y 轴方向位移为 1650.0452mm，法向接触刚度为 10^8N/m 时 Y 轴方向位移为 1650.0343mm，法向接触刚度为 10^9N/m 时 Y 轴方向位移为 1649.9254mm。

动静摩擦系数之差对定位误差的影响如表 5-7 所示。

表 5-7　动静摩擦系数之差对定位误差的影响

第三组	形位误差	法向接触刚度/（N/m）	动静摩擦系数之差	传动刚度/（N/μm）	仿真结果	
					时间/s	运动位置/mm
1 号	ΔT_1=+0.005mm ΔT_2=0mm	10^8	0.05	2.5	15.0	1650.0404
2 号	ΔT_1=+0.005mm ΔT_2=0mm	10^8	0.1	2.5	15.0	1650.0384
3 号	ΔT_1=+0.005mm ΔT_2=0mm	10^8	0.2	2.5	15.0	1649.0343

从表 5-7 中可知，动静摩擦系数之差与法向接触刚度对定位误差的影响形式相似，并且在机床长期的生产加工过程中，机床各运动部件的动静摩擦系数会发生变化，因此，动静摩擦系数对于定位精度的保持性也有很大的影响。图 5-10 为在动静第三组 1、2、3 号条件下的动态驱动力。

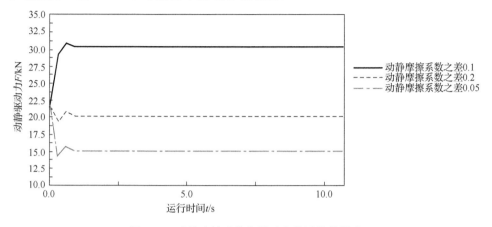

图 5-10　动静摩擦系数之差对定位误差的影响

形位误差对定位误差的影响如表 5-8 所示。

表 5-8　形位误差对定位误差的影响

第四组	形位误差	法向接触刚度/（N/m）	动静摩擦系数之差	传动刚度/（N/μm）	仿真结果	
					时间/s	运动位置/mm
1 号	ΔT_1=+0.02mm ΔT_2=+0.005mm	10^8	0.1	2.5	15.0	1650.0552
2 号	ΔT_1=+0.03mm ΔT_2=+0.005mm	10^8	0.1	2.5	15.0	1650.0669
3 号	ΔT_1=+0.02mm ΔT_2=+0.01mm	10^8	0.1	2.5	15.0	1649.0483

表 5-8 中 ΔT_1 为左滑座与左床身导轨面平行度，ΔT_2 为丝杠瓦架孔与刮研面平行度。从表中可知，在检测条件下仿真结果的定位误差为 0.0552mm，在 250mm 位置的速度依然稳定，而定位误差的大小取决于 ΔT_1 与 ΔT_2 的差值，即为滚珠丝杠相对于床身的平行度。从表 5-5～表 5-8 中可以看出，产生定位误差的时间段为机床起始运动的阶段。

5.2.2　重型机床重复定位误差影响因素

重复定位精度被定义为在相同条件下（同一台数控机床上，应用同一零部件程序），按照指定程序得到的定位精度的一致程度。重复定位精度受伺服系统特性、进给系统的间隙与刚性以及摩擦特性等因素影响。在机床大多数定位运动过程中，其重复定位精度是同定位精度相近的，而在少部分过程中，重复定位精度会偶然性的上升或下降，即重复定位精度表征的是定位精度的稳定性。因此，重复定位精度的影响因素是与定位精度相同的，但这些参数具有位变特性。

分析进给系统的结构组成可知，进给系统的传动刚度由丝杠的轴向刚度、丝杠螺母副的接触刚度、支撑丝杠的轴承的轴向刚度等刚度组成，而要精确计算出传动刚度比较复杂，也不是本节的研究主体。要研究进给系统的传动刚度的位变特性只要知道其各组成部分的位变特性即可。设 K_e 为进给系统的传递刚度，则

$$\frac{1}{K_e} = \frac{1}{K_n} + \frac{1}{K_B} + \frac{1}{K_{se}} + \frac{r^2}{K_{effe}} \tag{5-129}$$

式中，K_n 为丝杠螺母副的接触刚度；K_B 为支承丝杠的组合推力轴承的轴向刚度；K_{se} 为丝杠的综合轴向刚度；K_{effe} 为齿轮的啮合刚度的综合扭转刚度。

K_{se} 对传动刚度的贡献率为 80%左右，K_n 为 15%左右，K_B 为 4%左右，而其他因素对传动刚度的影响很小。K_{se} 可由下式获得：

$$\frac{1}{K_{se}} = \frac{1}{K_s} + \frac{r^2}{K_\theta} \tag{5-130}$$

式中，K_s 为丝杠的轴向刚度；K_θ 为丝杠轴的扭转刚度；$r = l\,/\,2\pi$。

对于龙门移动式车铣加工中心机床，为两端止推的丝杠，因此，K_s 为

$$K_s = \frac{\pi d_s^2 E L_{sk}}{4x(L_{sk} - x)} \tag{5-131}$$

式中，L_{sk} 为丝杠支撑间的跨距；x 为作用点到支撑的距离；E 为弹性模量。

根据该龙门移动式机床实际数据可知，丝杠直径 d_s 为 200mm，丝杠支撑间距 L_{sk} 为 4000mm，弹性模量 E 为 $2.1\times10^5 \text{N/mm}^2$，因此，可计算得到 K_e 的值随着运动位置的变化值以及在此传动刚度下的定位误差值，其他参数与第四组 3 号的参数相同，其值如表 5-9 所示。

表 5-9　不同运动位置处的定位误差

运动位置/mm	传动刚度/（N/μm）	定位误差/mm
0	4.53	0
250	4.09	0.023
500	3.825	0.0221
1000	3.842	0.0218

由表 5-9 可知，在滑座运动到不同运动位置时，其传动刚度不同，并且由式（5-131）和表 5-9 可知，刚度最小值出现在 500mm 处，因此，传动刚度随重型机床零部件运动位置改变而具有动态变化特性。导致定位误差随运动位置的变

化具有不稳定的特性，这是进给系统产生重复定位误差的原因之一。

　　静摩擦系数被定义为摩擦副开始滑动所需要的切向力与法向载荷的比值，动摩擦系数是指持续运动所需的切向力与法向载荷的比值。从表 5-7 可知，动静摩擦系数影响部件的定位精度，在整个定位运动过程中，动摩擦系数时刻变化，但总是小于最大静摩擦系数。

　　利用动静摩擦系数测量仪得到实际的摩擦系数随时间变化曲线，然后将各时间点上的摩擦系数进行离散，离散成为一系列的点群，然后将每一时刻的摩擦系数加入到仿真软件中，以 1000mm/min 的驱动速度，按照图 5-9 所示的运动形式进行仿真，最终可得到在规定运动点处的定位误差值，流程如图 5-11 所示。

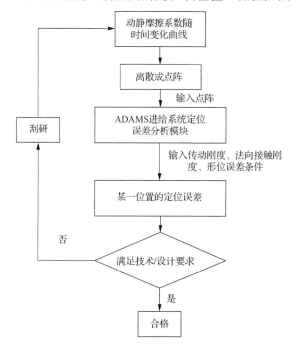

图 5-11　定位误差的稳定性控制方法

　　由于位置误差在驱动行程内是带有变斜率的曲线，位置误差具有位变性，其位置误差曲线用 W 表示；将其用最小二乘法确定的直线作为标准项，用 S 表示；将其在运动过程中位置的波动项用 F 表示。这样做的好处是将有规律项与无规律项分离开，那么位置误差对于定位误差的影响就可以用标准项对于定位误差的影响与波动项对于定位误差的影响的和来表示，如图 5-12 所示。

　　标准项的斜率影响部件的位姿，进而影响部件的定位误差。在一定的传动刚度、接触刚度、动静摩擦系数下，不同的标准项的斜率对定位误差的影响如图 5-13 所示。

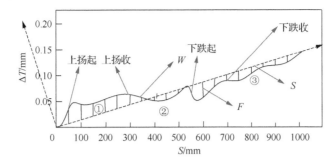

图 5-12 位置误差的分离

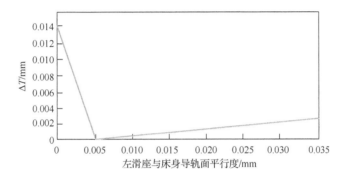

图 5-13 平行度的标准项 S 对定位误差的影响

图 5-13 的仿真条件：传动刚度为 2500N/mm，接触刚度为 $1×10^8$ N/m，动静摩擦系数之差为 0.1，平行度分别为 0mm、0.005mm、0.01mm、0.015mm、0.02mm、0.025mm、0.03mm、0.035mm 情况下的部件 2 的定位误差。从 0mm 和 0.005mm 两组数据可以看出，位置误差对于定位误差的影响较大，而传动刚度、接触刚度、动静摩擦系数之差与位置误差的标准项耦合作用较小。

位置误差的波动项在整个定位运动过程中具有不确定性。不同的部件间有着不同的波动项，相同的部件间的波动项也会在机床服役期发生变化。波动项的坐标轴如图 5-12 虚线所示，在这里做一些新的定义，将波动项大致分为三类区域：上扬区、下跌区以及无影响区。上扬区指在运动过程中，部件的位姿沿着机床坐标系有上升的趋势及微动的区域，如图 5-12 中①所示；下跌区指有下降趋势及微动的区域，如图 5-12 中③所示；而无影响区是有趋势但未运动的区域，如图 5-12 中②所示。对于定位误差，由于考虑的是结果误差，因此，无影响区域可以用区域的面积进行判断。这个面积与两个部件的切向接触刚度以及高序体的结构有关。

将在一个运动行程的区域②的面积记为 T_w，①和③区域中位姿有变动趋势的面积记为 T_q，那么可以得到

$$\Delta T_D = f(\Delta T_x), \quad \Delta T_x = \Delta T_{xs} + \Delta T_{xf}$$

$$\Delta T_{xs} = \frac{k}{x}, \quad \Delta T_{xf} = \frac{\int_0^x F_{bd}\,\mathrm{d}x - T_w - T_q}{\dfrac{x}{2}} \qquad (5\text{-}132)$$

式中，ΔT_D 为部件定位误差；ΔT_x 为部件间的位置误差修正值；ΔT_{xs} 为位置误差的标准项；ΔT_{xf} 为位置误差的波动项；x 为定位运动行程；k 为用最小二乘法确定的数值；F_{bd} 为波动项随着运动位置变化的函数。得出形位误差的位变性时的定位误差的解算关系如图 5-14 所示。

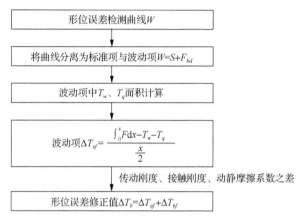

图 5-14　考虑形位误差的位变性时的定位误差的解算方法

5.2.3　重型机床定位与重复定位误差解算

在获取影响机床定位误差、重复定位误差的因素后，便可利用 5.1 节所建立的多体系统力学方程，解算重要轴线的定位误差及重复定位误差。由以上数据得出重型机床定位与重复定位的解算方法，以龙门机床为例来阐述重型机床定位与重复定位误差计算过程。

重型机床某轴线的定位精度和重复定位精度评价指标广泛采用轴线双向定位精度 A、轴线双向重复定位精度 R 及轴线反向差值 B 指标。A 的计算方法如式（5-133）所示。

$$\begin{cases} A = \max(\overline{X_i}\uparrow + 2S_i\uparrow, \overline{X_i}\downarrow + 2S_i\downarrow) - \min(\overline{X_i}\uparrow - 2S_i\uparrow, \overline{X_i}\downarrow - 2S_i\downarrow) \\[2mm] S_i\uparrow = \sqrt{\dfrac{1}{n-1}\sum_{i-1}^{n}(X_i\uparrow - \overline{X_i}\uparrow)^2}, \; S_i\downarrow = \sqrt{\dfrac{1}{n-1}\sum_{i-1}^{n}(X_i\uparrow - \overline{X_i}\uparrow)^2} \\[2mm] \overline{X_i}\uparrow = \dfrac{1}{n}\sum_{i=1}^{n}X_n\uparrow, \; \overline{X_i}\downarrow = \dfrac{1}{n}\sum_{i=1}^{n}X_n\downarrow \end{cases} \qquad (5\text{-}133)$$

$$B = \max(|B_i|), B_i = \overline{X_i}\uparrow - \overline{X_i}\downarrow \tag{5-134}$$

式中，B 为轴线反向差值；B_i 为某一位置的反向差值。

轴线双向重复定位精度 R 的计算方法如式（5-135）所示：

$$\begin{cases} R = \max(R_i) \\ R_i = \max(2S_i\uparrow + 2S_i\downarrow + |B_i|, R_i\uparrow, R_i\downarrow) \\ R_i\uparrow = 4S_i\uparrow, R_i\downarrow = 4S_i\downarrow \end{cases} \tag{5-135}$$

为对龙门架 Y 轴移动的定位精度进行解算，传动刚度设定为 4000N/mm，接触刚度为 3×10^8N/m，动静摩擦系数之差为 0.1，驱动滑座电机总行程为 1500mm，将起始点作为 0 点，分别测量处于 250mm、500mm、750mm、1000mm、1250mm 这 5 个点位置上的位置误差，终点 B 的位置为 1500mm，进给速度为 1000mm/min。检测结果如表 5-10 所示。

表 5-10　龙门架 Y 轴移动的位置误差解算表

计算点	Y 轴	
	正向 ↑	反向 ↓
$i=1$	0.0292	0.015
$i=2$	0.0272	0.0104
$i=3$	0.0201	0.0014
$i=4$	0.0174	-0.0041
$i=5$	0.0100	-0.0106

将表 5-10 的数据带入式（5-133）～式（5-135）中得到 A=0.0398/1000mm，B=0.0215/1000mm，R=0.0215/1000mm。

驱动溜板箱的驱动速度为 1000mm/s，接触刚度为 2×10^8N/m，溜板箱与横梁动静摩擦系数之差为 0.1，传动刚度设定为 3800N/mm，溜板箱 X 轴移动时执行端部件的定位误差解算结果如表 5-11 所示。

表 5-11　溜板箱 X 轴移动的位置误差解算表

计算点	X 轴	
	正向 ↑	反向 ↓
$i=1$	-0.0011	0.0191
$i=2$	0.0042	0.0191
$i=3$	0.0114	0.0191
$i=4$	0.0187	0.0198
$i=5$	0.0267	0.0202

将解算结果代入式（5-133）～式（5-135）中，可得 A=0.0278/1000mm，B=0.0202/1000mm，R=0.0202/1000mm。

驱动滑枕的驱动速度为 1000mm/s，滑枕与 B 轴转盘动静摩擦系数之差为 0.1，接触刚度为 $1×10^8$N/m，传动刚度设定为 3600N/mm，滑枕 Z 轴移动时执行端部件的解算结果如表 5-12 所示。

表 5-12　滑枕 Z 轴移动的位置误差解算表

计算点	Z 轴	
	正向 ↑	反向 ↓
i=1	−0.0036	0.0089
i=2	−0.0086	0.0075
i=3	−0.0148	0.0063
i=4	−0.0227	0.0050
i=5	−0.0305	0.0042

将解算结果代入到式（5-133）～式（5-135）中，可得 A=0.0394/1000mm，B=0.0347/1000mm，R=0.0347/1000mm。

5.2.4　重型机床多体动力学模型的模态验证方法

采用图 5-15 所示的重型机床误差仿真方法，利用 ADAMS 和 ANSYS 分别在机床的约束、载荷边界条件，以及初始条件相同设定情况下，进行机床的动力学模态分析。

以滑枕受切削力载荷为例，将其他部件隐藏。切削力为 62.7kN，驱动速度为 1000mm/min，滑枕与溜板箱间平行度为 0.02/1000mm，接触刚度为 $1.0×10^8$N/m，动静摩擦系数之差为 0.1。

在未加入载荷及约束条件前，对滑枕进行固有频率识别，结果如表 5-13 所示。

表 5-13　滑枕前十二阶固有频率

阶数	频率/Hz	阶数	频率/Hz	阶数	频率/Hz
一阶	2.9456e+002	五阶	7.9263e+002	九阶	8.7489e+002
二阶	4.0478e+002	六阶	8.1943e+002	十阶	9.0021e+002
三阶	4.8798e+002	七阶	8.2793e+002	十一阶	9.3112e+002
四阶	6.2674e+002	八阶	8.4557e+002	十二阶	9.3129e+002

从表 5-13 可知，前十二阶固有频率在 200～1000Hz。设定仿真频率为 0.1～1000Hz，其构建的动力学模型的模态参数如图 5-16 所示。

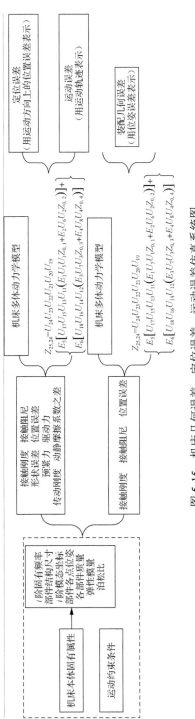

图 5-15　机床几何误差、定位误差、运动误差仿真系统图

图 5-16 中 DAMPING RATIO 表示阻尼比，该阻尼比表征滑枕在受激振后振动的衰减形式。从图中可知，在前六阶模态中，一、二阶模态的阻尼比很小，说明在一、二阶模态激振频率下振动的衰减速度小，因此在加工中要避开 140～155Hz 范围内的激振频率。为确定前六阶模态贡献量，对前六阶模态进行频响分析，结果如图 5-17 所示。

```
                       FREQUENCY UNITS: (Hz)

  MODE      UNDAMPED NATURAL       DAMPING
 NUMBER        FREQUENCY            RATIO              REAL                   IMAGINARY

    1       1.438736E+002       7.495602E-002       -1.078419E+001    +/-    1.434689E+002
    2       1.532589E+002       7.932860E-002       -1.215781E+001    +/-    1.527759E+002
    3       3.485944E+003       9.984204E-001       -3.480437E+001    +/-    1.958546E+002
    4       2.483984E+003       9.914931E-001       -2.462853E+003    +/-    3.233130E+002
    5       5.578278E+003       9.982648E-001       -5.568598E+003    +/-    3.284768E+002
    6       1.306216E+003       9.662803E-001       -1.262171E+003    +/-    3.363409E+002
    7       3.720402E+002       9.131515E-002       -3.397291E+001    +/-    3.704858E+002
    8       1.041714E+002       9.138492E-001       -9.519692E+001    +/-    4.229917E+002
    9       5.227958E+002       8.228336E-002       -4.301740E+001    +/-    5.210230E+002
   10       2.543892E+003       9.758252E-001       -2.482394E+003    +/-    5.559737E+002
   11       6.031682E+002       9.088394E-002       -5.481830E+001    +/-    6.006719E+002
   12       7.778999E+002       9.448480E-002       -7.349972E+001    +/-    7.744198E+002
```

图 5-16　模态频率、阻尼比计算结果

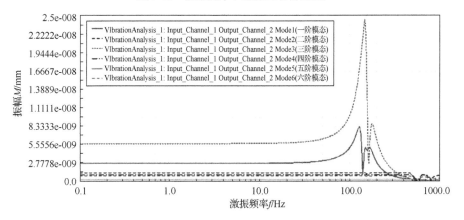

图 5-17　前六阶模态的模态贡献量

从图 5-17 可知，二阶模态贡献量大于一阶，其他阶模态对于整体振幅的贡献与其相比差距较大，因此，可近似认为总体振幅是在激振频率下的这两阶幅值的和。利用模态坐标来描述变形对于误差的影响，模态坐标计算结果如图 5-18 所示。

从图 5-18 可知，三、四阶模态坐标在激振频率为 140～155Hz 区间内有大的增长，其最大值为 0.4μm，装配后滑枕前六阶振型如表 5-14 所示。

用 ADAMS 解算出的比例阻尼下的虚部与 ANSYS 无阻尼解算出的固有频率进行对比，可以得出两种解算方法的误差，如表 5-15 所示。

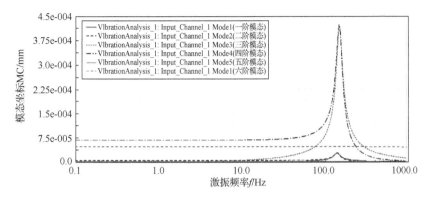

图 5-18　前六阶模态坐标

表 5-14　装配后滑枕前六阶振型

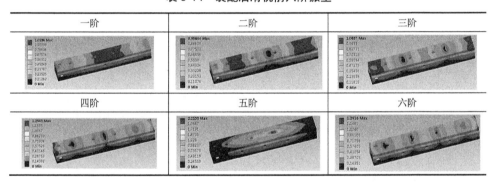

表 5-15　ANSYS 和 ADAMS 解算装配模态固有频率误差

	一阶	二阶	三阶	四阶	五阶	六阶
ANSYS	156	172	226	381	464	572
ADAMS	143.87	152.78	195.85	323.31	328.47	336.34
误差值	8.43 %	12.58%	15.39%	17.84%	41.26%	70.06%

　　一般来说，模型间存在 15%以下的误差为合理域。从表 5-15 可以看出，一、二阶固有频率误差值在合理域内，三阶、四阶在 15%左右。由此可知，利用所建立的重型机床多体动力学模型解算机床定位误差解算方法是可行的。

5.3　重型机床定位与重复定位精度可靠性解算与评价

5.3.1　定位与重复定位精度的描述

　　机床定位与重复定位精度是指机床各主轴在确定的终点要求下所能达到实际

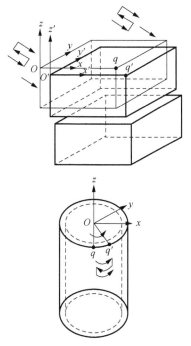

图 5-19　定位与重复定位精度几何模型

终点位置的精度，作为几何精度指标直接体现机床综合性能。不同主轴运动形式对应定位与重复定位功能不尽相同，但它们基本模型相同，机床定位与重复定位精度描述如图 5-19 所示。

图 5-19 中，q 表示理想终点位置，q' 表示实际运动到的终点位置，功能执行部件在指定运动终点要求下，运动到实际终点位置存在定位与重复定位精度的偏差 $\Delta q = q - q'$。

根据国家标准《机床检验通则　第 2 部分：数控轴线的定位精度和重复定位精度的确定》（GB/T 17421.2—2016）对定位与重复定位精度检测通则的规定和解释，检测规范中的单向平均位置偏差 $\bar{X}_i$、反向差值 B_i、轴线平均反向差值 B、单向重复定位精度 R_i、双向重复定位精度 R_i、轴线单向重复定位精度 R、轴线双向重复定位精度均可采用图 5-19 所示模型中的精度偏差代替。

检测指标体现定位精度性能具体的运动量化误差情况，统一属于转动或直动的误差值，后期进行解算可统一采用精度偏差表示。

5.3.2　定位与重复定位精度可靠性评价指标

定位精度、重复定位精度，以及定位与重复定位精度的可靠性从功能实现的角度分析，对应的评价指标略有不同。其中，定位精度与实现定位功能的定位面、定位销等特征结构有关。因此，具体评价指标主要为几何指标，包括定位面的平面度、定位销配合的圆柱度、工作台转动主轴的圆柱度、镗铣主轴移动定位横梁导轨面的水平度、关键功能执行部件主要结合面的垂直度等。同时，物理指标包含定位面变形、功能部件强度、刚度、结合面间预紧力等。

重复定位精度，由于存在往复运动形式，除包含定位精度相关的评价指标，还与实现重复定位功能的传动部件间传动关系有关，具体包含传动间隙、传动变位度等与传动相关指标。

定位与重复定位精度的可靠性包含两层含义，指机床在稳定服役状态时精度的保持性以及机床多次装配过程对应精度的可重复性。

具体提出的定位与重复定位精度可靠性的评价指标见图 5-20。

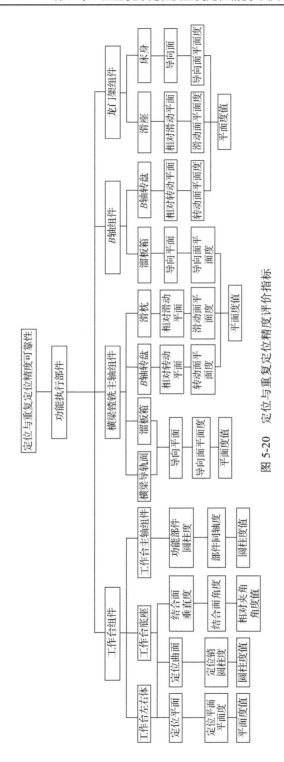

图 5-20　定位与重复定位精度评价指标

5.3.3　定位与重复定位精度可靠性影响因素

根据定位与重复定位精度的概念，以及定位与重复定位精度可靠性分为保持性和可重复性两层含义，提取影响定位与重复定位精度因素。

其中，保持性主要研究机床二次装配或者三次装配后，机床进入稳定服役状态，保持性与服役时间 T 直接相关，机床由于受到功能部件间运动摩擦、热变形、力变形、摩擦磨损等因素影响，或受机床负载作用，传递到功能部件关键结合面间，引起关键影响因素发生改变，研究保持性，即为研究机床在服役过程中如何让定位与重复定位精度保持在可控范围。

因此，从机床的定位与重复定位精度以及精度的可靠性两个层面对影响因素进行提取，具体如下。

定位与重复定位精度及精度的可靠性受机床多种因素的影响，主要包括结合面几何影响因素指标、结合面物理特性影响因素指标、装配接触关系指标等影响因素。定位精度与重复定位精度以及定位与重复定位精度的保持性的影响因素基本相同，具体提取如图 5-21 所示。

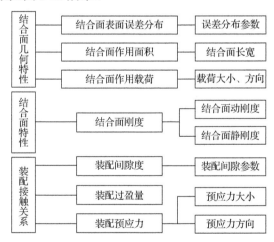

图 5-21　定位与重复定位精度影响因素

以上因素均为可定量化描述的影响因素，可通过参量化的表达研究影响因素，并为下一步建立定位与重复定位精度可靠性评价模型提供基础。详细描述如下。

结合面表面误差分布对定位与重复定位精度的影响，包括关键静态结合面误差分布与关键动态结合面误差分布，误差分布主要是由零部件加工切削以及零部件加工振动等导致的。因此，不同切削参数对应表面误差分布并不相同，表 5-16 为不同切削参数对应的结合面。

表 5-16　结合面切削参数表

切削材料	刀具	切削参数					对应表面
		转速/（r/min）	进给速度/（mm/min）	切削深度/mm	每齿进给量/mm		
45	瓦尔特等齿距面铣刀	1300	975	0.5	0.18		C
	瓦尔特不等齿距面铣刀				0.18		B
	6 齿等齿距面铣刀					0.12	A
45	5 齿等齿距面铣刀				0.15		I
Q235	瓦尔特等齿距面铣刀	1300	975	0.5	0.18		
	瓦尔特不等齿距面铣刀				0.18		
	6 齿等齿距面铣刀					0.12	QC
	5 齿等齿距面铣刀				0.15		QA

　　保持性主要与时间参数相关，影响因素主要为物理影响因素，包括结合面接触刚度、结合面载荷等。随着时间推移指标的特性发生改变，具体提取见表 5-17。

表 5-17　结合面影响因素

结合面性能	变化特性
结合面接触刚度	T 时间非线性变化
结合面载荷	T 时间磨损改变

　　功能部件摩擦磨损后结合面装配预应力的改变和传动齿轮啮合变位度的改变均会影响定位与重复定位精度的保持性，影响装配关系因素如表 5-18。

表 5-18　装配关系因素

装配物理指标	变化特性
装配预应力	预应力 F 改变
齿轮啮合变位度	变位度 α 改变

　　机床初次装配、二次装配甚至三次装配以及稳定服役状态，对机床定位与重复定位精度的可重复性提出要求，根据机床装配保证精度的特性，可重复性评价指标的特性主要对几何影响因素指标要求较高。根据企业实际的装配关系，定位与重复定位精度相关的四类部件中需二次装配的部件有工作台部件、横梁镗铣主轴部件、龙门架部件。

5.3.4　定位与重复定位精度可靠性解算与评价方法

　　根据影响因素与可靠性评价指标关系，建立定位与重复定位精度可靠性评价指标模型，如图 5-22 所示。

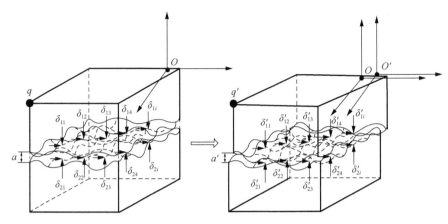

图 5-22　可靠性评价指标模型

模型中包括结合面间装配间隙 a，装配预紧力 δ，结合面误差参数（包括结合面误差高度 h、结合面误差峰谷间距 d_c），模型 O 点表示定位与重复定位精度的参考坐标系，q、q' 分别表示参考点在坐标系中执行定位与重复定位精度前后的坐标，由于执行定位与重复定位功能后，功能部件结合面的表面误差分布、装配间隙、装配预紧力发生改变，导致参考点空间位置发生改变，定位与重复定位精度降低。

机床定位与重复定位执行功能不同，其对应的参考点也不同。如：工作台参考点指工作台上顶外圆某点；镗铣主轴及 B 轴参考点为刀尖位置精度；龙门架为两滑座在床身上参考点。

定位与重复定位精度的可靠性，主要考虑影响因素指标，包括结合面个数、结合面间误差破损 Δd、预紧力 F、结合面变形 D、接触面积 A_1，它们均影响定位与重复定位精度的可靠性。因此，建立定位与重复定位精度的可靠性评价指标模型，对研究精度可靠性有重要意义。

定位与重复定位精度极大影响因素指标，对应影响机床定位与重复定位精度。因此，建立定位与重复定位精度影响因素指标和评价指标的关系，研究定位与重复定位精度解算方法。

结合面误差、结合面面积、装配间隙影响定位与重复定位精度关键结合面的平面度、垂直度，进而影响定位与重复定位精度。

结合面误差和定位与重复定位参考点位置存在几何对应关系，假定结合面误差峰谷差值为 Δd，定位与重复定位精度参考点几何位置对应三方向位置偏差 Δx、Δy、Δz。具体关键结合面的误差分布通过影响结合面接触状态来影响定位与重复定位参考点空间位置，建立的数学关系为

$$\Delta x, \Delta y, \Delta z = \Omega(\Delta d_1, \Delta d_1, \cdots, \Delta d_n) \tag{5-136}$$

式中，Δd_i 为结合面误差分布峰值与谷值最大差值，如式（5-137）所示：

$$\Delta d = Q(x, y, z) - d_0 \tag{5-137}$$

已在结合面影响因素指标中解释，Δx、Δy、Δz 分别表示参考点空间位置变化，Ω 是一种叠加函数关系，误差分布越多，参考点位置变化越突出。

关键装配接触区间隙对应参考点空间位置精度，如式（5-138）所示：

$$\Delta x, \Delta y, \Delta z = X(\Delta \delta_1, \Delta \delta_2, \cdots, \Delta \delta_n) \tag{5-138}$$

式中，$\Delta \delta_1, \Delta \delta_2, \cdots, \Delta \delta_n$ 分别表示关键结合面装配接触间隙指标。

装配预紧力 F 通过影响装配结合面变形来影响刀尖位置定位与重复定位精度，因此，预紧力 F 同定位与重复定位之间的关系表示如下：

$$\Delta x, \Delta y, \Delta z = \alpha F(x, y) / E \tag{5-139}$$

式中，E 表示预紧力施加位置材料弹性模量；$F(x,y)$ 表示 (x,y) 位置螺栓预紧力；α 表示装配预紧力与弹性模量间的关系系数。结合面预紧力对力施加位置产生作用，导致结合面接触区域变形，影响定位与重复定位精度。结合面变形特性如图 5-23 所示。

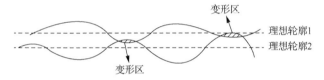

图 5-23　结合面变形特性

图 5-23 所示的结合面接触状态，如果超过屈服强度，则结合面发生塑性变形，并导致定位与重复定位精度降低。通过以上定位与重复定位精度同影响因素指标间解算方法，给定定位与重复定位允许的变化范围，用以设定影响因素指标需要的控制范围。

根据结合面表面误差分布、结合面变形、结合面装配预紧力、零部件所受载荷等的相互作用关系，可以得出结合面表面误差分布、装配间隙同装配内应力、装配预紧力之间存在联系，且结合面载荷受装配内应力的影响显著，这些因素的变化取决于外载荷。结合面性能具体模型如图 5-24 所示。

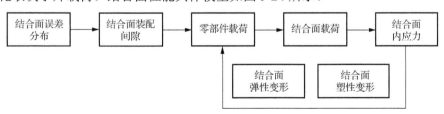

图 5-24　结合面性能指标关系模型

进行性能指标的主次梳理和确立，应当涵盖结合面误差分布、结合面表面微观形貌、结合面接触刚度、结合面微动磨损变形、结合面载荷、装配间隙装配预应力，建立影响因素指标与精度的中间条件为机床的物理条件，如图 5-25 所示。

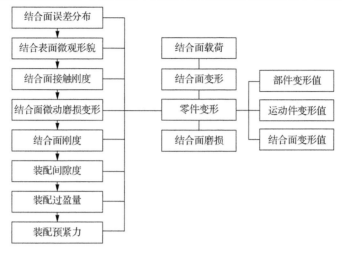

图 5-25　结合面可靠性指标

定位与重复定位精度受影响因素指标限制，参考点空间位置体现在评价指标上，用以评价定位与重复定位精度，建立的定位与重复定位精度的可靠性评价方法如图 5-26 所示。

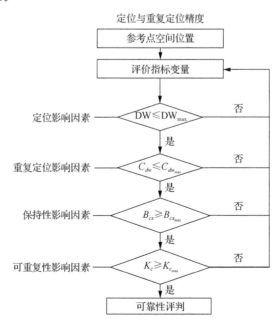

图 5-26　定位与重复定位精度可靠性评价

图 5-26 中，DW 为定位精度影响因素参数，C_{dw} 为定位精度影响因素参数，B_{cx} 为保持性影响因素参数，K_c 为可重复性影响因素参数。

定位与重复定位精度及可靠性的评价方法包含定位精度、重复定位精度、定位与重复定位精度的可靠性的相应评价对象，假定 A_1、A_2、A_3 分别表示定位精度、重复定位精度、精度的可靠性的表达，B_1、B_2、B_3 分别为对应的可靠性评价。则评判方法能够对应 A_i 到 B_i 之间关系，三方面的对应关系：

$$A_1 \rightarrow B_1$$
$$A_2 \rightarrow B_2 \quad\quad (5\text{-}140)$$
$$A_3 \rightarrow B_3$$

假定定位与重复定位精度可靠的区间为 $[\Delta x_{min}, \Delta x_{max}]$、$[\Delta y_{min}, \Delta y_{max}]$、$[\Delta z_{min}, \Delta z_{max}]$，则对应的结合面误差分布应有可靠区间 $[\Delta d_{min}, \Delta d_{max}]$，当指标在可靠区间范围，表示精度可靠。同样，对应定位与重复定位精度可靠的区间，结合面间隙可靠区间为 $[\Delta \delta_{min}, \Delta \delta_{max}]$，结合面间隙可靠范围内，表示定位与重复定位精度及精度的可靠性良好。结合面装配预紧力 F 对定位与重复定位精度的影响明显，通过物理参量间接影响定位与重复定位精度，同样要求确定的可靠性区间 $[\Delta F_{min}, \Delta F_{max}]$。

5.3.5　重型机床定位和重复定位精度可靠性模型

整机的定位和重复定位精度主要由工作台、横梁铣镗主轴、B 轴和龙门架四个部件保证，由四个部件在空间的位置关系式确定的，因此对机床的定位和重复定位精度的影响可以近似认为是线性，因此可得到如下的关系式：

$$\Delta l = f(a_i, b_i, c_i) = a_i + b_i + c_i + d_i \quad\quad (5\text{-}141)$$

$$
\begin{bmatrix}
x_{1x} & x_{2x} & \cdots & x_{ix} & \cdots \\
x_{1y} & x_{2y} & \cdots & x_{iy} & \cdots \\
x_{1z} & x_{2z} & \cdots & x_{iz} & \cdots
\end{bmatrix}
=
\begin{bmatrix}
a_x & \cdots & a_x \\
a_y & \cdots & a_y \\
a_z & \cdots & a_z
\end{bmatrix}
\cdot
\begin{bmatrix}
k_{1x} & k_{2x} & \cdots & k_{ix} & \cdots \\
k_{1y} & k_{2y} & \cdots & k_{iy} & \cdots \\
k_{1z} & k_{2z} & \cdots & k_{iz} & \cdots
\end{bmatrix}
\quad (5\text{-}142)
$$

式中，Δl 为整个机床的定位和重复定位误差；a_i 为工作台主轴定位与重复定位误差，a_x、a_y、a_z 为工作台主轴 X、Y、Z 方向变形；b_i 为横梁铣镗主轴定位和重复定位误差，b_x、b_y、b_z 为横梁铣镗主轴 X、Y、Z 方向变形；c_i 为 B 轴定位和重复定位误差，c_x、c_y、c_z 为 B 轴 X、Y、Z 方向变形；d_i 为龙门架定位和重复定位误差，d_x、d_y、d_z 为 C 轴 X、Y、Z 方向变形。k_a、k_b、k_c、k_d 分别对应工作台主轴、横梁铣镗主轴、B 轴、龙门架所占的误差比重，此部分可以通过第 3 章和第 4 章分析中得到，例如工作台主轴在 X 方向的总变形为 x_a，横梁铣镗主轴在 X 方向总变形为 x_b，B 轴在 X 方向总变形为 x_c，龙门架在 X 方向总变形为 x_d，可得

$$k_{ax} = \frac{x_a}{x_a + x_b + x_c + x_d} \quad\quad (5\text{-}143)$$

以此类推可以得到 k_{ay}、k_{az}、k_{bx}、k_{by}、k_{bz}、k_{cx}、k_{cy}、k_{cz}。每个部件的定位和

重复定位精度又受到组成部件的每个零部件的定位和重复定位精度的影响。同样考虑到组成部件的每个零部件的相对空间位置是固定的，所以可以认为部件的定位和重复定位精度与零部件的定位和重复定位精度是线性关系。因此可以得到如下的关系式：

$$a = f_1(x_1, x_2, x_3, x_4, \cdots, x_i, \cdots) = x_1 + x_2 + x_3 + x_4 + \cdots + x_i + \cdots \quad （5\text{-}144）$$

$$\begin{bmatrix} x_{1x} & x_{2x} & \cdots & x_{ix} & \cdots \\ x_{1y} & x_{2y} & \cdots & x_{iy} & \cdots \\ x_{1z} & x_{2z} & \cdots & x_{iz} & \cdots \end{bmatrix} = \begin{bmatrix} a_x & \cdots & a_x \\ a_y & \cdots & a_y \\ a_z & \cdots & a_z \end{bmatrix} \cdot \begin{bmatrix} k_{1x} & k_{2x} & \cdots & k_{ix} & \cdots \\ k_{1y} & k_{2y} & \cdots & k_{iy} & \cdots \\ k_{1z} & k_{2z} & \cdots & k_{iz} & \cdots \end{bmatrix} \quad （5\text{-}145）$$

$i = 1, 2, \cdots, n, x_i$ 是组成部件的每个零部件的定位和重复定位误差值，k_{ix} 是对应每个零部件所占的比重，可由下式得到：

$$k_{ix} = \frac{x_{ix}}{x_{1x} + x_{2x} + x_{3x} + \cdots + x_{ix} + \cdots} \quad （5\text{-}146）$$

依次类推可以得到 k_{iy} 和 k_{iz}。每个零部件的定位和重复定位精度又与零部件本身的几何特征和物理特性有关，而这些因素是非耦合的，因此可以认为定位和重复定位精度变化是线性的，可以将每个因素导致的精度的变化进行线性叠加。关系如下所示：

$$x_i = k_1 f_1'(\alpha) + k_2 f_2'(\beta) + k_3 f_3'(\chi) + k_4 f_4'(\delta) + k_5 f_5'(\varepsilon) + k_6 f_6'(\lambda) + k_7 f_7'(\phi) + k_8 f_8'(\varphi) \quad （5\text{-}147）$$

$$\begin{bmatrix} a_x & \cdots & d_x \\ a_y & \cdots & d_y \\ a_z & \cdots & d_z \end{bmatrix} = \begin{bmatrix} \Delta l_x & \cdots & \Delta l_x \\ \Delta l_y & \cdots & \Delta l_y \\ \Delta l_z & \cdots & \Delta l_z \end{bmatrix} \cdot \begin{bmatrix} k_{ax} & \cdots & k_{dx} \\ k_{ay} & \cdots & k_{dy} \\ k_{az} & \cdots & k_{dz} \end{bmatrix} \quad （5\text{-}148）$$

式中，α 为平面度，β 为圆柱度，χ 为垂直度，δ 为结合面误差分布，λ 为零部件受自身重力变形，ε 为传动间隙，ϕ 为螺栓预紧力，φ 为表面微动磨损量；$f_1'(\alpha)$、$f_2'(\beta)$、$f_3'(\chi)$、$f_4'(\delta)$、$f_5'(\varepsilon)$、$f_6'(\lambda)$、$f_7'(\phi)$、$f_8'(\varphi)$ 分别是上述对应的因素导致的变形量。而这些因素的关系可以根据几何或物理关系建立。当零部件受这些因素影响时，k_i=1，否则 k_i=0。k' 对应的是权重系数，求解方法如下所示：

$$k_i' = \frac{f_i'(\delta)}{f_1'(\alpha) + f_2'(\beta) + f_3'(\chi) + f_4'(\delta) + f_5'(\varepsilon) + f_6'(\lambda) + f_7'(\phi) + f_8'(\varphi)} \quad （5\text{-}149）$$

$$f_x'(\alpha) = 0, f_y'(\alpha) = 0, f_z'(\alpha) = \alpha \quad （5\text{-}150）$$

$$f_x'(\beta) = 2\beta, f_y'(\beta) = 2\beta, f_z'(\beta) = 0 \quad （5\text{-}151）$$

$$f_x'(\chi) = \chi, f_y'(\chi) = 0, f_z'(\chi) = \sqrt{l^2 - \chi^2} \quad （5\text{-}152）$$

$$f_x'(\delta) = 0, f_y'(\delta) = 0, f_z'(\delta) = \delta \quad （5\text{-}153）$$

$$f_x'(\varepsilon) = 0, f_y'(\varepsilon) = 0, f_z'(\varepsilon) = 0 \quad （5\text{-}154）$$

$$f_x'(\lambda) = 0, f_y'(\lambda) = 0, f_z'(\lambda) = \lambda \quad （5\text{-}155）$$

$$f_x'(\phi) = 0, f_y'(\phi) = 0, f_z'(\phi) = \frac{\varphi\gamma}{A_0 E} \tag{5-156}$$

$$f_x'(\varphi) = 0, f_y'(\varphi) = 0, f_z'(\varphi) = t\varphi \tag{5-157}$$

式中，l 为与平面垂直安装零部件的高度（mm）；A_0 为螺栓结合面的面积（mm^2）；E 为零部件的弹性模量（MPa）；γ 为螺栓平行方向上零部件的长度（mm）；t 为时间（s）。

这样就建立了机床的定位和重复定位精度与指标因素之间的数学模型。当知道机床的定位和重复定位精度后，根据第 3 章和第 4 章内容，可以解算出 k_{ax}、k_{ay}、k_{az}、k_{bx}、k_{by}、k_{bz}、k_{cx}、k_{cy}、k_{cz}，进而得到 a_x、a_y、a_z、b_x、b_y、b_z、c_x、c_y、c_z。同样根据第 3 章和第 4 章解算出 k_{ix}'，进而求出单个零部件的定位和重复定位精度，根据函数关系得到对应指标因素的值，这样就建立了机床定位和重复定位精度与单个零部件的评价指标的关系。当单个零部件的评价指标在容许的范围内时认为是可靠的，否则认为是非可靠的。

$$x_i = k_1 f_1'(\alpha) + k_2 f_2'(\beta) + k_3 f_3'(\chi) + k_4 f_4'(\delta) + k_6 f_6'(\lambda) \tag{5-158}$$

$$x_i = k_5 f_5'(\varepsilon) + k_6 f_6'(\phi) + k_8 f_8'(\varphi) \tag{5-159}$$

机床的可靠性主要体现在重复性和保持性，只有这两个因素都满足时，机床是可靠的。机床的重复性是基础，如果不满足重复性，就没必要再研究机床的保持性，因此可以得到机床的重复性主要和机床的几何量有关，分别是平面度、垂直度、圆柱度、结合面误差分布和零部件变形，重复主要与传动链间隙、微动磨损有关。因此在研究重复性时，我们就可以把式（5-154）简化为式（5-158），研究保持性时，可以把式（5-158）转化为式（5-159）进行研究。只有两者均满足时，才可以说是可靠的。

5.4　本 章 小 结

（1）本章采用拓扑结构法建立了机床拓扑关系图以及低序体阵列，分析结果表明重型机床误差产生的本质是部件间形位误差以及多物理场下的结合面变形共同作用的结果。对机床运动功能进行分解，建立了机床运动部件棱柱销型约束方程、回转销型约束方程。针对部件大运动与部件变形耦合对机床误差的影响问题，引入模态坐标法，表征载荷传递的变形效果。依据多体系统拉格朗日法，建立了机床的部件体间及结合面的位姿载荷关系矩阵。依据多体系统传递矩阵法，提出了机床多体系统动力学模型的构建方法。

（2）本章建立了定位与重复定位精度的可靠性评价指标，定位与重复定位精度的影响因素的识别结果表明，其主要影响因素依次为形位误差源、法向接触刚度、动静摩擦系数之差、传动刚度。对进给系统传动刚度、部件间接触刚度、结合面动摩擦系数、机床形位误差的位变性进行分析，得出重型机床产生重复定位误差的原因。提出了重型机床多体系统模型的模态验证方法，并以龙门车铣加工中心龙门架和垂直刀架为例，对 ANSYS 和 ADAMS 的装配效果进行对比，证明了利用多体动力学模型解算机床定位误差的可行性。

（3）本章分析了定位与重复定位精度影响因素，确定定位精度、重复定位精度以及定位精度保持性、重复定位精度的保持性四类评价指标，建立体现影响因素及评价指标关系的定位与重复定位精度可靠性模型，确定了定位与重复定位精度影响因素的可靠性区间。提出定位与重复定位精度的保持性评价解算方法，进而提出定位与重复定位精度保持性的评价方法，以龙门车铣加工中心的工作台面为例，验证了评价方法的有效性。

第 6 章　重型机床基础部件装配工艺可靠性设计

重型机床的部件通常包含多个组件和零部件，其零部件结构复杂、吨位大、装配载荷大和切削载荷多变等特点导致几何约束和物理约束发生改变，受重复装配和长时间振动因素的影响，整机装配工艺中存在大量的反复拆卸、修研现象和较多装配回路，对装配效率影响较为明显。此外，在用户生产现场进行二次装配时，被卸载的结合面的结构参数已经发生了变化，机床最终形成的精度依旧靠反复拆卸、修研进行适凑。受到变形场工序随动性的影响，重型机床装配精度所在位置不断变化，引起机床装配精度动态迁移，最终使得整机装配精度及其可重复性和装配精度保持性难以得到有效保证。

本章提出重型机床装配精度可靠性评价指标，建立装配精度可靠性评价指标的层次结构，以及与机床结构间的映射关系，分析装配精度可靠性评价指标对结构参数及机床装配过程中载荷设计变量的响应特性。建立重型机床装配定位中形位误差与机床装配位姿误差的关系，分析装配预紧力产生的局部变形对机床装配位姿误差的影响，研究重型机床初次装配误差形成机制，提出重型机床整机初次装配误差的评价方法。

建立变形场与装配精度指标间的映射关系，提出机床装配精度迁移概念，揭示机床装配精度迁移的多样性，识别重型机床装配精度迁移的潜在控制工序。采用有限元响应面法识别装配精度迁移的关键装配变量，分析变形场对关键工序变量的敏感性，构建装配精度迁移矩阵及其装配变量的映射矩阵，提出重型机床装配多工序的协同设计方法。分析重复装配精度迁移过程，建立重复装配精度迁移的判据，提出重型机床重复装配工艺设计方法。

6.1　重型机床装配精度可靠性的层次结构及其工艺设计方案

6.1.1　重型机床装配精度可靠性及其层次结构

装配精度是评价装配质量的重要指标，它依附于具体的几何模型，每个几何模型都代表一步装配工艺单元，各个装配工艺单元都涉及装配工艺的研究对象和获得的装配精度。不同的研究对象有不同的装配精度，装配精度存在多种评价指标，根据装配精度依附的几何结构，可将装配精度归类如表 6-1 所示。

表 6-1　整机装配精度评价指标

结构	装配精度
动结合面	间隙、接触点分布、接触面积
静结合面	过盈量、间隙、接触点数分布、接触面积
分离制造结构	直线度、平行度、错位、距离、共面度、高度差、中心线一致性
相对运动结构	垂直度、平行度、直线度、共面度

其中，动结合面包括运动导轨结合面、轴孔运动结合面和齿轮啮合面；静结合面包括螺纹连接面、键槽连接结合面、销钉连接面、轴孔过盈结合面。

重型机床的装配精度可靠性与以往可靠性的不同之处在于，不再从单一的概率论角度出发，用可靠度、机床的平均无故障间隔等指标来评价可靠性，而是根据重型机床运输及工作特性重新诠释。重型机床具有结构复杂、零部件质量大、工作载荷多变、切削载荷大等特点，其关键结合面的变化直接影响整机装配精度可靠性，导致大型工件加工质量一致性的下降。

装配精度可靠性蕴含了三层含义，只有当三层含义都得到满足时，装配精度可靠性才能得以保证。

（1）初次装配时，采用整机装配工艺装配的机床能够满足装配精度的设计要求，并且具有评价装配质量优劣程度的能力。

（2）二次或多次装配时，仍然能够保证初次装配精度可重复实现的能力。

（3）正常工作条件下，能在较长时间内维持初次装配精度的能力。

机床的初次装配精度由装配工艺决定，以装配精度为主要评价指标，初次装配精度包括相互配合精度、相互位置精度、相对运动精度。机床初次装配精度集合如式（6-1）所示：

$$\{I_{AA}\} = \left\{AA_{(PA)}\right\} = \{IWA, MLA, RMA\} \tag{6-1}$$

式中，I_{AA} 为初次装配精度；$AA_{(PA)}$ 为与加工精度有关的装配精度集合；IWA 为相互配合精度；MLA 为相互位置精度；RMA 为相对运动精度。

装配精度可重复性是指重复或多次装配条件下，保证初次装配精度可重复实现的能力。机床装配精度可重复性集合如式（6-2）所示：

$$\{REP_{AA}\} = \left\{AA_{(N)}\right\} = \left\{IWA_{(N)} \pm \Delta_i, MLA_{(N)} \pm \Delta_m, RMA_{(N)} \pm \Delta_r\right\} \tag{6-2}$$

式中，REP_{AA} 为装配精度可重复性；$AA_{(N)}$ 为与次数有关的装配精度集合；$IWA_{(N)}$ 为与次数相关的相互配合精度；Δ_i 为相互配合精度的变动量；$MLA_{(N)}$ 为与次数相关的相互位置精度；Δ_m 为相互位置精度的变动量；$RMA_{(N)}$ 为与次数相关的相对运动精度；Δ_r 为相对运动精度的变动量。

机床装配精度保持性是随时间变化的装配精度。机床装配精度保持性集合如式（6-3）所示：

$$\{RET_{AA}\} = \{AA_{(t)}\} = \{IWA_{(t)}, MLA_{(t)}, RMA_{(t)}\} \tag{6-3}$$

式中，RET_{AA} 为装配精度保持性；$AA_{(t)}$ 为与时间有关的装配精度的集合；$IWA_{(t)}$ 为与时间相关的相互配合精度；$MLA_{(t)}$ 为与时间相关的相互位置精度；$RMA_{(t)}$ 为与时间相关的相互运动精度。

不同于装配精度可重复性，装配精度保持性具有时变特性，即用关于时间的指标来表述装配精度保持性。重型机床装配精度存在多个评价指标，以装配精度可靠性理论为基础，通过整机的载荷响应特性分析获得装配精度可靠性评价指标。装配精度可靠性评价指标的识别流程如图 6-1 所示。

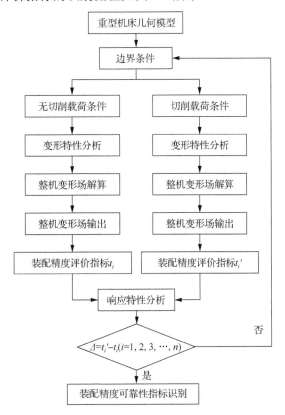

图 6-1　装配精度可靠性评价指标的识别

因采用相同的装配工艺进行初次装配和重复装配难以保证其装配精度，亟须提出装配精度可重复性评价指标与装配精度保持性评价指标。提取装配精度可靠性评价指标，使用装配精度可靠性理论，构建装配精度可靠性评价指标的层次结构，装配精度可靠性评价指标的分解流程如图 6-2 所示。

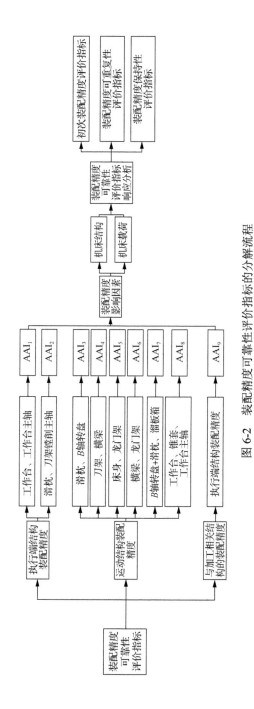

图 6-2 装配精度可靠性评价指标的分解流程

　　以某型号重型机床的床身为例，通过部分指标的敏感性分析，获得装配精度可靠性评价指标的层次结构。装配精度可靠性分为初次装配精度、装配精度可重复性和装配精度保持性，经装配载荷作用得到初次装配精度，装配载荷为某一固定值，边界条件与评价指标解算如图 6-3 所示。

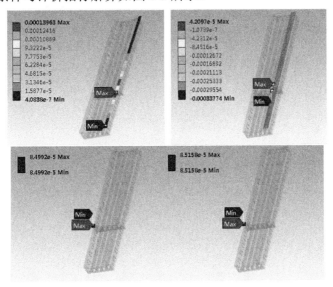

图 6-3　初次装配精度可靠性指标敏感度

　　重复装配获得的装配精度是在装配载荷加载-卸载和重复加载的过程中实现的。装配载荷及有限元仿真结果如图 6-4 所示。

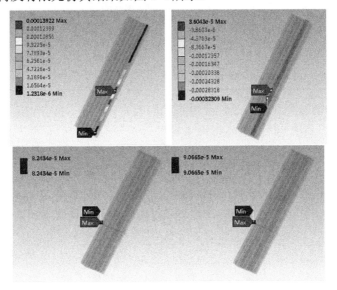

图 6-4　重复装配条件的装配精度指标敏感度

装配精度保持性是指装配载荷衰退条件下的装配精度，其边界条件及仿真结果如图 6-5 所示。

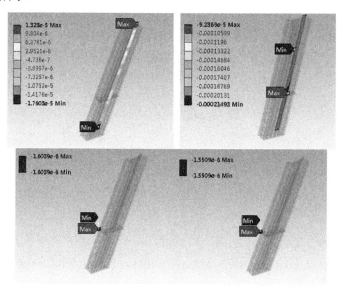

图 6-5　服役条件下的装配精度指标敏感度

具体的装配精度可靠性评价指标的数值解算如表 6-2 所示。

表 6-2　装配精度可靠性评价指标的解算

机床可靠性	左床身沿 X 方向直线度	左床身沿 Z 方向平面度	前后床身结合面间隙
初次装配精度	1.3963×10^{-3}	3.3774×10^{-3}	1.66×10^{-6}
装配精度可重复性	1.3922×10^{-3}	3.2309×10^{-3}	8.231×10^{-5}
装配精度保持性	1.7603×10^{-4}	2.1493×10^{-3}	5.3×10^{-7}

通过上述的装配精度可靠性评价指标的敏感性分析，获得装配精度可靠性评价指标的层次结构，并由上述指标解算发现重复装配精度具有工序的随动性，即随初次装配精度的数值产生变动。装配精度评价指标的工序随动性如图 6-6 所示。

通过改变机床的运行次数，解算服役条件下的装配精度评价指标，不同运行次数下的评价指标的解算如图 6-7 所示，发现该评价指标具有时变特性，如图 6-8 所示。

结合重型机床现场装配工艺特点，分析影响机床装配精度的关键指标，按重型机床初次装配精度、装配精度可重复性和装配精度保持性进行归类，如表 6-3 所示。

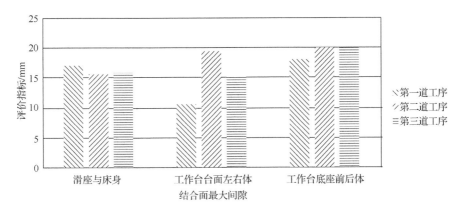

图 6-6　装配精度评价指标的工序随动性

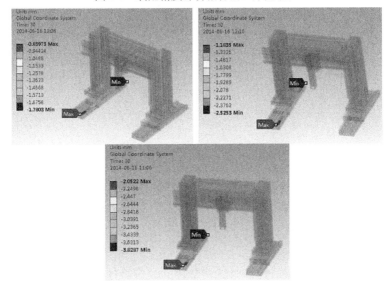

图 6-7　不同运行次数下的评价指标的解算

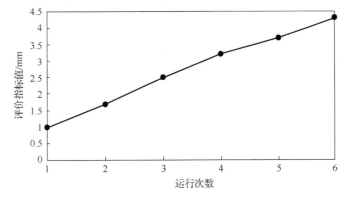

图 6-8　服役条件下装配精度评价指标的时变性

表 6-3　机床装配精度可靠性评价指标

机床性能	装配精度
初次装配精度	直线度、过盈量、间隙、接触点分布、接触面积
装配精度可重复性	过盈量、间隙、直线度、平行度、错位、高度差、中心线一致性、接触面积、接触点分布、平面度
装配精度保持性	过盈量、间隙、直线度、平行度、错位、距离、共面度、高度差、中心线一致性、接触面积、接触点分布、垂直度、平面度

为满足零部件加工要求，在整机装配精度可靠性评价指标变化特性及影响因素分析基础上，构建整机装配精度可靠性层次结构模型，如图 6-9 所示。

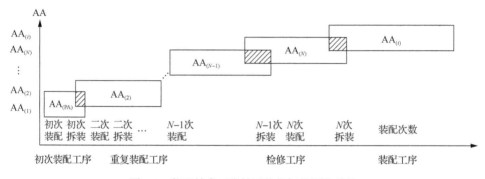

图 6-9　装配精度可靠性评价指标的层次结构

该层次结构模型反映机床工艺条件对机床装配精度可靠性评价指标影响的层次关系。并由模型提出整机装配精度可靠性的工艺控制目标：初次装配工艺所获得的装配精度应满足机床本身的设计要求，重复装配工艺应保证整机装配精度可重复实现的能力，装配精度保持性应具有减少服役期间修配次数的能力。

6.1.2　装配精度可靠性评价指标对结构参数的响应特性分析

采用有限元分析方法，通过改变结合面接触面积、曲率半径、摩擦磨损状态、结合面形位偏差、结合面塑性变形程度等条件，对机床结合面变形场特性进行分析，以识别对装配精度可靠性有影响的机床结构参数。对已获得的机床结构参数进行响应特性分析，得出对机床变形影响较大的结构参数，控制这些参数，建立评价指标与关键结构参数的映射关系。利用响应曲面法获得机床结构变形对结构参数的响应流程，如图 6-10 所示。

通过机床结构变形对结构参数的响应特性分析，得到关键结构参数的权重，如图 6-11 所示。

由响应特性分析发现，机床的误差分布曲面主曲率、塑性变形面积与接触面积是对机床变形影响较大的结构参数。

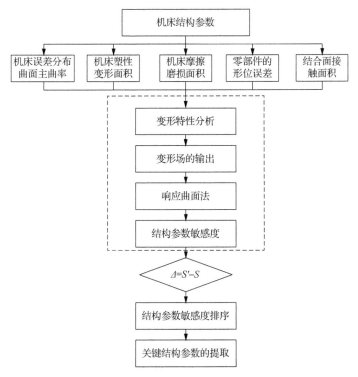

图 6-10　机床结构变形对结构参数的响应流程

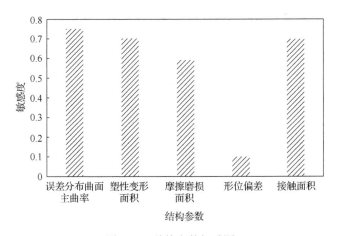

图 6-11　结构参数权重图

　　按执行端结构、运动结构、与加工相关的结构分解机床结构，如图 6-12 所示。
　　装配精度可靠性评价指标依附于机床结构，因此建立该评价指标与结构之间的映射关系，如图 6-13 所示。

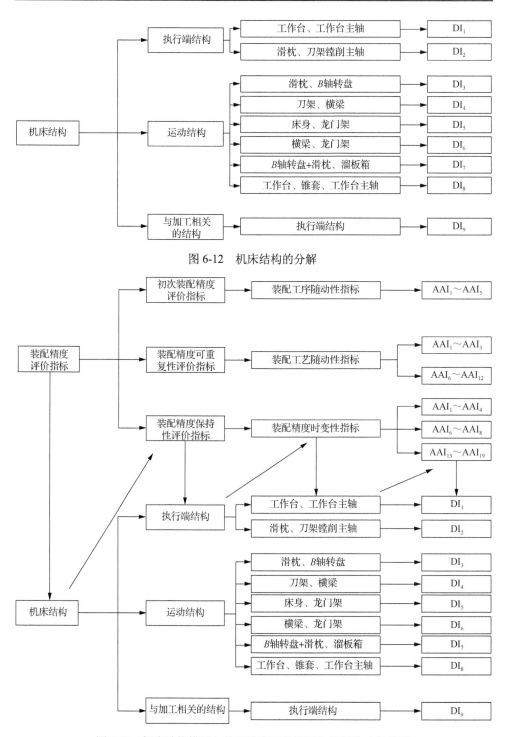

图 6-12　机床结构的分解

图 6-13　机床结构模型与装配精度可靠性评价指标的映射关系

构建装配精度可靠性评价指标的层次结构，建立机床装配精度可靠性评价指标与机床结构模型的映射关系，明确设计对象和目标。

装配精度可靠性评价指标从初次装配精度、装配精度的可重复性和装配精度保持性逐层上升，最后达到装配精度可靠性水平，不同层次的装配精度可靠性评价指标有不同的结构需求。通过装配精度可靠性评价指标的层次结构，揭示机床结构模型与装配精度可靠性评价指标的映射关系，得到机床结构模型的层次结构。完成装配所需的结构也存在三个层次，即完成初次装配精度需要的结构、需要重复装配的结构和保证装配精度保持性的结构，如图 6-14 所示。

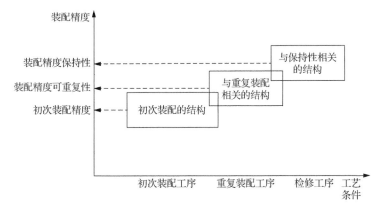

图 6-14　重型机床结构层次模型

图 6-14 中，三个集合分别为只考虑初次装配精度的结构、只考虑重复装配精度的结构和考虑装配精度保持性的结构，结构重合的部分表示需要同时考虑不同层次装配精度对应的结构。

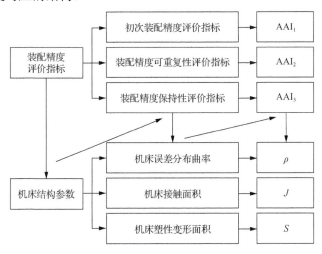

图 6-15　评价指标与关键结构参数之间的映射关系

提出装配精度可靠性评价指标与关键的随动性和时变性结构参数的映射关系，如图 6-15 所示。

根据上述所提出的装配精度可靠性的评价指标与关键结构参数之间的映射关系，便可以明确装配工艺设计变量，定量阐述装配工艺设计方案。

6.1.3　重型机床装配工艺设计方案

重型机床所受载荷包含装配过程中的载荷和机床服役过程中的载荷，主要考虑镗铣轴与支撑件、轴承等部件的摩擦热和加工过程中产生的切削温度、重型机床自身的重力、装配中的螺栓预紧力以及服役期中镗铣轴的离心力和刀具所受的切削力，机床装配过程载荷分类如图 6-16 所示。

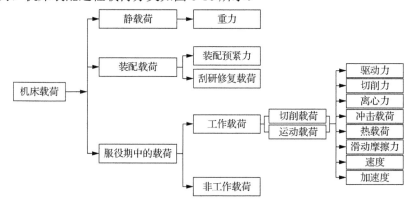

图 6-16　机床装配过程载荷分类

通过重型机床载荷的响应特性分析，提出重型机床关键载荷的识别方法。该方法通过载荷响应分析，得出机床总变形、滑枕整体变形与上述一些载荷的响应，装配精度评价指标对装配载荷敏感性分析如图 6-17 所示。

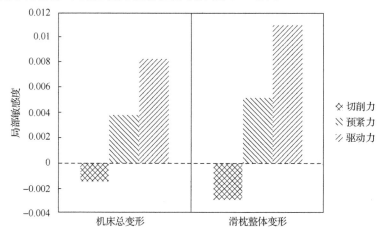

图 6-17　装配精度评价指标对装配载荷敏感性分析

通过响应分析，分别获得滑枕前端面对切削力与预紧力、驱动力与预紧力、切削力与驱动力的变形响应，如图 6-18 所示。

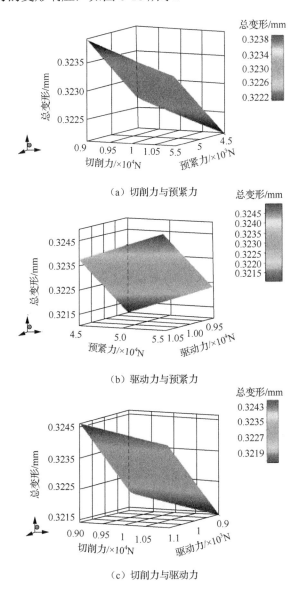

图 6-18　滑枕前端面对切削力、预紧力、驱动力的变形响应

不同设计点下的滑枕前端面变形如图 6-19 所示。

观察整机变形特性分析结果，发现最大变形误差发生在滑枕前端面附近，表明机床驱动力对整机变形有显著影响，但滑枕前端面变形对切削力与预紧力的响应一般，滑枕变形误差对切削力、离心力、摩擦热、环境温度及切削温度的敏感度见图 6-20。

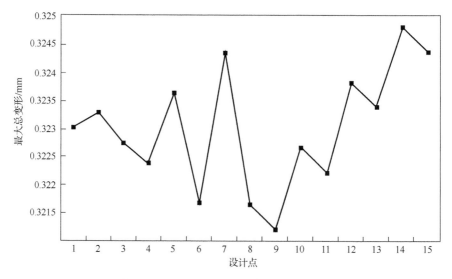

图 6-19　不同设计点下的滑枕前端面变形

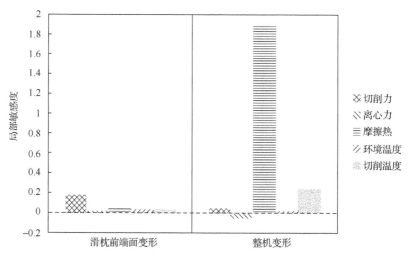

图 6-20　滑枕变形误差对切削力、离心力、摩擦热、环境温度及切削温度的敏感度

滑枕前端面对切削力、离心力、摩擦热、环境温度及切削温度的变形响应如图 6-21 所示。

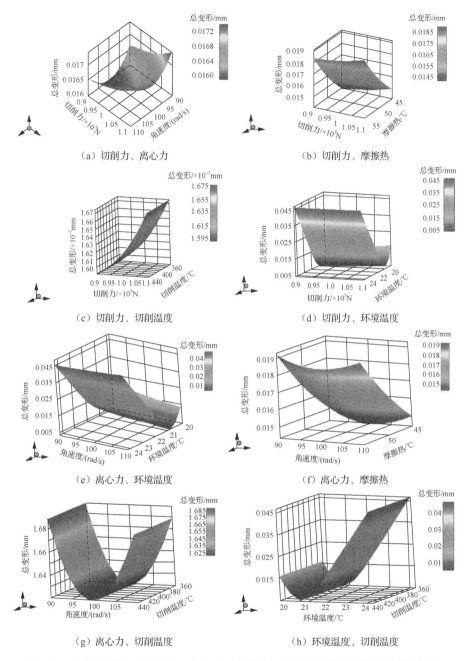

图 6-21　滑枕前端面对切削力、离心力、摩擦热、环境温度及切削温度的变形响应

不同设计点下的滑枕前端面变形如图 6-22 所示。

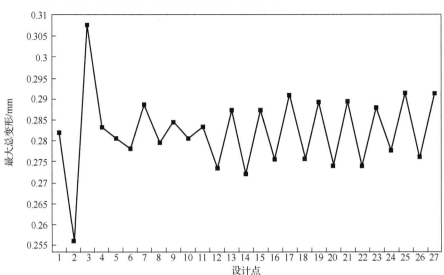

图 6-22　不同设计点下的滑枕前端面变形

图 6-21 和图 6-22 表明，重型机床结构对环境温度、切削力和切削温度的敏感性最强，说明环境温度、切削力和切削温度对整机变形有显著的影响，但滑枕前端面变形对离心力与摩擦热的响应一般。

机床的装配工艺研究的对象是结构，装配工艺是手段，装配精度是目标，装配工艺设计变量是实现目标的设计变量。不同的设计目标，实施的装配工艺变量的重点不同，如图 6-23 所示。

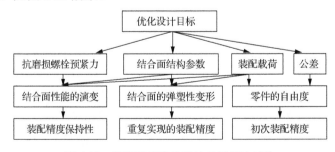

图 6-23　装配工艺优化设计目标层次结构

初次装配精度主要考虑如何实现零部件的自由度，控制公差和装配载荷。重复实现装配精度研究怎样保证结合面的弹塑性变形，控制结合面的装配载荷和结构参数。装配精度随时间变化的研究重点是控制结合面性能的衰退，确定如何控制结合面的结构参数、装配载荷以及抗磨损螺栓预紧力。

装配工艺实现的目标是完成装配精度三个层次的要求，每层装配精度的设计目标不同，故需三个层次的装配工艺分别保证。

装配工艺受装配精度可靠性层次驱动分为三层，每层皆涉及装配精度，但保证的装配精度不同，且装配工艺的控制变量不同，机床装配工艺层次结构如图 6-24 所示。

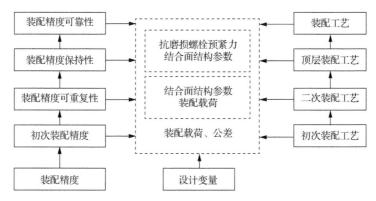

图 6-24　机床装配工艺层次结构

装配精度可重复性一般与机床零部件材料的应力应变规律密切相关，目前常用机床零部件材料加载和卸载时的应力应变关系如图 6-25。

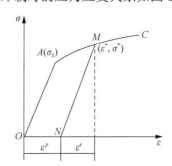

图 6-25　加载和卸载时的应力应变关系

如图 6-25 所示，$OAMC$ 为应力应变从零开始的变化，OA 段呈现线性关系，A 点的工程意义是屈服应力（σ_s），材料的加载规律如式（6-4）所示：

$$\sigma < \sigma_s, \quad \sigma = E\varepsilon; \quad \sigma \geqslant \sigma_s, \quad \sigma = \phi(\varepsilon) \tag{6-4}$$

应变不太大（$\varepsilon = \varepsilon^p$）时，在 M 点卸载，卸载曲线 MN 与 OA 平行，其卸载规律如式（6-5）所示：

$$\sigma^* - \sigma = E(\varepsilon^* - \varepsilon) \tag{6-5}$$

材料的变形特性决定了应力应变在加载和卸载时服从不同的规律，若从卸载后 N 点处重新加载，应力应变曲线将变为 NMC，等价于提高了初始屈服应力。

弹性变形服从胡克定律，如式（6-6）所示：

$$E = \frac{\sigma}{\varepsilon} \tag{6-6}$$

从微观角度来说，微凸体在发生塑性变形的接触位置都会存在一定的弹性变形，当接触释放时，表面总是发生一定程度的反弹，残余的塑性变形的判定同样符合 Mises 屈服条件。加载和卸载状态下的接触变形如图 6-26 所示。

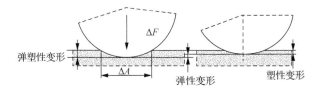

图 6-26　加载和卸载状态下的接触变形

因此，弹塑性变形的效果直接决定了装配精度可重复性的实现程度。

塑性变形失效判据符合 Mises 屈服条件，如式（6-7）所示：

$$\sigma_{\max} \leqslant \sigma_s \tag{6-7}$$

两结合面在螺栓预紧力 Q_p 的作用下接触，接触处由于预紧力的作用发生了变形，形成了接触单元，接触单元生成的内应力正好和外加的预紧力平衡，从而形成了稳定的结合面，如图 6-27 所示。

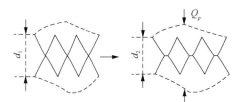

图 6-27　预紧力 Q_p 作用下的结合面

根据胡克定律，螺栓的轴向伸长量如式（6-8）所示：

$$\Delta L_0 = Q_P / EA_0 \tag{6-8}$$

连接工件受力不同的条件下，预紧力 Q_p 结果不同。受横向力 F 和旋转力矩 T 时，预紧力分别如式（6-9）和式（6-10）所示：

$$Q_P \geqslant K_n F / fm_0 Z_0 \tag{6-9}$$

$$Q_P \geqslant K_n T / f \sum r_i \tag{6-10}$$

式中，L_0 为轴向力作用时的螺栓长度；A_0 为横截面积；E 为弹性模量；K_n 为工况系数；f 为配合结合面间的摩擦系数；Z_0 为螺栓的数量；m_0 为接触面数；r_i 为螺栓轴心到螺栓组形心的距离（$i = 1, 2, 3, \cdots, Z_0$）。

但是由于机床振动因素的存在，在振动条件下，结合面的结构不是一成不变的，在导致振动的激振力的长期作用下，结合面接触单元发生微动摩擦现象，导致了微动磨损量的产生，使得结合面的接触单元的接触面积增大，外在体现为结合面的间隙从 d_2 减小至 d_3，如图 6-28 所示。

根据微动磨损相关知识，被连接件接触面积的最大磨损量 Δy 如式（6-11）所示：

$$\Delta y = \sum R_{zi} - \sum K_i R_{zi} = \sum R_{zi}\left(1 - K_i\right) \tag{6-11}$$

式中，R_{zi} 为接触面表面粗糙度高度平均值；K_i 为表面粗糙峰碾平系数。

螺栓预紧力的主要功能是控制结合面的间隙，因微动磨损导致的结合面间隙减小，螺栓就要用弹性变形抵消这部分间隙，进而螺栓预紧力衰退。预紧力 Q_P 与螺栓伸长量的关系如图 6-29 所示。

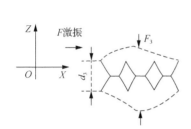

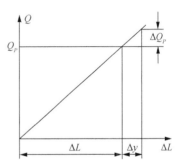

图 6-28　在激励载荷的作用下的　　　　图 6-29　预紧力 Q_P 与螺栓伸
　　　结合面微动磨损　　　　　　　　　　　　长量的关系图

根据胡克定律得出预紧力相应的减少量如式（6-12）所示：

$$\Delta Q_p = \Delta y E A_0 / 1000 L_0 \tag{6-12}$$

由式（6-12）可得

$$\Delta Q_p = \sum R_{zi}\left(1 - K_i\right) \cdot E A_0 / 1000 L_0 \tag{6-13}$$

因此，防止微动磨损的螺栓失效条件如式（6-14）所示：

$$Q \geqslant Q_p + \Delta Q_p \tag{6-14}$$

装配精度的保持性与微动磨损密切相关，其工艺设计变量是影响结合面性能稳定的因素，主要包括作用在载荷随时间变化的结合面上的误差分布、结构参数及抗微动磨损的螺栓预紧力。只有考虑了抗微动磨损的螺栓预紧力的作用，装配精度保持性才能够得以保证，提出机床装配精度可靠性工艺优化设计方案，如图 6-30 所示。其中，AARET 为装配精度保持性指标，装配精度保持性的设计变量为结合面的误差分布和结构参数，设计的判据为抗微动磨损的螺栓预紧力及装配精度保持性指标。

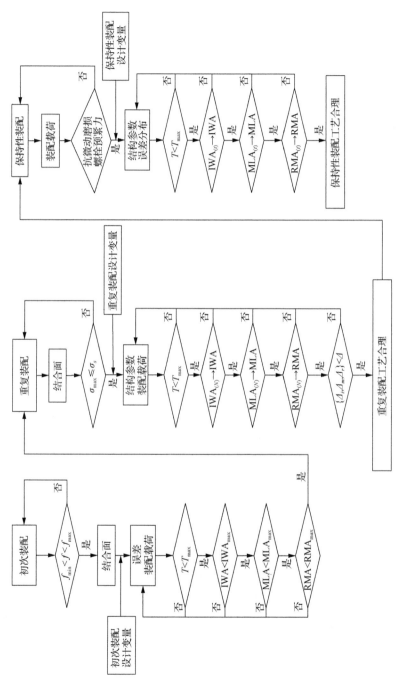

图 6-30 机床装配精度可靠性工艺优化设计方案

6.2　重型机床装配几何误差来源、形成及解算

6.2.1　重型机床部件的初次装配误差及变量描述

机床的装配精度是指机床装配以后，各工作面间的相对位置和相对运动等参数与规定指标的符合程度。机床的装配精度是按照机床的使用性能要求而提出的，主要包括零部件的配合精度、部件间位置精度、有相对运动的零部件间在运动方向和位置上的精度以及相互接触、相互配合的表面间的接触精度。

为了正确描述初次装配误差形成过程，以便建立各单项误差项与初次装配误差的关系，解算和评价重型机床装配几何误差，首先要描述机床的装配精度、装配要素，以及机床的初次装配误差、定位运动误差、切削运动误差。机床的装配要素如图 6-31 所示。

图 6-31 中共有四个装配部件，其中，部件 1 和部件 2、部件 3 间为动结合面，部件 2 与部件 3、部件 4 间为静结合面，动结合面间有间隙，表面 B 与表面 A 在 Y 运动方向上存在动态平行度，表面 A 自身存在直线度，部件 3 与部件 4 部件间存在静态垂直度。这里指的静态垂直度是一个值，而动态平行度是一个随运动位置发生改变的曲面，同时还有动结合面间的接触点数。

对于这些装配要素的精度要求，国家标准只能单项地对配合、接触、位置精度、动态位置精度进行非定量的检测及控制。对于初次装配误差、定位运动误差、切削运动误差这些与实际加工直接相关的误差，并没有形成整机的误差评价方法。

这里指的初次装配误差是机床按照某种装配工艺，实现机床部件在机床坐标系下的定位及预紧后的机床执行端部件的位姿误差，因此，初次装配误差属于静态误差。

重型机床服役期间，利用机床所加工的零部件加工精度受切削刀具的运动轨迹影响显著，刀具切削轨迹的误差是由装配工艺、定位运动、切削运动逐步累积产生的误差。定位运动误差为机床在形成初次装配误差后，按照快速定位指令进行运动后的执行部件的实际位姿与目标位姿的差值。因此，定位运动误差属于动态结果误差。切削运动误差被定义为机床在完成定位运动后，在某种切削参数下，受动态切削力影响下机床执行端的实际位姿与目标位姿的差值。所以，切削运动误差属于动态过程误差，属于一种轨迹误差，并将直接影响工件的加工误差。三类误差如式（6-15）所示：

$$\Delta T_i = \left[\Delta x_i, \Delta y_i, \Delta z_i, \Delta a_i, \Delta \beta_i, \Delta r_i \right]$$

$$\Delta T_p = \left[\Delta x_p, \Delta y_p, \Delta z_p, \Delta a_p, \Delta \beta_p, \Delta r_p \right] \qquad (6\text{-}15)$$

$$\Delta T_k(t) = \left[\Delta x_k(t), \Delta y_k(t), \Delta z_k(t), \Delta a_k(t), \Delta \beta_k(t), \Delta r_k(t) \right]$$

上述三项误差以相应的时间顺序，表征了机床从装配到定位运动及切削运动过程产生的误差。其中 ΔT_i 为初次装配误差，ΔT_p 为定位误差，ΔT_k 为切削运动误差。装配过程是后续运动过程的基础，初次装配误差与定位误差、切削运动误差间的关系如图 6-32 所示。

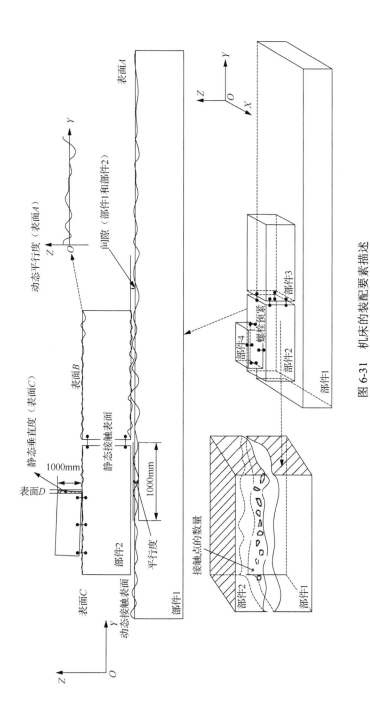

图 6-31　机床的装配要素描述

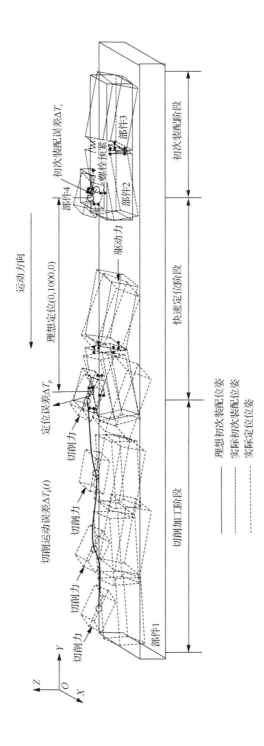

图 6-32　初次装配误差与定位误差、切削运动误差间的关系

图 6-32 中从右至左先后表达了初次装配阶段、快速定位阶段、切削加工阶段三个过程中装配误差的变动情况。从图 6-23 中可以看出，初次装配产生的实际位姿可以作为快速定位运动的起始理想位姿，快速定位运动的终止实际位姿可以作为切削运动的起始理想位姿。因此，要完成对机床定位误差、运动误差的解算，须首先解算出机床初次装配误差。

初次装配误差的形成是一个部件的加工精度、配合、接触、位置精度、动态位置精度共同作用产生的结果。对于静结合面，装配过程主要保证两个部件间的位置精度，而单个部件的加工精度影响到两个部件间的位置精度，因此，机床静结合面初次装配误差变量为直线度、平面度、平行度、垂直度，由这些变量形成两个静结合面在机床中的定位，从而确定了部件的位姿。对于动结合面，不仅要保证两个部件间的位置精度，还要保证两结合面的配合和接触质量以及在运动方向上的动态位置精度，因此，机床动结合面初次装配误差变量为直线度、平面度、平行度、垂直度、结合面的间隙，以及结合面的接触面积、在运动方向上的平行度、垂直度。因此，初次装配误差变量如表 6-4 所示。

表 6-4　初次装配误差变量

误差变量类型	静结合面	动结合面
形状误差	直线度、平面度	直线度、平面度
位置误差	平行度、垂直度	平行度、垂直度
配合误差	—	结合面间隙
接触误差	—	结合面接触面积
动态位置误差	—	运动方向上的平行度、垂直度

6.2.2　重型机床装配要素检测方法

现有国标对重型机床初次装配误差的检测和控制方法主要是对其单项的形状精度、位置精度、配合精度、接触精度进行检测及控制，并没有一个完整的对重型机床初次装配精度的整体评价方法。因此，在按照国家标准进行机床定位精度检测、工作精度检测时就缺少了一个初次装配误差下的机床定位运动起始位姿。由此可知，作为动态精度的基础，重型机床初次装配精度的解算对定位误差、工作误差的解算有重要意义。

平行度的检测也可采用自准直仪进行检测，检测原理如图 6-33 所示。对于平行度检测，一般将指示器安装在基准面上，表座在基准面上按规定的范围移动，测头沿被测面滑动。对于运动的平行度检测，将精密水平仪中心安装在被测动结合面的某点上，移动被测动结合面。这种平行度的检测方法只能表征一个点的运动平行度或者一条线的平行度，并不能反映被测面上任意一点与基准面上相对应点的平行度，更不能反映被测面上任意一点在基准面上运动的轨迹。因此，为了对机床初次装配误差进行解算，需要将平面度、平行度、垂直度检测中的曲线或者曲面保留，通过对它们进行矢量叠加，将其作为初次装配误差的解算条件。

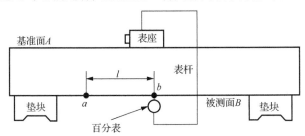

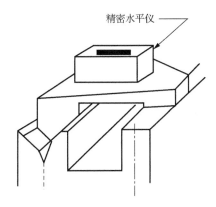

图 6-33　平行度及运动的平行度检测方法

对于配合精度检测，国标多为利用塞尺检测结合面间的间隙。对于接触精度检测，多为检测在规定的接触正方形面积上点接触的点数。零部件的配合及接触精度影响到了结合面的接触质量。从塞尺的使用方法可知，在使用中，为了测量结合面的间隙，将塞尺插入被测间隙中，来回拉动塞尺，人为感受阻力的大小以对间隙进行评定。这种方法检测出的结合面间隙受人为的因素影响大，导致间隙测量一致性较低。由于国标中并未对结合面上接触点数的大小进行规定，所以结合面的接触点的大小、位置都没有精度要求，这导致结合面的接触面积不明确。

为了将这些装配要素转化为机床初次装配误差的形成条件，通过对重型机床初次装配误差形成过程进行分析，将各检测要素转化为初次装配误差的解算条件。

6.2.3　重型机床初次装配误差形成机制

整机装配的物理过程是一个将结构件装连在指定位置的过程，而影响整机的装配精度的过程是从部件装配成整机的过程。因此，有必要对整机装配精度的形成过程进行描述。在装配过程中，部件的尺寸误差、部件自身位姿误差、相互位置误差、接触误差共同组成了机床的装配误差。因此，对机床整机的装配误差而言，部件间的装配误差是部件几何要素在机床坐标系中形成的过程。

机床零部件自身位姿误差源集合、相互位置误差源集合、接触误差源集合的几何描述如图 6-34 所示。在机床部件完成定位后，通过螺栓预紧力集 F_L 将三类误差源联系起来，在其作用下三类误差数值发生改变。其中相互位置误差源集合 b 由自身位姿误差源 a 和部件的形状误差决定。

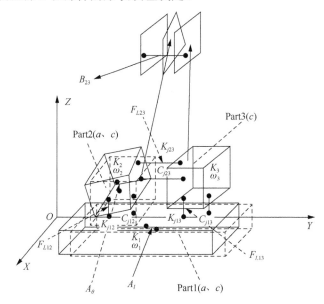

图 6-34　部件间初次装配误差形成过程

图 6-34 中，共有三类装配部件：Part1 为仅具有形状误差、位置误差的部件，其中 A_l 为位置误差集合；Part2 为仅具有形状误差、姿态误差的部件，其中 A_θ 为姿态误差集合；Part3 为仅具有形状误差的部件。部件的装配顺序为 1、2、3。部件 1 和 2 之间、部件 2 和 3 之间、部件 3 和 1 之间通过一个确定的相对位置关系集合 b_0，形成了部件在机床坐标系下的位置。当在螺栓预紧力作用下，部件间的相对位置关系集合 b_0 变为集合 b_1，螺栓预紧力的大小及其分布决定着所形成的误差集 b_1。同时螺栓预紧力 F_{L12}、F_{L23}、F_{L13} 影响了部件间的接触刚度 K_j，接触阻尼 C_j 改变了结合面的接触状态，对后续的装配运动误差产生影响。

由此可知，重型机床装配过程中装配误差的形成受多种因素共同交互影响，对整机部件上的某一个面的装配误差而言，很难做定量描述，重型机床装配误差的传递路径一般与装配工序一致。

重型机床的装配一般是以前一道工序完成后的装配体为基准，所以各道装配过程的装配误差符合串联原则，整机的装配过程实为一个机床装配误差累积的过程。装配误差的累积过程如图 6-35 所示。

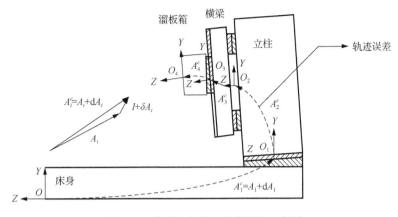

图 6-35　重型机床装配误差累积示意图

图 6-35 中，部件在机床坐标系中的位姿可以用$(x, y, z, \alpha, \beta, \gamma)$表示。由于重型机床采用串联的装配方式，所以并不考虑后续安装部件的自重对于之前安装部件变形的影响，因此可以用部件中心点的位姿变化描述部件的装配误差。

其中心点装配误差下实际位姿同无误差下的理想位姿的差值，即为该部件在本道工序装配后形成的装配误差对于部件位置的影响。其部件中心点在机床坐标系中的位姿的改变可表示为$(\Delta x_{xy}, \Delta y_{xy}, \Delta z_{xy}, \Delta \alpha_{xy}, \Delta \beta_{xy}, \Delta \gamma_{xy})$，前道工序装配的精度形成不会影响到后续装配，但是会影响到整体机床最终的装配精度，因此其误差是从低序体传递到高序体的过程，传递矩阵如公式（6-16）所示。

$$\Delta T_{xy} = \begin{bmatrix} 1 & -\Delta \gamma_{xy} & \Delta \beta_{xy} & \Delta X_{xy} \\ \Delta \gamma_{xy} & 1 & -\Delta \partial_{xy} & \Delta \gamma_{xy} \\ -\Delta \beta_{xy} & \Delta \partial_{xy} & 1 & \Delta X_{xy} \\ 0 & 0 & 0 & 1 \end{bmatrix} \qquad （6-16）$$

式中，ΔT_{xy}为部件 y 以部件 x 为基准装配后的装配误差传递矩阵。

其装配后的精度的要求为左床身导轨面在垂直平面内直线度 0.02/1000；左床身导轨面在水平面内的直线度 0.02/1000；左床身导轨面在垂直平面内平行度 0.02/1000。图 6-36（a）是符合左右床身连接静结合面间的平行度要求的左床身后节的任意曲面，表示为曲面 1。图 6-36（b）是符合床身导轨面在两个平面内的直线度要求的左床身后节任意导轨面，表示为曲面 2。

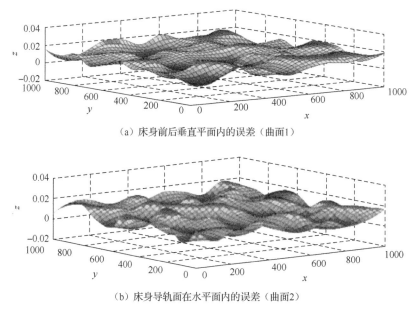

（a）床身前后垂直平面内的误差（曲面1）

（b）床身导轨面在水平面内的误差（曲面2）

图 6-36　左床身后节装配定位后曲面误差随机图

　　根据装配后的曲面 1 和曲面 2，即可知道两个面的法向矢量。根据两平面的位姿以及法向矢量确定床身后段中心点的实际位姿。床身后段两个面的空间位姿如图 6-37（a）所示，并据此计算出实际位姿与理想位姿间的误差，如图 6-37（b）所示。

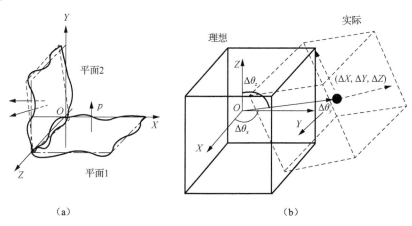

（a）　　　　　　　　　　　　　　（b）

图 6-37　床身后段位姿误差描述

　　根据机床结构，在形状误差为理想平面的装配条件下，以机床重心点作为机床的坐标原点，那么机床左床身后段的理想位姿坐标为(788.4301mm,924.0037mm, 719.5936mm,-180.0°,0.0°,-90.0°)。而根据实际的误差分布，左床身导轨直线度形成了如图6-38所示的四种装配结果,而由于同时对床身前后段的平行度有要求,实际情况为图 6-38 中③和④两种类型。

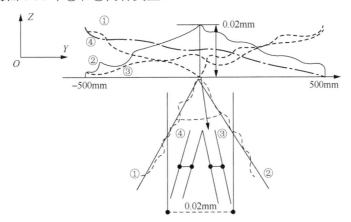

图 6-38　左床身前后节装配精度要求下的部件定位形式

图 6-38 中,①表示在机床 *O-YZ* 坐标系,左床身前节的误差分布呈下降趋势,后节的误差分布呈现上升趋势;②表示左床身前节的误差分布呈上升趋势,后节呈下降趋势;③表示前后节均上升;④表示前后节均下降。

装配过程中,为了保证有良好的接触关系,在对导轨面有直线度要求的同时,对床身前后节结合面间的平行度也做了要求,因此,在这种装配精度要求下,图 6-38 中①和②的情形不会发生。

不考虑误差分布形状,仅误差分布方向的不确定带来的装配结果就有 8 项,在这 8 种情况下机床左床身后段重心点在机床坐标系中的位姿如表 6-5 所示。

表 6-5　不同装配结果下左床身后段中心点的位姿坐标

装配结果组合	后段重心点位置坐标	后段重心点姿态坐标
$X\uparrow$、$Y\uparrow$、$Z\uparrow$	(788.4195, 924.0306, 719.5682)	(179.9988, −0.0024, −90.0028)
$X\uparrow$、$Y\uparrow$、$Z\downarrow$	(788.4044, 923.5866, 719.6754)	(−179.9973, −0.0029, −90.0004)
$X\uparrow$、$Y\downarrow$、$Z\uparrow$	(788.6814, 924.1929, 719.8790)	(179.9997, −0.0020, −90.0034)
$X\uparrow$、$Y\downarrow$、$Z\downarrow$	(788.5163, 923.9089, 719.7361)	(−179.9964, −0.0015, −90.0009)
$X\downarrow$、$Y\uparrow$、$Z\uparrow$	(788.4164, 924.0378, 719.5676)	(179.9982, −0.0017, −89.9967)
$X\downarrow$、$Y\uparrow$、$Z\downarrow$	(788.1787, 923.8144, 719.3083)	(−179.9997, −0.0020, −89.9965)
$X\downarrow$、$Y\downarrow$、$Z\uparrow$	(788.4558, 924.4207, 719.5120)	(179.9973, −0.0029, −89.9995)
$X\downarrow$、$Y\downarrow$、$Z\downarrow$	(788.2564, 924.6878, 719.4576)	(179.9982, −0.0017, −89.9967)

实际装配过程中,检测出误差曲线的方向,然后根据曲线形式确定各部件的中心点的位姿坐标。由于这种装配的不确定性,即在装配工序中均存在不同种类的误差分布形式,因此出现了部件的装配误差不可控现象。那么将其应用到整机

上，其整机的初次装配误差就存在着多种可能性。

图 6-39 所示为整机初次装配误差形成的过程。在仅考虑误差分布方向的情况下，整机的装配误差的解算结果存在 8^{11} 种。部件在机床坐标系下完成定位后，为了防止部件在外力下定位被破坏，通过预紧力对部件间进行预紧，以防止部件位姿发生移动。

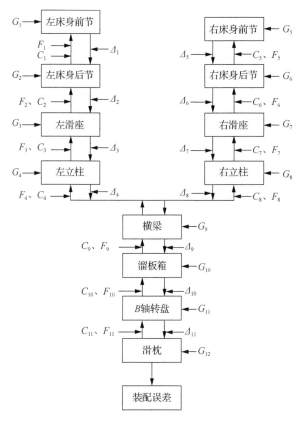

图 6-39　重型龙门移动机床初次装配误差形成图

图 6-39 中，F_n 为机床装配过程中第 n 道工序预紧力的集合，C_n 为接触状态集合，G_n 为部件的重量的集合，Δ_n 为各种形式的形状误差集合。

在机床定位后，由于预紧力的施加而产生的局部变形会对局部的位姿产生影响，图 6-40 即为在机床坐标系下，误差分布为 $X\uparrow$、$Y\uparrow$、$Z\uparrow$ 的形式下，定位后左床身前后段螺栓部位的螺栓预紧力产生的变形对机床左床身后体位姿的影响。

从图 6-40 中可以看出，螺栓预紧只会改变连接处的变形，变形的大小与螺栓预紧力有关，不同位置的变形程度与螺栓的位置有关，但在装配预紧过程中，螺栓预紧产生的局部变形并不会引起部件整体的位姿变化。从图 6-40 中还可以看出，当机床滑座运动到床身前后节连接处时，机床的定位及运动误差将会发生变化。

图 6-40   左床身前后段螺栓预紧条件下的左床身位姿

在预紧后，部件结合面间的接触及配合状态即形成。由于结合面的接触刚度会影响部件的接触变形，接触变形进一步引起部件接触部位的局部位姿发生变化，因此，为分析接触及配合误差对部件的位姿的影响，应构建接触刚度与接触、配合误差间的关系，如式（6-17）所示：

$$k_n = \alpha_n P_n^{\beta_n} \omega^{\gamma_n} X_n^{\eta_n}, \quad k_t = a_t P_n^{\beta_t} \omega^{\gamma_t} X_n^{\eta_t} \tag{6-17}$$

式中，k_n、k_t 分别为单位面积上的法向接触刚度和切向接触刚度；P_n 为结合面的法向压力；ω 为激振频率；X_n 为动态相对位移；α、β、γ、η 分别为与结合面的材料、加工方式、表面粗糙度和润滑状况等因素有关的常数。

从式（6-17）可以看出，机床结合面间的刚度主要受结合面间的法向压力、激振频率、动态相对位移、两结合面的材料、加工方式、表面微观形貌以及结合面间的间隙影响。

利用 W-M 函数模拟粗糙表面的轮廓曲线，将两个粗糙表面的接触简化为等效粗糙面与理论刚性光滑表面的接触，并将粗糙表面接触时接触点的分布规律等同于海洋面岛屿的面积分布规律。最终得到整个弹性接触区的法向接触刚度，如式（6-18）所示：

$$K_n = \int_{\frac{a_c}{2}}^{a_n} K_n n(a)\mathrm{d}a = \frac{E D_{a_m}^{\frac{D}{2}}}{\sqrt{2\pi}(1-D)}\left(a_m^{\frac{1-D}{2}} - \left(\frac{a_c}{2}\right)^{\frac{1-D}{2}}\right) \tag{6-18}$$

式中，E 为复合弹性模量；D 为分形维数；a_m 是最大接触点面积；a_c 为临界接触面积。

其中，分形维数 D 是反映粗糙随机表面轮廓的有用参数，可以表征粗糙表面结构的复杂、细腻程度。分形维数 D 与表面形貌的幅值变化剧烈程度有关，D 值大则表面微观细节丰富，其法向接触刚度就大，相反，D 值小表面则相对"平缓"，低频成分较多。

利用计盒维数法对分形维数进行解算。采用 1 块 30mm×10mm×5mm 的样块，材料为 45#钢，本样块为模拟体 3 上与体 2 相对结合面的加工方式及加工表面轨迹而加工出的样块，可较完整地表征结合面的性质。将样块放在超景深显微镜下进行微观形貌观测，结果如图 6-41 所示。

　　为了得到结合面某一表面的分形维数，利用 MATLAB 软件先把彩色图像转变成灰度图像，再将灰度图像进行二值化处理，使图像上每一个像素点为黑白两色，灰度图、黑白图如图 6-41（b）、（c）所示。

 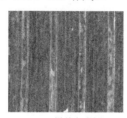 

（a）样件形貌图　　　　　　　（b）样件灰度图　　　　　　　（c）样件黑白图

图 6-41　预紧后结合面及其黑白处理图

　　将得到的黑白数据文件依次划分成若干块，使得每一块的行数和列数均为 k，把所有包含 0 或 1 的块的格式记做 N_k，即以 $1,2,4,\cdots,2^i$ 个像素点的尺寸为边长作块划分，从而得到盒子数 $N_1,N_2,N_4,\cdots$。像素点的尺寸 $\delta_k = k$（$k=1,2,4,\cdots,2^i$），由于对于一个具体的图像 δ 是一个常数，因此，可用 k 值代替 δ_k。在双对数坐标平面内，以最小二乘法用直线拟合数据点 $(\lg\delta_k, \lg N_k)$（$k=1,2,4,\cdots,2^i$），所得到的直线的斜率就是该图像的物理计盒维数，记为 D。其解算流程如图 6-42 所示。

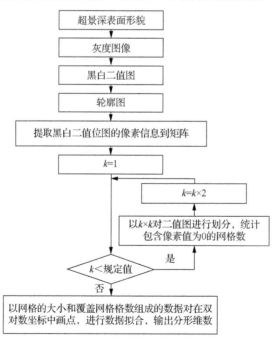

图 6-42　分形维数解算流程

根据图 6-42 所示的分形维数解算方法，通过 MATLAB 程序编译，便可得到 $\lg N_k$ 与 $\lg \delta_k$ 的关系，如图 6-43 所示。从图 6-43 中可以看出，该样块的分形维数最低回归边长为 3.125×10^{-3}mm，本样块的分形维数 D 为 1.9630。将 D 值代入公式（6-18），即可获得表面微观形貌对弹性单接触区的法向接触刚度的影响程度。

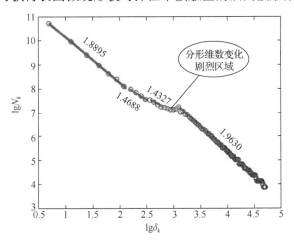

图 6-43　样块分形维数解算结果

为了得到结合面的接触面积指标，利用像素检验法，对结合面上某采样图像中各子方图的接触点面积比率进行差值计算，最终输出 25mm×25mm 面积内最大接触点面积值、临界接触面积值。其检测结果如图 6-44 所示。

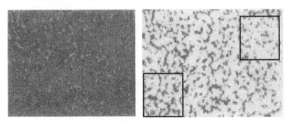

图 6-44　结合面接触面积测量

这样即可通过对结合面的微观形貌、结合面的接触面积的定量计算，解算出结合面的接触刚度。然后通过接触刚度即可知道结合面的接触变形，最后建立起各项装配要素与初次装配误差的关系。

6.2.4　重型机床初次装配误差解算及评价方法

根据重型机床装配工艺要素，计算不同误差分布条件下，机床零部件重心位姿，其解算结果如表 6-6 所示。

表 6-6　重型机床各部件重心点位姿提取

装配工序	装配工艺精度要求	部件重心点无误差时位姿 $\Delta_n=0$	$X\uparrow$、$Y\uparrow$、$Z\uparrow$误差分布方向下的部件重心点位姿	$X\downarrow$、$Y\uparrow$、$Z\uparrow$误差分布方向下的部件重心点位姿
左床身后节-前节	左床身导轨面在垂直平面内直线度 0.02/1000 左床身导轨面在水平面内直线度 0.02/1000 左床身导轨面在垂直平面内平行度 0.02/1000	左床身后节 788.4124, 924.0381, 719.5602, 180.0, 0.0, -90.0	左床身后节 788.4195, 924.0306, 719.5682, 179.9988, -0.0024, -90.0028	左床身后节 788.4164, 924.0378, 719.5676, 179.9982, -0.0017, -89.9967
右床身后节-前节	右床身导轨面在垂直平面内直线度 0.02/1000 右床身导轨面在水平面内直线度 0.02/1000 右床身导轨面在垂直平面内平行度 0.02/1000 左、右床身导轨直线度曲线一致性误差: 0.02/全长	右床身后节 -7451.5875, 924.0381, 719.5602, 180.0, 0.0, -90.0	右床身后节 -7451.6062, 924.0398, 719.5946, -179.9990, -0.0004, -90.0004	右床身后节 -7451.6423, 924.0542, 719.5750, 179.9999, -0.0010, -89.9988
左滑座-左床身	滑座镶条导轨刮研面接触点数: 10~12 个/（25×25）mm² 结合面间隙: 0.02 塞尺不入 左滑座与左床身导轨面平行度 0.02/1000	左滑座 780.9158, 633.4287, 1297.1611, -180.0, 0.0, -180.0	左滑座 780.8962, 633.4335, 1297.1954, -179.9993, -0.0004, -179.9992	左滑座 780.9500, 633.4104, 1297.1692, 179.9997, 0.0011, -179.9990
右滑座-右床身	滑座镶条导轨刮研面接触点数: 10~12 个/（25×25）mm² 结合面间隙: 0.02 塞尺不入 右滑座与右床身导轨面平行度 0.02/1000	右滑座 -7450.0690, 633.4287, 1297.1611, 180.0, 0.0, 0.0	右滑座 -7450.0886, 633.4175, 1297.1709, -179.9993, -0.0004, 0.0007	右滑座 -7450.0348, 633.4494, 1297.1362, 179.9997, 0.0011, 0.0009
左立柱-左滑座	立柱导轨与床身导轨垂直度在 0.01mm 立柱导轨面与床身导轨面（按大地水平面）垂直度 0.03/1000（只许向后倾） 左右立柱与横梁结合导轨面共面 0.02 内	左立柱 693.4732, 164.8645, 4936.0580, 90, 0.0, 0.0	左立柱 693.4219, 164.9023, 4936.0645, 89.9992, -0.0011, -0.0010	左立柱 693.3855, 164.9818, 4936.0887, 89.9985, -0.0006, 0.0017

续表

装配工序	装配工艺精度要求	部件重心点无误差时位姿 $\Delta_n=0$	$X\uparrow$、$Y\uparrow$、$Z\uparrow$误差分布方向下的部件重心点位姿	$X\downarrow$、$Y\uparrow$、$Z\uparrow$误差分布方向下的部件重心点位姿
右立柱-右滑座	立柱导轨与床身导轨垂直度在0.01mm 立柱导轨面与床身导轨面（按大地水平面）垂直度0.03/1000（只许向后倾） 左右立柱与横梁结合导轨面共面0.02内	右立柱 -7362.6265, 164.8645, 4936.0580, 90.0, 0.0, 0.0	右立柱 -7362.6588, 164.9135, 4936.0809, 89.9994, -0.0009, -0.0012	右立柱 -7362.7266, 164.9629, 4936.1090, 89.9983, -0.0009, 0.0014
横梁-左右立柱	横梁与立柱导轨面接触点不少于 10 点/（25×25）mm² 横梁与立柱结合的导轨面直线度 0.02 结合面间隙：0.02 塞尺不入 横梁 A、C 和 B 导轨面对水平面的平行度，垂直度为 0.01/1000	横梁 -3327.5740, 1314.9974, 7587.7767, 90.0, -90.0, 90.0	横梁 -3327.5797, 1314.9928, 7587.8569, 89.9903, -89.9990, 89.9909	横梁 -3327.5734, 1315.0920, 7587.9222, 90.0961, -89.9981, 90.0957
溜板箱-横梁	溜板箱导轨面接触点为 8 点/（25×25）mm² 导轨面直线度 0.02 溜板箱环形导轨面等高四点一致性 0.02 溜板箱与横梁结合面 0.03 塞尺不入	溜板箱 -793.6470, 1902.8785, 7720.8102, -90.0, 0.0, -90.0	溜板箱 -793.6515, 1902.8653, 7720.8085, -89.9989, 0.0003, -89.9998	溜板箱 -793.6722, 1902.8771, 7720.8313, -90.0003, 0.0013, -90.0005
B 轴转盘-溜板箱	B 轴转盘与溜板箱上的结合面间隙 0.005～0.015 B 轴转盘与溜板箱平行度 0.02/1000	B 轴转盘 -925.5201, 2293.0834, 7766.1626, -90.0, 0.0, -90.0	B 轴转盘 -925.5066, 2293.0681, 7766.1580, -90.0007, 0.0007, -89.9995	B 轴转盘 -925.5188, 2293.0871, 7766.1614, -90.0005, 0.0002, -90.0014
滑枕-B 轴转盘	滑枕移动对水平面的垂直度在垂直、平行于横梁的平面内为 0.03/1000	滑枕 -836.5766, 2697.7402, 8426.9035, 90.0, 0.0, 0.0	滑枕 -836.5563, 2697.7136, 8426.9108, 90.0006, 0.0006, -0.0005	滑枕 -836.6227, 2697.7139, 8426.9007, 90.0006, -0.0012, -0.0006

从表 6-6 中可以看出，在装配精度要求下的装配，部件的形状误差分布方向的不确定性，导致装配后的机床各部件的位姿不同。由此可知，明确的形状误差分布是装配误差解算的前提。下面分别对部件形状误差方向为 $X\uparrow$、$Y\uparrow$、$Z\uparrow$ 和 $X\downarrow$、$Y\uparrow$、$Z\uparrow$情况下的装配误差进行解算。

　　根据表 6-6 解算 $X\uparrow$、$Y\uparrow$、$Z\uparrow$ 情况下各部件装配后的位姿，将各部件在该类误差下的重心点的位置坐标代入式（6-17）中，其执行部件滑枕的位置误差如式（6-19）所示：

$$\begin{bmatrix} \Delta x & \Delta y & \Delta z \end{bmatrix}_n$$

$$= \sum_{1}^{n} \begin{bmatrix} \Delta x & \Delta y & \Delta z \end{bmatrix}$$

$$= 0.5 \times \left\{ \begin{bmatrix} 0.0071 & -0.0075 & 0.0080 \end{bmatrix} + \begin{bmatrix} -0.0196 & 0.0048 & -0.0343 \end{bmatrix} \right.$$

$$\left. + \begin{bmatrix} -0.0513 & 0.0378 & 0.0065 \end{bmatrix} \right\}$$

$$+ 0.5 \times \left\{ \begin{bmatrix} -0.0187 & 0.0017 & 0.0344 \end{bmatrix} + \begin{bmatrix} -0.0196 & -0.0112 & 0.0098 \end{bmatrix} \right.$$

$$\left. + \begin{bmatrix} -0.0323 & 0.0490 & -0.0229 \end{bmatrix} \right\}$$

$$+ \begin{bmatrix} 0.0057 & -0.0046 & 0.0802 \end{bmatrix} + \begin{bmatrix} 0.0045 & -0.0132 & -0.0017 \end{bmatrix}$$

$$+ \begin{bmatrix} 0.0135 & -0.0153 & -0.0046 \end{bmatrix} + \begin{bmatrix} 0.0203 & -0.0266 & 0.0073 \end{bmatrix}$$

$$= \begin{bmatrix} -0.0232 & -0.0224 & 0.1049 \end{bmatrix} \tag{6-19}$$

式中，Δx、Δy、Δz 分别为各部件在机床坐标系 X、Y、Z 方向的位置误差。

　　从计算结果可以看出，机床执行端部件滑枕的 Z 向位置误差已经严重超差，且 Z 向超差的主要装配过程是在横梁与左右立柱装配过程中。

　　根据表 6-6 解算 $X\uparrow$、$Y\uparrow$、$Z\uparrow$ 情况下各部件装配后的位姿，将各部件在该类误差下的重心点的姿态坐标代入公式（6-18）中，其执行部件滑枕端的姿态误差如式（6-20）所示：

$$\theta = \begin{bmatrix} 1 & -\Delta\gamma & \Delta\beta \\ \Delta\gamma & 1 & -\Delta\alpha \\ -\Delta\beta & \Delta\alpha & 1 \end{bmatrix} = \prod_{1}^{n} \begin{bmatrix} 1 & -\Delta\gamma & \Delta\beta \\ \Delta\gamma & 1 & -\Delta\alpha \\ -\Delta\beta & \Delta\alpha & 1 \end{bmatrix} = \begin{bmatrix} 1 & 0.0110 & -0.0001 \\ -0.0110 & 1 & 0.0087 \\ 0.0001 & -0.0087 & 1 \end{bmatrix}$$

$$\tag{6-20}$$

式中，$\Delta\alpha$、$\Delta\beta$、$\Delta\gamma$ 分别为各部件在机床 X、Y、Z 方向坐标系的姿态误差。

　　从公式（6-19）中可以看出，姿态误差未有超差的情况。从上可知，$X\uparrow$、$Y\uparrow$、$Z\uparrow$ 情况下，执行部件滑枕的装配误差如式（6-21）所示：

$$\begin{bmatrix} \Delta x & \Delta y & \Delta z & \Delta\alpha & \Delta\beta & \Delta\gamma \end{bmatrix}$$

$$= \begin{bmatrix} -0.0232 & -0.0224 & 0.1049 & -0.0087 & -0.0001 & 0.0110 \end{bmatrix} \tag{6-21}$$

　　同理，按照式（6-17）和式（6-18），在 $X\downarrow$、$Y\uparrow$、$Z\uparrow$ 情况下，其执行部件滑枕的装配误差如式（6-22）所示：

$$\begin{bmatrix} \Delta x & \Delta y & \Delta z & \Delta\alpha & \Delta\beta & \Delta\gamma \end{bmatrix}$$

$$= \begin{bmatrix} -0.1586 & 0.1876 & 0.1987 & 0.0933 & 0.0016 & 0.0980 \end{bmatrix} \tag{6-22}$$

　　从 $X\downarrow$、$Y\uparrow$、$Z\uparrow$ 条件下的计算结果可知，装配误差各误差项超差严重，且高出

$X\uparrow$、$Y\uparrow$、$Z\uparrow$误差分布情况下的解算结果很多，进一步证明了不同的误差曲面的方向会导致装配误差显著不同。获取执行端部件的位姿误差后，再依据部件上具体某个面的形状误差，即可对该面初次装配精度进行评价。

根据上述方法可解算出机床执行端的装配误差，并根据与刀具相连接的关键面的形状误差，形成快速定位运动的初次装配误差，即为图 6-45 所示的表面 A。

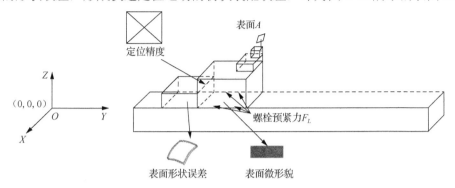

图 6-45 初次装配形成的位姿

重型机床上任意一个零部件的结合面在机床坐标系中的位置是部件自身在机床中的定位、部件间的相对位置、部件自身表面形状、部件间螺栓预紧力、部件间接触状态共同作用的结果。当装配结束后在部件的某一个固定面上形成了相应的表面 A，可用表面点集 $\{(x_{1a}, y_{1a}, z_{1a}), (x_{2a}, y_{2a}, z_{2a}), \cdots, (x_{na}, y_{na}, z_{na})\}$ 来表示。假设执行端滑枕轴端面的平面度误差为 0.02，根据上节位姿误差的解算，在误差分布 $X\uparrow$、$Y\uparrow$、$Z\uparrow$ 情况下，执行端滑枕位姿坐标为(-0.0232, -0.0224, 0.1049, -0.0087, -0.0001, -0.0110)。表面 B 在运行方向的位置等高线图如图 6-46 所示。

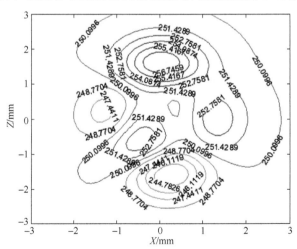

图 6-46 表面 B 在运行方向的位置等高线图

利用位置等高线图的方法便可获得表面 A 与理想定位面间的定位误差，进而直接获取表面 A 任意一点在进给方向上的实际位置，以便计算出该点的初次装配误差。

机床的初次装配精度实际上是在某一确定快速定位要求下的精度。假如在快速定位后机床进行铣削加工，在理想状态下，就需要镗铣主轴径向面上各点在机床坐标系中形成一个在一定误差范围内的平面；车削时就需要镗铣主轴轴径上各点在机床坐标系中形成一个在一定误差范围内的直线。镗削就可以用镗铣主轴中心点上定位误差的倒数来表征镗削下对机床定位精度的要求，因此在进行定位运动前就可以用机床的初次装配误差的倒数表征机床的初次装配精度。

精度反映的是测量结果与被测量真值之间的一致程度。当对机床上某一个零部件结合表面的初次装配精度进行定性评价时，采用精度等级（accuracy class，AC）、最大允许误差（maximum permissible error，MPE）两项指标进行评价，精度等级是指使误差保持在规定极限以内的计量标准的等别或级别。例如，利用等高线图 6-46 识别表面 B 的各点精度等级，最大允许误差 D_{MPE} 为 0.02/1000mm，则对铣削而言，就要求镗铣主轴径向面上定位最大允许误差 D_{MPE} 为 ±0.02mm。

设定初次装配精度等级还须考虑运动执行间的接触截面积，以及快速定位运动对初次装配精度的要求，设定等级形式如表 6-7 所示。按照表 6-7 公差值划分等高线线数，便可直接从图 6-46 中读出其上某一点的公差值，从而确定定位精度等级 D_{AC}。

表 6-7　初次装配精度等级判定

测量面积尺寸		初次装配精度等级					
		0	1	2	3	4	5
公差值/mm	3mm×3mm	0.001	0.002	0.003	0.005	0.008	0.012
	4mm×4mm	0.001	0.002	0.004	0.006	0.010	0.015

6.3　重型机床装配精度迁移的多样性

6.3.1　重型机床装配精度的迁移及其多样性

以机床右床身导轨面为例，以机床工作台中心为原点，建立机床参考坐标系，利用三远点平面法，以 M_1（-6300,4950,-247.1603）、M_2（-6300,4598,-247.1601）、M_3（1700,4948,-247.1601）的三远点平面作为评定基面。考虑重力及几何约束下的右床身导轨面变形场特征，如图 6-47 所示。

为获取重型机床装配载荷导致的结合表面偏离基准程度，取机床右床身导轨面变形后的节点坐标，利用 MATLAB 软件对其进行曲面拟合，结果如图 6-48 所示。

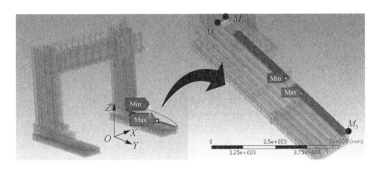

图 6-47　机床参考坐标系及右床身导轨面变形场

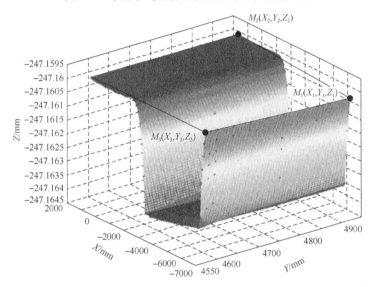

图 6-48　装配载荷导致的零部件结合面偏离基准的状态

以坐标系中的 *XOY* 平面作为转换基面，将坐标转换到三远点评定基面 $M_1M_2M_3$ 下，即可获得相对转换基面的坐标值 C_{ij}，利用式（6-23）便可求出在评定基面上各点的投影坐标值 C'_{ij}：

$$C'_{ij} = \frac{(Y_j - Y_1)\begin{vmatrix} X_2 - X_1 & Z_2 - Z_1 \\ X_3 - X_1 & Z_3 - Z_1 \end{vmatrix} - (X_i - X_1)\begin{vmatrix} Y_2 - Y_1 & Z_2 - Z_1 \\ Y_3 - Y_1 & Z_3 - Z_1 \end{vmatrix}}{\begin{vmatrix} X_2 - X_1 & Y_2 - Y_1 \\ X_3 - X_1 & Y_3 - Y_1 \end{vmatrix}} + Z_1 \qquad （6-23）$$

式中，i, j 为节点序号。

在获取经坐标转换后测得点坐标相对评定基面的偏移量 D_{ij} 之后，便可获得 D_{ij} 的最大值和最小值，进而获取其平面度 f_{TP}，如式（6-24）所示：

$$D_{ij} = C_{ij} - C'_{ij}, \quad f_{TP} = D_{max} - D_{min} \qquad （6-24）$$

式中，C_{ij} 为测得点的 Z 向坐标值；D_{max} 与 D_{min} 为 D_{ij} 的最大值和最小值。

利用上述方法，可以计算出机床右床身导轨面平面度为 4.5×10^{-3}mm。求解机床在重力作用及装配预紧力 100kN 作用下，装配精度指标的解算结果，如表 6-8 所示。

表6-8　机床装配工序实施下的装配精度指标解算　　　　　　单位：×10⁻⁴mm

	I	II	III	IV	V	VI	VII	VIII
Y_1	2.17565	17.543	41.533	42.896	76.31	78.533	80.705	83.086
Y_2		19.723	43.841	47.327	77.196	82.156	85.743	87.164
Y_3			65.196	40.461	78.136	83.284	88.196	89.127
Y_4				70.549	80.137	83.724	89.724	92.751
Y_5					83.791	87.619	92.187	93.17
Y_6						90.895	95.253	106.635
Y_7							101.864	118.163
Y_8								127.2

根据表 6-8 所求解的装配精度指标值，获取机床装配变形场动态特性推动下的装配精度演变过程，如图 6-49 所示。

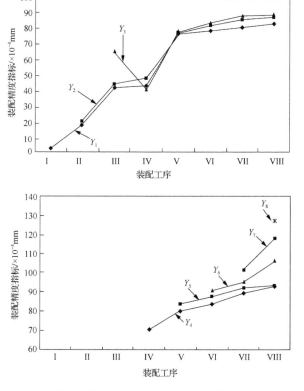

图6-49　机床装配工序推动下的精度演变过程

　　由图 6-49 可知,重型机床装配精度迁移是重型机床装配精度随装配工序不断实施或时间的推移而产生的动态变化。根据装配精度变化的趋势,可以将重型机床初次装配工序不断实施引起装配精度不断提升的变化称为装配精度的正向迁移。将重型机床初次装配工序不断实施引起装配精度不断下降的变化称为装配精度的负向迁移。

　　现场装配过程中,为了保证每道装配工序下的精度,多采用调整每道预紧力和结合面的刮研修配,以满足工艺设计的预定要求,由于初始结合面误差分布不同,刮研修配过程无法定量控制,导致相同装配工艺条件下,装配精度的变化具有随机性。

　　考虑机床在重力及几何约束作用下床身导轨面平面度随装配工序施加的变化规律,设定结合面间预紧力范围为 100~180kN,第一台机床每个结合面施加100kN;第二台机床 Y_1、Y_2、Y_3 上结合面施加 120kN,Y_4、Y_6、Y_7、Y_8 上结合面施加 100kN,Y_5 上结合面施加 150kN;第三台机床 Y_1、Y_2、Y_3、Y_4 上结合面施加 150kN,Y_5 上结合面施加 180kN,Y_6、Y_7、Y_8 上结合面施加 120kN;第四台机床每个结合面施加 180kN。采用上述边界条件,获取机床右床身导轨面平面度,如表 6-9所示。

表 6-9　不同装配工艺方案条件下的机床右床身导轨平面度

工序	不同装配工艺方案条件下导轨平面度/$\times 10^{-4}$mm				x/m
	装配方案 1	装配方案 2	装配方案 3	装配方案 4	
I	2.18	2.87	3.27	3.58	2.85
II	17.54	18.92	21.32	25.62	3.53
III	41.53	45.24	50.56	60.90	10.73
IV	42.90	40.79	53.90	62.78	17.48
V	66.31	80.57	90.06	93.16	17.89
VI	78.53	73.25	75.63	96.27	18.44
VII	80.71	84.56	87.63	97.19	18.77
VIII	83.09	86.52	90.55	103.56	19.37

　　表 6-9 中,x 为装配约束距离,为限定两个工序实施结合面的法向最近距离。4 种不同装配工艺方案条件下的机床床身导轨面平面度随装配工序的变化规律如图 6-50 所示。

　　图 6-50 表明,采用相同装配工艺方案装配同型号重型机床,由于结合面间接触关系及预紧力不受控制,导致机床装配精度具有不可重复性。

　　为了探明已经实施的装配工序对后续装配所形成的精度,选取由已经实施的装配工序累积形成的滑枕导轨面平面度作为分析对象,考虑重力及几何约束的条件下，在每道工序预紧力100kN的基础上，通过分别修改前道工序的装配预紧力，分别增加50kN，获取滑枕导轨面平面度随装配工序的变化规律，如图6-51所示。

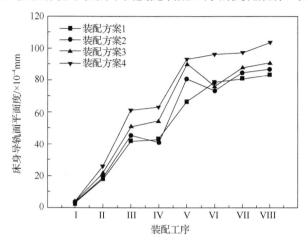

图6-50 床身导轨面平面度随装配工序的变化

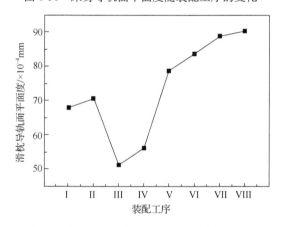

图6-51 装配工序对滑枕导轨面平面度的影响

由上述装配工序对机床和滑枕导轨面平面度的影响特性可知：机床已经实施的装配工序对后续装配工序精度产生的影响称为装配精度的顺向迁移；反之，机床后续装配工序对现有装配精度的影响称为装配精度的逆向迁移。因此，机床初次装配精度迁移分为装配精度顺向正迁移、顺向负迁移、逆向正迁移及逆向负迁移，重型机床装配精度迁移具有多样性。

6.3.2 重型机床装配精度迁移的表征及其阶跃响应模型

根据以上分析，将一般机床和重型机床单一装配精度指标迁移过程进行一般性表征，如图6-52所示。

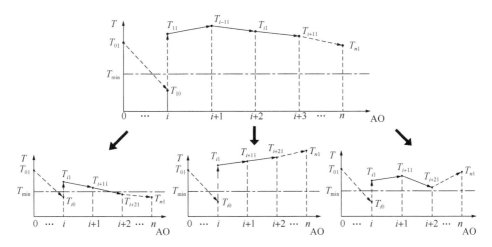

图 6-52　机床单一装配精度迁移的形成、增长及转变过程

图 6-52 中，T_{10} 为机床部件刮研修配工序前的初次装配精度，T_{x1} 为机床结合面合研修复后或每道工序后的最终装配精度，当 x 取 $1,2,\cdots,n$ 时，T_{x1} 反映出机床结合面每次合研修复后或每道工序后形成最终装配精度的分布特性，T_{01} 为合研前的装配精度；T 为机床某一装配精度；AO 为装配工序。

由于重型机床零部件具有吨位大、结构复杂等特点，需从机床制造现场装配调试后拆卸，分段运输到专用工件生产现场，现场重新装配运行，因此，重复装配精度迁移的形成不仅具有工序的随动性，同时具有装配次数的随动性。重型机床某一重复装配精度的形成过程如图 6-53 所示。

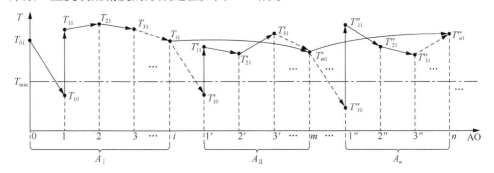

图 6-53　重型机床重复装配精度迁移的形成过程

图 6-53 中，$A_1 \sim A_n$ 为第一次装配到第 n 次装配；T_{i1}、T'_{m1}、T''_{n1} 分别为初次装配最终形成的精度、二次装配最终形成的精度及 n 次装配最终形成的精度。

根据以上信息，将机床关键结合面预紧力设定为 100kN，考虑重力作用、材料属性及约束，建立装配工序、装配约束距离的关系，如图 6-54 所示。

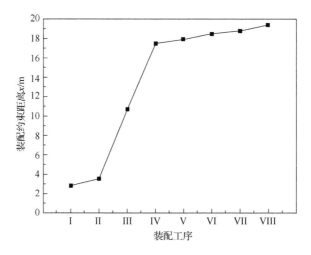

图 6-54　装配工序与装配约束距离的关系

阶跃函数（Heaviside 函数）是一种特殊的连续时间函数，其在 0 点的取值有不同的定义方式。阶跃函数的两种定义方式分别如式（6-25）和式（6-26）所示。当阶跃函数自变量由 t 变为 $t-t_0$ 时，如式（6-27）和式（6-28）所示，称为延迟阶跃函数，其用于可重复性项目，可以解算工序系、位移约束和工时的关系，并提取出关键控制路线。

$$\varepsilon^1\left(t\right)=\begin{cases}0, & t<0 \\ 1, & t\geqslant 0\end{cases} \tag{6-25}$$

$$\varepsilon^0\left(t\right)=\begin{cases}0, & t<0 \\ 1, & t\geqslant 0\end{cases} \tag{6-26}$$

$$\varepsilon^1\left(t-t_0\right)=\begin{cases}0, & t<0 \\ 1, & t\geqslant 0\end{cases} \tag{6-27}$$

$$\varepsilon^0\left(t-t_0\right)=\begin{cases}0, & t<0 \\ 1, & t\geqslant 0\end{cases} \tag{6-28}$$

重型机床装配过程属于可重复过程，其装配工序系中的工步按照一定方法和顺序连续进行，但装配工序系间可能是间断的，其图形表达是与时间无关的线型形状。改进延迟阶跃函数，将函数工期 Y 轴变为装配精度指标 Y 轴，并假设部分线型工序系只在不相交的 k 个区间 $[x_0^v, x_{O_m}^v]$ 内进行装配（$v=1,2,\cdots,k$），其中，包含 O_m 道工序，延迟阶跃函数表达式如下所示：

$$y\left(x\right)=\sum_{v=1}^{k}\begin{bmatrix}\sum_{i=1}^{O_m-1}\varepsilon^{1,1}\left(x_{i-1}^v,x_i^v\right)\cdot\left(\dfrac{y_i^v-y_{i-1}^v}{x_i^v-x_{i-1}^v}\cdot x-\dfrac{y_i^v x_{i-1}^v-x_i^v y_{i-1}^v}{x_i^v-x_{i-1}^v}\right)+ \\ \varepsilon^{1,0}\left(x_{O_m-1}^v,x_{O_m}^v\right)\cdot\left(\dfrac{y_{O_m}^v-y_{O_m-1}^v}{x_{O_m}^v-x_{O_m-1}^v}\cdot x-\dfrac{y_{O_m}^v x_{O_m-1}^v-x_{O_m}^v y_{O_m-1}^v}{x_{O_m}^v-x_{O_m-1}^v}\right)\end{bmatrix} \tag{6-29}$$

根据重型机床初次装配工艺及约束条件，得到重型机床的延迟阶跃函数表达式，如下所示：

$$y_1(x) = \sum_{j=1}^{7} \varepsilon^{1,1}\left(x_{j-1}^1, x_j^1\right) \cdot \left(\frac{y_j^1 - y_{j-1}^1}{x_j^1 - x_{j-1}^1} \cdot x - \frac{y_j^1 x_{j-1}^1 - x_j^1 y_{j-1}^1}{x_j^1 - x_{j-1}^1} \right)$$

$$+ \varepsilon^{1,0}\left(x_7^1, x_8^1\right) \cdot \left(\frac{y_8^1 - y_7^1}{x_8^1 - x_7^1} \cdot x - \frac{y_8^1 x_7^1 - x_8^1 y_7^1}{x_8^1 - x_7^1} \right) \tag{6-30}$$

式中，

$$\varepsilon^{1,1}\left(x_{j-1}, x_j\right) = \varepsilon^1\left(x - x_{j-1}\right) - \varepsilon^1\left(x - x_j\right) \tag{6-31}$$

$$\varepsilon^{1,0}\left(x_{j-1}, x_j\right) = \varepsilon^1\left(x - x_{j-1}\right) - \varepsilon^1\left(x - x_j\right) \tag{6-32}$$

控制路线的确定需要计算控制点的位置，经过分析发现，通过阶跃函数对控制点进行计算时，控制点在最值处，其计算过程如式（6-33）～式（6-35）所示：

$$\mathrm{d}\frac{\varepsilon^1(x) \cdot f(x)}{\mathrm{d}x} = \varepsilon^1(x) \cdot \frac{\mathrm{d}f(x)}{\mathrm{d}x}, x \neq 0 \tag{6-33}$$

$$y(x) = \sum_{i=1}^{n-1} \varepsilon^{1,1}\left(x_{i-1}, x_i\right) \cdot f_i(x) + \varepsilon^{1,0}\left(x_{n-1}, x_n\right) \cdot f_n(x) \tag{6-34}$$

$$y'(x) = \sum_{i=1}^{n-1} \varepsilon^{1,1}\left(x_{i-1}, x_i\right) \cdot f_i'(x) + \varepsilon^{1,0}\left(x_{n-1}, x_n\right) \cdot f_n'(x) \tag{6-35}$$

重型机床装配过程中只存在位移约束，是指限定两个工序实施的最近距离，以避免可能产生的装配干扰情况，采用阶跃函数导数法，可以求解其最值点，即潜在控制工序，如图 6-55 所示。

经过工序系控制路径解算，右床身导轨面平面度及滑枕导轨面平面度控制点均在曲线最值处。对上述两曲线方程进行求导可知，影响装配精度逆向迁移的关

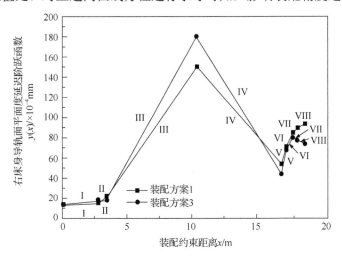

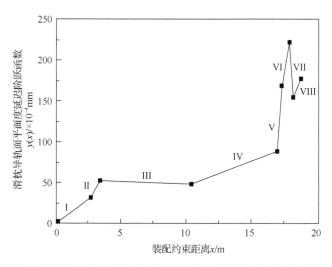

图 6-55　装配约束距离与装配精度指标的延迟阶跃函数

键装配工序为第 III、IV、V 道工序，这是由于第 III 道装配工序为立柱与滑座装配，立柱重力对滑座床身产生的压强作用显著，第 IV 道装配工序为连接梁立柱结合面，连接梁重力使立柱受强弯矩作用，第 V 道装配工序为横梁与立柱装配，横梁的重力使床身产生强扭矩作用。此外，发现影响装配精度顺向迁移的关键装配工序为第 V、VI、VII 道工序，这是由于越靠近目标工序，其顺向影响越显著。利用装配约束距离排序，得到装配约束距离与装配精度指标的关系，如图 6-56 所示。

对装配约束距离排序得到的曲线方程进行求导，获得装配精度逆向迁移关键装配工序为第 IV、V、VI、VII 道工序，装配精度顺向迁移关键装配工序为第 IV、V、VI、VII 道工序，由此发现，采用延迟阶跃函数法得到的关键装配工序曲线特征显著，所形成的线定位更加精确。

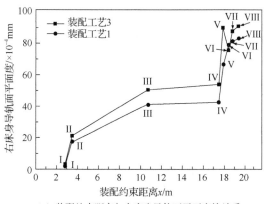

（a）装配约束距离与右床身导轨面平面度的关系

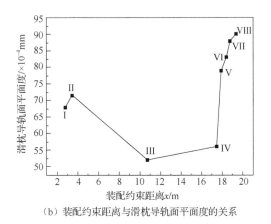

（b）装配约束距离与滑枕导轨面平面度的关系

图 6-56　装配约束距离及装配精度指标的关系

6.4　重型机床初次装配精度迁移机制及工艺设计

6.4.1　重型机床初次装配关键工序变量的识别

为依次识别出重型机床零部件初次装配关键工序变量，以重型机床左床身装配过程为例，探究初次装配后变形场对重要影响因素的响应特性，该左床身装配过程如图 6-57 所示。

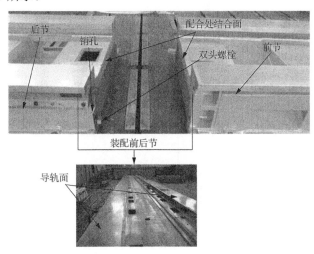

图 6-57　机床左床身前后节装配过程

采用有限元响应面法，构建装配后床身前端孔变形对关键影响因素的响应曲面，分别构建装配后床身前端孔变形对零部件导轨面在垂直方向上的直线度及前后节结合表面误差分布曲面主曲率的响应曲面，如图 6-58（a）所示；构建装配后床身前端孔变形对结合面装配预紧力矩及结合面摩擦损伤面积的响应曲面，如图 6-58（b）所示；构建装配后床身前端孔变形对切削载荷或装配载荷产生的塑性变形的结合表面面积及结合面接触面积响应曲面，如图 6-58（c）所示。

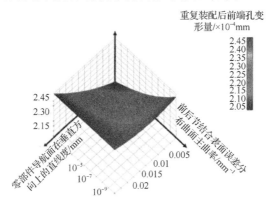

（a）形位偏差及误差分布装配变量识别

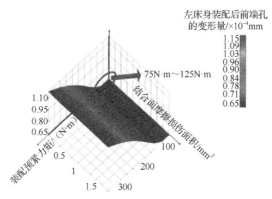

（b）装配预紧力损伤面积装配变量识别

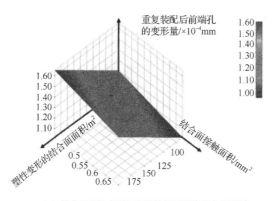

（c）结合面塑性变形面积及接触面积装配变量识别

图 6-58　机床装配精度迁移的关键装配变量识别

　　采用有限元拓扑优化法，求解机床变形场对关键装配工序变量的敏感度值，定量表达机床变形场对关键装配工序变量的响应情况，如图 6-59 所示。

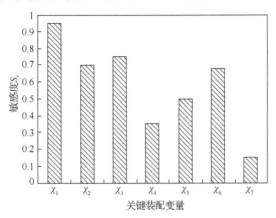

图 6-59　变形最大值对关键装配工序的敏感性绝对值

　　图 6-59 中，S_v 为机床最大变形量对装配变量的敏感度，χ_1 为装配预紧力；χ_2 为结合面塑性变形面积；χ_3 为结合面加工曲率；χ_4 为结合面摩擦力；χ_5 为结合面摩擦损伤面积；χ_6 为结合面接触面积；χ_7 为机床零部件加工后的形位偏差。

　　利用机床初次装配变形场对关键装配变量的敏感性分析结果，采用层次分析法，构建机床影响装配变形场的关键工序变量之间的权重判断矩阵，探明关键工序变量的权重关系。本道装配工序变量间的相互关系如式（6-36）所示：

$$A_{C_1-P_1} = \begin{bmatrix} 1 & \dfrac{\left|S_v\right|_{S_{ip}}}{\left|S_v\right|_{\rho_i}} & \dfrac{\left|S_v\right|_{S_{ip}}}{\left|S_v\right|_{F_{ei}}} & \dfrac{\left|S_v\right|_{S_{ip}}}{\left|S_v\right|_{S_{io}}} & \dfrac{\left|S_v\right|_{S_{ip}}}{\left|S_v\right|_{F_i}} \\ & 1 & \dfrac{\left|S_v\right|_{\rho_i}}{\left|S_v\right|_{F_{ei}}} & \dfrac{\left|S_v\right|_{\rho_i}}{\left|S_v\right|_{S_{io}}} & \dfrac{\left|S_v\right|_{\rho_i}}{\left|S_v\right|_{F_i}} \\ & & 1 & \dfrac{\left|S_v\right|_{F_{ei}}}{\left|S_v\right|_{S_{io}}} & \dfrac{\left|S_v\right|_{F_{ei}}}{\left|S_v\right|_{F_i}} \\ & & & 1 & \dfrac{\left|S_v\right|_{S_{io}}}{\left|S_v\right|_{F_i}} \\ & & & & 1 \end{bmatrix} \qquad (6\text{-}36)$$

式中，$\left|S_v\right|$ 为影响因素对装配精度指标的敏感度；S_{ip} 为初次装配时结合面塑性变形面积；ρ_i 为初次装配时结合面误差分布曲面曲率；F_{ei} 为结合面切削载荷；S_{io} 为初次装配时结合面接触面积；F_i 为初次装配预紧力。

　　后续装配工序变量间的相互关系如式（6-37）所示：

$$A_{C_2-P_2} = \begin{bmatrix} 1 & \dfrac{|S_v|_{S_f}}{|S_v|_t} & \dfrac{|S_v|_{S_f}}{|S_v|_{F_{ii}}} & \dfrac{|S_v|_{S_f}}{|S_v|_{S_{iio}}} & \dfrac{|S_v|_{S_f}}{|S_v|_{S_{iip}}} & \dfrac{|S_v|_{S_f}}{|S_v|_{\rho_{ii}}} \\ & 1 & \dfrac{|S_v|t}{|S_v|_{F_{ii}}} & \dfrac{|S_v|t}{|S_v|_{S_{iio}}} & \dfrac{|S_v|t}{|S_v|_{S_{iip}}} & \dfrac{|S_v|t}{|S_v|_{\rho_{ii}}} \\ & & 1 & \dfrac{|S_v|_{F_{ii}}}{|S_v|_{S_{iio}}} & \dfrac{|S_v|_{F_{ii}}}{|S_v|_{S_{iip}}} & \dfrac{|S_v|_{F_{ii}}}{|S_v|_{\rho_{ii}}} \\ & & & 1 & \dfrac{|S_v|_{S_{iio}}}{|S_v|_{S_{iip}}} & \dfrac{|S_v|_{S_{iio}}}{|S_v|_{\rho_{ii}}} \\ & & & & 1 & \dfrac{|S_v|_{S_{iip}}}{|S_v|_{\rho ii}} \\ & & & & & 1 \end{bmatrix} \tag{6-37}$$

式中，S_f为拆卸部件结合面摩擦磨损面积；t为不拆卸零部件的形位精度；F_{ii}为重复装配结合面接触面积；S_{iio}为重复装配结合面接触面积；S_{iip}为重复装配结合面塑性变形面积；ρ_{ii}为重复装配结合面误差分布曲面曲率。

利用式（6-38）简化式（6-36）和式（6-37）的关系：

$$|S_v|_{\chi_a \chi_b} = |S_v|_{\chi_a} / |S_v|_{\chi_b} \tag{6-38}$$

因此可得

$$A_{\chi_a \chi_b} = \begin{bmatrix} 1 & |S_v|_{\chi_2 \chi_1} & \cdots & \cdots & |S_v|_{\chi_7 \chi_1} \\ & 1 & |S_v|_{\chi_3 \chi_2} & \cdots & |S_v|_{\chi_7 \chi_2} \\ & & \ddots & \cdots & \vdots \\ & & & 1 & |S_v|_{\chi_7 \chi_6} \\ & & & & 1 \end{bmatrix} \tag{6-39}$$

依据式（6-36）～式（6-39），针对机床床身关键装配变量的关系进行赋值，可得

$$A_{C_1-P_1} = \begin{bmatrix} 1 & 2 & 5 & 3 & 1/3 \\ & 1 & 3 & 1/2 & 1/3 \\ & & 1 & 1/3 & 1/7 \\ & & & 1 & 1/3 \\ & & & & 1 \end{bmatrix}, \quad A_{C_2-P_2} = \begin{bmatrix} 1 & 1/3 & 1/9 & 1/5 & 1/8 & 1/5 \\ & 1 & 1/5 & 1/2 & 1/4 & 1/2 \\ & & 1 & 3 & 1/5 & 3 \\ & & & 1 & 1/3 & 1 \\ & & & & 1 & 5/2 \\ & & & & & 1 \end{bmatrix}$$

$$\tag{6-40}$$

6.4.2　重型机床初次装配精度迁移机制

利用式（6-39）求解装配变量的权重值，并依据其权重值，确定关键装配变量，并采用装配精度的阶跃响应模型，将关键装配工序中的装配变量矩阵进行权重化与归一化，如式（6-41）所示：

$$
\left[\chi_{jn}\right]=\begin{bmatrix}
\chi_{11} & \chi_{21} & \cdots & \chi_{j1} \\
\chi_{12} & \chi_{22} & \cdots & \chi_{j2} \\
\vdots & \vdots & \vdots & \vdots \\
\chi_{17} & \chi_{27} & \cdots & \chi_{jn}
\end{bmatrix} \tag{6-41}
$$

利用变形场特征变量矩阵表达机床装配变形场与装配变量之间的关系，如式（6-42）所示：

$$
\begin{bmatrix}
\delta_{1x\max} & \delta_{2x\max} & \cdots & \delta_{8x\max} \\
\delta_{1y\max} & \delta_{2y\max} & \cdots & \delta_{8y\max} \\
\delta_{1z\max} & \delta_{2z\max} & \cdots & \delta_{8z\max} \\
\mathrm{Dis}(\delta_{1\max}) & \mathrm{Dis}(\delta_{2\max}) & \cdots & \mathrm{Dis}(\delta_{8\max})
\end{bmatrix}
=
\begin{bmatrix}
\eta_{11} & \eta_{21} & \cdots & \eta_{71} \\
\eta_{12} & \eta_{22} & \cdots & \eta_{72} \\
\eta_{13} & \eta_{23} & \cdots & \eta_{73} \\
\eta_{14} & \eta_{24} & \cdots & \eta_{74}
\end{bmatrix}
\cdot
\begin{bmatrix}
\chi_{11} & \chi_{21} & \cdots & \chi_{81} \\
\chi_{12} & \chi_{22} & \cdots & \chi_{82} \\
\vdots & \vdots & \vdots & \vdots \\
\chi_{17} & \chi_{27} & \cdots & \chi_{87}
\end{bmatrix} \tag{6-42}
$$

式中，$\delta_{jx\max}$ 为第 j 道工序的 X 轴方向最大变形量；$\delta_{jy\max}$ 为第 j 道工序的 Y 轴方向最大变形量；$\delta_{jz\max}$ 为第 j 道工序的 Z 轴方向最大变形量；$\mathrm{Dis}(\delta_{j\max})$ 为第 j 道工序较 j-1 道工序变形场最大值位置变动距离；χ_{jn} 为归一化后的机床第 j 道装配工序下的关键装配变量；η_{ni} 为机床结构及材料的本构矩阵；变形场特征变量 i 取 1,2,3,4；装配工序 $j=1,2,\cdots,8$；n 为装配变量，取 $0,1,\cdots,7$。

令

$$
\left[\delta_j\right]=\begin{bmatrix}
\delta_{1x\max} & \delta_{2x\max} & \cdots & \delta_{jx\max} \\
\delta_{1y\max} & \delta_{2y\max} & \cdots & \delta_{jy\max} \\
\delta_{1z\max} & \delta_{2z\max} & \cdots & \delta_{jz\max} \\
\mathrm{Dis}(\delta_{1\max}) & \mathrm{Dis}(\delta_{2\max}) & \cdots & \mathrm{Dis}(\delta_{j\max})
\end{bmatrix} \tag{6-43}
$$

$$
\left[\eta_{ni}\right]=\begin{bmatrix}
\eta_{11} & \eta_{21} & \cdots & \eta_{n1} \\
\eta_{12} & \eta_{22} & \cdots & \eta_{n2} \\
\vdots & \vdots & \vdots & \vdots \\
\eta_{1i} & \eta_{2i} & \cdots & \eta_{ni}
\end{bmatrix} \tag{6-44}
$$

采用上述方法构建的机床变形场与关键装配变量之间的权重判断矩阵，可对装配变量矩阵进行权重化和归一化，揭示变形场与装配变量间的数量关系，为进一步揭示机床装配精度迁移机制提供数据支持。

利用式（6-42）中变形场特征变量矩阵，构建机床装配精度指标的解算矩阵，如式（6-45）所示。

$$\left[Y_j\right]=\left[\lambda_i\right]^{\mathrm{T}}\cdot\left[\delta_j\right]=\left[\lambda_i\right]^{\mathrm{T}}\cdot\left(\left[\eta_{ni}\right]\cdot\left[\chi_{jn}\right]\right) \tag{6-45}$$

其中，

$$\left[Y_j\right]=\begin{bmatrix}X_1\\X_2\\\vdots\\X_j\end{bmatrix},\quad\left[\lambda_i\right]=\begin{bmatrix}\lambda_1\\\lambda_2\\\vdots\\\lambda_i\end{bmatrix}^{\mathrm{T}} \tag{6-46}$$

式中，$[Y_j]$ 为每道工序的关键装配精度指标矩阵；$[\lambda_i]$ 为变形场与装配精度指标的映射矩阵，通过不同装配精度指标与变形场之间的映射关系得出。

利用式（6-45）和式（6-46），构建机床装配精度逆向迁移矩阵，如式（6-47）所示：

$$\left[Y_{kj}-Y_j\right]=\left[\lambda_i\right]^{\mathrm{T}}\cdot\left[\delta'_j\right]-\left[\lambda_i\right]^{\mathrm{T}}\cdot\left(\left[\eta_{ni}\right]\cdot\left[\chi_{jn}\right]\right) \tag{6-47}$$

式中，$[Y_{kj}]$ 为逆向迁移的关键装配工序影响下的 $[Y_j]$；$[\delta'_j]$ 为关键工序影响下的 $[Y_j]$ 所在部件的变形场特征变量。

构建机床装配精度逆向迁移函数，如式（6-48）和式（6-49）所示：

$$\mathrm{Rev}(\delta',\chi)=\sum_{j=1}^{J}\lambda_i\delta'_{j\mathrm{xmax}}-\sum_{j=1}^{J}\lambda_i\sum_{n=1}^{N}\left(\eta_{ni}\chi_{jn}\right) \tag{6-48}$$

$$\mathrm{Gro}_R(\delta',\chi)=\mathrm{Rev}_{j+1}(\delta',\chi)-\mathrm{Rev}_j(\delta',\chi) \tag{6-49}$$

由式（6-48）和式（6-49）可得，当变形场动态特性具有 $\mathrm{Rev}(\delta',\chi)=0$ 时的规律时，装配精度不发生逆向迁移；当变形场动态特性具有 $\mathrm{Rev}(\delta',\chi)\neq0$ 时的规律，装配精度发生逆向迁移，其中，当变形场动态特性具有 $\mathrm{Rev}(\delta',\chi)>0$ 规律时，装配精度发生逆向负迁移，而当变形场动态特性具有 $\mathrm{Rev}(\delta',\chi)<0$ 规律时，装配精度发生逆向正迁移。

由式（6-48）和式（6-49）可以看出：机床零部件全为刚性体时，相邻后道工序装配变形场对前道工序装配变形场完全补偿，即 $\mathrm{Rev}(\delta',\chi)=0$，装配精度不发生逆向迁移，因此，可以说机床零部件装配有变形场就一定会发生装配精度的逆向迁移；后道装配工序产生的装配变形场对前道装配工序产生的装配变形场具有累积作用，使 $\mathrm{Rev}(\delta',\chi)>0$，装配精度发生逆向负迁移；后道装配工序产生的装配变形场对前道装配工序产生的装配变形场具有补偿作用，使 $\mathrm{Rev}(\delta',\chi)<0$，装配精度发生逆向正迁移。

根据式（6-48），当变形场动态特性具有 $\mathrm{Gro}_R(\delta',\chi)=0$ 规律时，装配精度逆向迁移不发生增长；当变形场动态特性具有 $\mathrm{Gro}_R(\delta',\chi)\neq0$ 规律时，装配精度逆向迁移发生增长，其中，当变形场动态特性具有 $\mathrm{Gro}_R(\delta',\chi)>0$ 规律时，装配精度逆向迁移发生正增长，当变形场动态特性具有 $\mathrm{Gro}_R(\delta',\chi)<0$ 规律时，装配精度逆向

迁移发生负增长。

此外，机床装配任意相邻前中后三道工序的变形场补偿或累积差量相同，即 $\mathrm{Gro}_R(\delta',\chi)=0$，装配精度逆向迁移不发生增长；后中装配工序变形场补偿量与中前装配工序的变形场补偿量的差绝对量提升或累积量的差绝对值减小，使 $\mathrm{Gro}_R(\delta',\chi)>0$，装配精度逆向迁移发生正增长；后中装配工序变形场补偿量与中前装配工序的变形场补偿量的差绝对量减少或累积量的差绝对值提升，使 $\mathrm{Gro}_R(\delta',\chi)<0$，装配精度逆向迁移发生负增长。

构建机床装配精度顺向迁移矩阵及其转换矩阵，通过矩阵运算，求解其在变形场动态特性推动下的形成及增长机制，如式（6-50）所示：

$$\left[Y_j-Y'_{kj}\right]=\left[\lambda_i\right]^{\mathrm{T}}\cdot\left(\left[\eta_{ni}\right]\cdot\left[\chi_{jn}\right]\right)-\left[\lambda_i\right]^{\mathrm{T}}\cdot\left[\delta''_j\right] \tag{6-50}$$

式中，$[Y'_{kj}]$ 为顺向迁移的关键装配工序影响下的 $[Y_j]$；$\left[\delta''_j\right]$ 为关键工序影响下的 Y_j 所在部件的变形场特征变量。

构建重型机床装配精度顺向迁移函数，揭示变形场动态特性与装配精度顺向迁移的关系，探明机床装配精度顺向迁移的形成机制，如式（6-51）和式（6-52）所示：

$$\mathrm{Pos}(\delta'',\chi)=\sum_{j=1}^{J}\lambda_i-\sum_{n=1}^{N}\left(\eta_{ni}\chi_{jn}\right)\sum_{j=1}^{J}\lambda_i\delta''_{jx\max} \tag{6-51}$$

$$\mathrm{Gro}_P(\delta'',\chi)=\mathrm{Pos}_{j+1}(\delta'',\chi)-\mathrm{Pos}_j(\delta'',\chi) \tag{6-52}$$

当变形场动态特性具有 $\mathrm{Pos}(\delta'',\chi)=0$ 规律时，装配精度不发生顺向迁移；当变形场动态特性具有 $\mathrm{Pos}(\delta'',\chi)\neq0$ 规律时，装配精度发生顺向迁移，其中，当变形场动态特性具有 $\mathrm{Pos}(\delta'',\chi)>0$ 规律时，装配精度发生顺向负迁移，当变形场动态特性具有 $\mathrm{Pos}(\delta'',\chi)<0$ 规律时，装配精度发生顺向正迁移。

由式（6-52）可以看出，机床零部件全为刚性体时，相邻前道工序装配变形场对后道工序装配变形场完全补偿，即 $\mathrm{Pos}(\delta'',\chi)=0$，装配精度不发生顺向迁移，因此，可以说机床零部件装配有变形场就一定会发生装配精度的顺向迁移；前道装配工序产生的装配变形场对后道装配工序产生的装配变形场具有累积作用，使 $\mathrm{Pos}(\delta'',\chi)>0$，装配精度发生顺向负迁移；前道装配工序产生的装配变形场对后道装配工序产生的装配变形场具有补偿作用，使 $\mathrm{Pos}(\delta'',\chi)<0$，装配精度发生顺向正迁移。

并且，当变形场动态特性具有 $\mathrm{Gro}_P(\delta'',\chi)=0$ 规律时，装配精度顺向迁移不发生增长；当变形场动态特性具有 $\mathrm{Gro}_P(\delta'',\chi)\neq0$ 规律时，装配精度顺向迁移发生增长，其中，当变形场动态特性具有 $\mathrm{Gro}_P(\delta'',\chi)>0$ 规律时，装配精度顺向迁移发生正增长，当变形场动态特性具有 $\mathrm{Gro}_P(\delta'',\chi)<0$ 规律时，装配精度顺向迁移发生负增长。

由式（6-52）还可以看出，机床装配任意相邻前中后三道工序的变形场补偿或累积差量相同，即 $\mathrm{Gro}_P(\delta'',\chi)=0$，装配精度逆向迁移不发生增长；前中装配工序变形场补偿量与中后装配工序的变形场补偿量的差绝对量提升或累积量的差绝对值减小，使 $\mathrm{Gro}_P(\delta'',\chi)>0$，装配精度顺向迁移发生正增长；前中装配工序变形场补偿量与中后装配工序的变形场补偿量的差绝对量减少或累积量的差绝对值提升，使 $\mathrm{Gro}_P(\delta'',\chi)<0$，装配精度顺向迁移发生负增长。

根据上述分析可知，通过控制关键结合面间预紧力等关键装配变量，可以抑制装配精度逆向迁移，有效延缓装配精度迁移负向迁移速率，减少机床装配精度迁移负增长量；优化关键结合面塑性变形面积、结合面误差分布曲面主曲率等，装配精度正向迁移发生概率提升，同时使机床装配精度迁移正增长，以增加机床装配过程的可靠程度，有效实现对装配精度劣化的抑制作用。

6.4.3　重型机床初次装配多工序的协同设计及实例验证

根据重型机床装配精度迁移过程对关键工序变量的响应特性，并对关键装配变量敏感度主从顺序依次设计，提出重型机床初次装配多工序协同设计方法，如图 6-60 所示。

图 6-60 中，H_a 为载荷和约束的边界条件；S_{iip} 为本道工序产生的结合面塑形变形面积；ρ_i 为本道工序的结合表面曲率；F_{ei} 为结合面摩擦力；F_i 为本道工序产生的结合面间预紧力；S_f 为本道工序的结合面摩擦损伤面积；t 为后续工序的零部件装配前形位偏差；F_{ii} 为后续工序产生的结合面间预紧力；S_{iio} 为后续工序的结合面接触面积；ρ_{ii} 为后续工序的结合表面曲率；χ_e 为影响整机装配变形场的关键装配变量；χ_f 为影响装配精度形成的关键装配变量；χ_g 为影响装配精度保持的关键装配变量。

以上重型机床装配工艺设计方法分为四个模块，分别为关键装配工序识别模块、关键装配变量识别模块、设计某道工序下装配精度顺向迁移模块、设计某道工序下装配精度逆向迁移模块，本设计方法以多工序协同设计为目标，能够达到消除装配回路及提高装配精度保持性的效果。

经过上述分析，设计机床初次装配工艺，优化机床关键结合面横梁与立柱导轨面，结合状态呈凸接触，采用响应曲面法确定合理的误差分布：横梁导轨面误差分布曲面曲率为 $7\times10^{-8}\mathrm{mm}^{-1}$，立柱导轨面误差分布曲面曲率为 $7.5\times10^{-8}\mathrm{mm}^{-1}$；机床结合面装配预紧力水平范围为 $80\sim90\mathrm{kN}$。

采用新工艺装配重型机床，对其装配精度迁移演变过程进行解算，求解其顺向迁移、逆向迁移量及增长量，其中，对不同装配方案的预紧力进行施加，具体施加方案如表 6-10 所示。

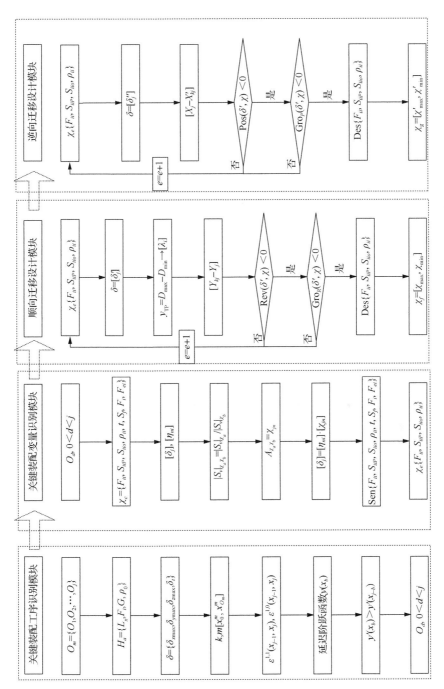

图 6-60　重型机床初次装配多工序协同设计方法

表 6-10　不同工序预紧力施加方案　　　　　　　　　单位：kN

装配工序	方案 1	方案 2	方案 3	方案 4	方案 5
I	−84	−86	−88	−90	−82
II	−84	−86	−88	−90	−82
III	−84	−86	−86	−90	−82
IV	−84	−90	−86	−82	−80
V	−84	−86	−86	−88	−82
VI	−82	−85	−86	−88	−82
VII	−86	−86	−86	−88	−82
VIII	−82	−85	−86	−88	−82

根据表 6-10 中的施加方案，获得新工艺不同方案条件下的装配精度迁移的对比，如图 6-61 所示。

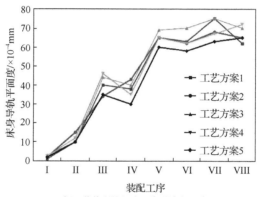

（a）新工艺装配的机床 Y_1 装配精度迁移的对比

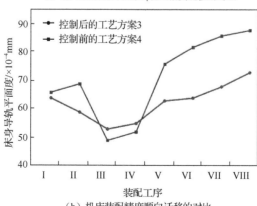

（b）机床装配精度顺向迁移的对比

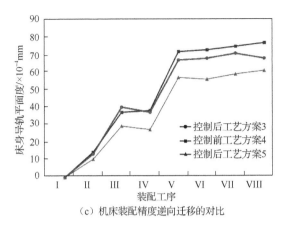

（c）机床装配精度逆向迁移的对比

图 6-61　机床控制前后的初次装配精度迁移演变过程对比

由图 6-61（a）可知，新工艺的 Y_1 指标迁移幅度有所降低，同时工艺的可重复性好；由图 6-61（b）可知，控制关键装配工序的关键装配变量，能使逆向迁移趋于平稳；由图 6-61（c）可知，控制关键装配工序的关键装配变量，能使顺向迁移关键装配工艺发生转变。

根据机床装配精度迁移控制方法和新装配工艺方法，对新旧工艺重型龙门移动式车铣加工中心的性能进行对比，如表 6-11 所示。

表 6-11　新旧工艺重型机床装配精度迁移情况对比

性能指标	原装配工艺方法	新装配工艺方法
初次装配机床应力最大值	14.768MPa	12.85MPa
装配精度逆向正迁移提高程度	正迁移精度指标数占总指标数的 0%	Y_3、Y_6 正迁移精度指标数占总指标数的 25%
装配精度顺向正迁移提高程度	Y_3 正迁移精度指标数占总指标数的 12.5%	Y_2、Y_3 正迁移精度指标数占总指标数的 25%
装配精度迁移转变情况	Y_1、Y_2、Y_4、Y_8 装配精度负迁移向正迁移转变	Y_1、Y_2、Y_4、Y_7、Y_8 装配精度负迁移向正迁移转变
装配精度迁移增长情况	Y_3、Y_6 迁移正增长精度指标数占总指标数的 25%	Y_3、Y_5、Y_6 迁移正增长精度指标数占总指标数的 37.5%

上述对比说明，采用新装配工艺方法具有良好的可重复性，且在各项初次装配性能指标上均有显著提升。采用新装配工艺的机床，其最大应力位置均在立柱滑座结合面附近处，如图 6-62 所示。

采用基于多体系统理论的 ADAMS 软件，对初次新装配工艺下立柱沿床身运动的速度演变过程进行求解，设定初始速度为 10mm/s。

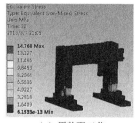
（a）原装配工艺

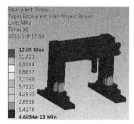
（b）新装配工艺

图 6-62　新旧工艺机床应力最大值对比

控制前后立柱沿床身运动速度演变过程的对比如图 6-63 所示。

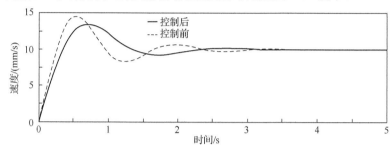

图 6-63　控制前后的立柱速度

图 6-63 表明，控制后的立柱沿床身运动速度能够进入稳定所用的时间较少，说明初次新装配工艺的运动稳定性较好。

6.5　重型机床重复装配精度的迁移和工艺设计

6.5.1　重型机床重复装配精度的迁移

机床重复装配精度迁移从类型上分有两种：装配精度正向迁移及装配精度负向迁移。重型机床重复装配精度迁移过程如图 6-64 所示。

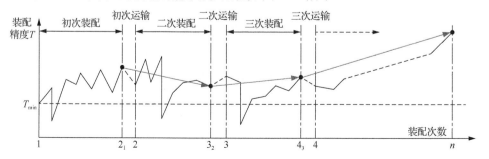

图 6-64　重型机床重复装配精度迁移的过程

　　影响机床装配精度的因素主要有两类：一是结合面误差及其分布；二是载荷，包括结合面间预紧力、外载荷、热载荷、随机振动等，其中，结合面间预紧力是影响机床装配精度可重复性的关键载荷。

　　装配精度可重复性与初次装配精度有密切关系，同时与非人为随机因素（运输、搬运过程中的剐蹭、摩擦磨损、振动）和重复装配工艺有关，装配精度可重复性影响因素关系如式（6-53）所示：

$$\begin{cases} \{I_{\mathrm{AA}}\} = \{\mathrm{AA}_{(\mathrm{PA})}\} = \{f_1(\Delta\varepsilon), f_2(\Delta F)\} \\ \{\mathrm{REP}_{\mathrm{AA}}\} = f_3\{I_{\mathrm{AA}}\} + \Delta\xi = f_3\{f_1(\Delta\varepsilon), f_2(\Delta F)\} + \Delta\xi \end{cases} \quad (6\text{-}53)$$

式中，I_{AA} 为初次装配精度；$\mathrm{AA}_{(\mathrm{PA})}$ 是与加工精度有关的装配精度的集合；$\Delta\varepsilon$ 为误差分布参数增量；ΔF 为载荷值增量；f_1、f_2、f_3 为目标耦合函数；$\Delta\xi$ 为可重复性非主观影响因素增量。

　　采用极限载荷反馈法及有限元响应法，识别出影响重复装配变形场特征的关键结合面，其敏感性识别结果如图 6-65 所示。

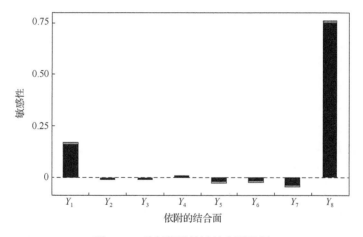

图 6-65　重复装配关键结合面识别

　　由图 6-65 可知，影响装配精度可重复性的关键结合面为床身前后节结合面、滑枕与 B 轴转盘导轨面。

　　重型机床重复装配过程中，受结合面误差分布、装配载荷的影响，其装配精度发生迁移，使机床结合面间相互配合出现偏差，机床零部件间相互位置出现偏差和机床单个零部件产生形位偏差。其中一方面原因是在拆装过程和运输过程中，结合面表面的误差分布会发生微小变化，而第二次装配时，由于误差微小的变化，结合面间预紧力发生改变，如图 6-66 所示。

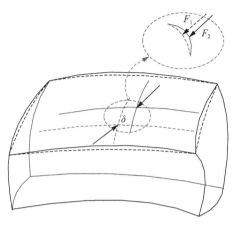

图 6-66　重复装配精度迁移的影响因素

　　装配时结合面间预紧力和结合面误差分布的改变使得载荷大小和表面接触应力发生改变，导致二次装配后的装配精度发生变化，所以结合面间预紧力和误差分布的改变是影响装配精度可重复性的重要因素。

　　初次装配精度的误差分布与加工工艺有着密切的关系，而可重复性误差分布是在加工工艺的基础上，受外载荷等非主观因素的影响，比如运输过程中的摩擦、振动甚至温度、湿度，都有可能使重复性的误差分布发生改变。建立初始模型误差分布与重复性误差分布的关系，如式（6-54）所示：

$$\begin{cases} \{\varepsilon_i\} = f_1(\{\mathrm{Pt}_i\}, \{F_1\}) \\ \{\varepsilon_{re}\} = f_2(\{\varepsilon_i\}, \{F_i\}, \{F_r\}, \{V_i\}, \cdots) \end{cases} \qquad (6\text{-}54)$$

式中，ε_i 为初次装配误差分布结构参数；Pt_i 为影响加工工艺的相关参数；F_1 为首次装配结合面间预紧力；ε_{re} 为重复性误差分布结构参数；F_i 为 n 次装配预紧力变化量；F_r 为运输、搬运等过程中的摩擦作用；V_i 为运输过程中的振动作用。

　　根据上述分析，选择影响装配精度可重复性的关键因素：装配预紧力、切削参数、结合面误差分布曲面曲率、结合面塑性变形层次个数、结合面塑性变形面积、运输振动及摩擦损伤等。机床重复装配精度关键影响因素权重关系模型如图 6-67 所示。

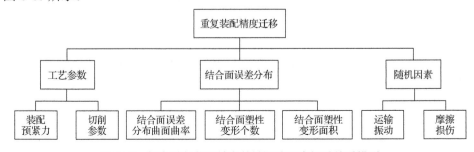

图 6-67　机床重复装配精度关键影响因素权重关系模型

　　根据敏感性分析，建立机床重复装配精度影响因素判断矩阵，求解机床重复装配精度迁移的权重值。关键影响因素准则层权重关系如图 6-68 所示。

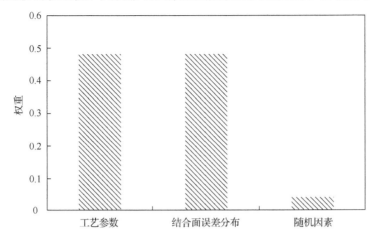

图 6-68　机床重复装配精度关键影响因素准则层权重关系

　　机床重复装配精度关键影响因素结合面误差分布方案层权重关系如图 6-69 所示。

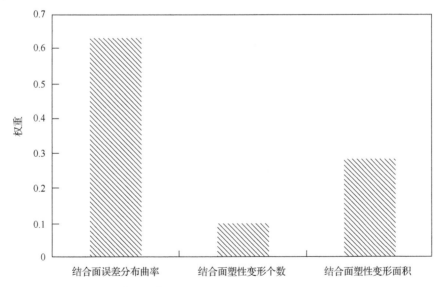

图 6-69　机床重复装配精度关键影响因素结合面误差分布方案层权重关系

机床重复装配精度关键影响因素工艺参数方案层权重关系如图 6-70 所示。采用层次分析法，得到重复装配精度影响因素权重值，如表 6-12 所示。

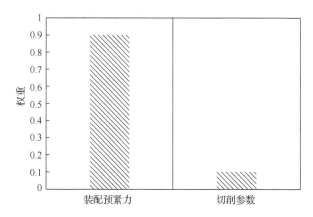

图 6-70　机床重复装配精度关键影响因素工艺参数方案层权重关系

表 6-12　机床重复装配精度关键影响因素权重

要素	权重
装配预紧力	0.4263
切削参数	0.0474
结合面误差分布曲面曲率	0.3000
结合面塑性变形个数	0.0503
结合面塑性变形面积	0.1234
运输振动	0.0088
摩擦损伤	0.0439

由表 6-12 可知，装配预紧力、结合面误差分布曲面曲率、结合面塑性变形面积、结合面塑性变形个数为影响机床重复装配精度的关键因素。

采用 Mises 屈服条件和发生塑性变形的装配接触关系个数及程度判据，建立重复装配后机床变形场重新分布塑性极限判据，如式（6-55）所示：

$$\begin{cases} \sigma_{m_2} > k_1\sigma_s, \sigma_{m_1} > k_2\sigma_s \\ m_2 = m_1 + \Delta m, \Delta m > 0 \\ \dfrac{m_1}{n} > \gamma, \dfrac{m_2}{n} > \gamma \end{cases} \tag{6-55}$$

式中，σ_s 为塑性变形极限；k_1 和 k_2 分别为初次装配和二次装配的安全系数，随实际具体情况而定，$0 < k < 1$；σ_{m_1} 为初次装配后机床应力值；σ_{m_2} 为重复装配后机床应力值；n 为总接触关系个数；m_1 为初次装配塑性变形的接触关系个数；m_2 为重复装配塑性变形的接触关系个数；Δm 为重复装配较初次装配多出的塑性变形接触关系个数；γ 为塑性变形的接触关系个数占总接触关系个数的比例界限值。

采用机床坐标位置判据，以判别装配精度迁移状况，如式（6-56）所示：

$$
\begin{cases}
0 \leqslant K_{1i} = \dfrac{\left| d_{\max} - d_i \right|}{\left| X_{(d\max)} - X_i \right|} \leqslant \xi \\[3mm]
0 \leqslant K_{2i} = \dfrac{\left| d_{\min} - d_i \right|}{\left| X_{(d\min)} - X_i \right|} \leqslant \xi
\end{cases}
\tag{6-56}
$$

式中，d_i 为各点相对两端点连线的偏离值；$(X_{(d\max)},d_{\max})$ 为最大偏离值点；$(X_{(d\min)},$ $d_{\min})$ 为最小偏离值点；K_{1i} 为向最大偏离值点一侧与该侧其余各点连线的斜率；K_{2i} 为最小偏离值点一侧与该侧其余各点连线的斜率；ξ 为斜率界定值。

采用构建机床装配精度对重要影响因素的响应曲面的方法，获取机床重复装配精度迁移结合面高斯曲率的判据，如图 6-71 所示。

图 6-71 中，$F_i(x,y)$ 为初次装配精度响应曲面，$K\{F_i(x,y)\}$ 为其高斯曲率；$F_{ii}(x,y)$ 为二次装配精度响应曲面，$K\{F_{ii}(x,y)\}$ 为其高斯曲率；$+\Delta\rho_{ii}$ 为重复装配精度正向迁移时，高斯曲率变化量；$-\Delta\rho_{ii}$ 为重复装配精度负向迁移时，高斯曲率变化量。

根据结合面误差曲面坐标检测结果，拟合其曲面方程，建立理想误差曲面 $F_d(x,y)$、初次装配误差曲面 $F_i(x,y)$ 和二次装配误差曲面 $F_{ii}(x,y)$，并对曲面上任意点进行高斯曲率求解，令其分别为 $K\{F_d(x,y)\}$、$K\{F_i(x,y)\}$ 和 $K\{F_{ii}(x,y)\}$，根据装配精度正向迁移定义、影响因素和形成条件，建立识别装配精度正向迁移的高斯曲率判据，如式（6-57）所示：

$$
\begin{cases}
+\Delta\rho_i = K\{F_d(x,y)\} - K\{F_i(x,y)\} > 0(\pm\xi) \\[2mm]
-\Delta\rho_{ii} = K\{F_{ii}(x,y)\} - K\{F_i(x,y)\} > 0(\pm\xi)
\end{cases}
\tag{6-57}
$$

式中，$+\Delta\rho_i$ 为初次装配精度正向迁移时，高斯曲率变化量。

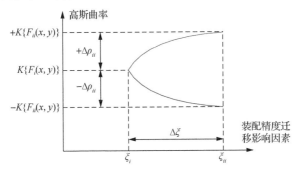

图 6-71　机床重复装配精度迁移结合面高斯曲率的判据

初次装配时，结合面间预紧力使得机床精度指标满足要求，二次装配时，结合面间预紧力的改变会导致装配精度迁移，所以二次装配结合面间预紧力要达到稳定状态，且近似初次装配时的预紧力，变动范围不能超过现场结合面间装配预紧力增量极限值，如式（6-58）所示：

$$
\begin{cases}
F_i = \left| F_i - F_{ii} \right| \\[2mm]
F_{i\mathrm{MIN}} \leqslant F_i \leqslant F_{i\mathrm{MAX}}
\end{cases}
\tag{6-58}
$$

式中，F_i 为结合面初次装配时装配预紧力；F_{ii} 为结合面二次装配时装配预紧力；ΔF_{iMIN} 为结合面装配预紧力增量稳定状态最低值；ΔF_{iMAX} 为结合面装配预紧力增量稳定状态最高值。

　　通过初次装配和重复装配后机床应力场均匀性判据，建立机床重复装配精度迁移稳定性判据，如图 6-72 所示。

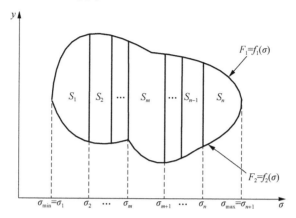

图 6-72　机床装配应力均匀性判据

$$\sigma_{\min} = \sigma_1 < \sigma_2 < \cdots < \sigma_m < \sigma_{m+1} < \cdots < \sigma_n < \sigma_{n+1} = \sigma_{\max} \tag{6-59}$$

$$\begin{cases} F_1 = f_1(\sigma) \\ F_2 = f_2(\sigma) \\ \cdots \end{cases} \tag{6-60}$$

$$\begin{cases} S_1 = \left| \int_{\sigma_2}^{\sigma_1} f_1(\sigma)\mathrm{d}\sigma - \int_{\sigma_2}^{\sigma_1} f_2(\sigma)\mathrm{d}\sigma \right| \\ \cdots \\ S_m = \left| \int_{\sigma_m}^{\sigma_{m+1}} f_1(\sigma)\mathrm{d}\sigma - \int_{\sigma_m}^{\sigma_{m+1}} f_2(\sigma)\mathrm{d}\sigma \right| \\ \cdots \\ S_n = \left| \int_{\sigma_n}^{\sigma_{n+1}} f_1(\sigma)\mathrm{d}\sigma - \int_{\sigma_n}^{\sigma_{n+1}} f_2(\sigma)\mathrm{d}\sigma \right| \end{cases} \tag{6-61}$$

$$0 \leqslant \sigma_n - \sigma_1 \leqslant [\sigma_n], \quad 0 \leqslant \varepsilon_n - \varepsilon_1 \leqslant [\varepsilon_n] \tag{6-62}$$

式中，σ_1 到 σ_{n+1} 为重复装配后机床应力区间；ε_1 到 ε_n 为重复装配后机床应变区间；$[\sigma_n]$ 为许用区间应力阈值；$[\varepsilon_n]$ 为许用区间应力阈值。

$$\frac{S_i}{\sum_{j=1}^{n} S_j} \geqslant t, \quad i=1,2,\cdots,n \tag{6-63}$$

式中，S_i 为每个应力区间的面积；S_j 为应力场总面积。

6.5.2　重型机床重复装配的工艺设计

通过获得的重复装配精度负向迁移形成条件及稳定性判据，建立重复装配精度迁移的调控方法，如图 6-73 所示。

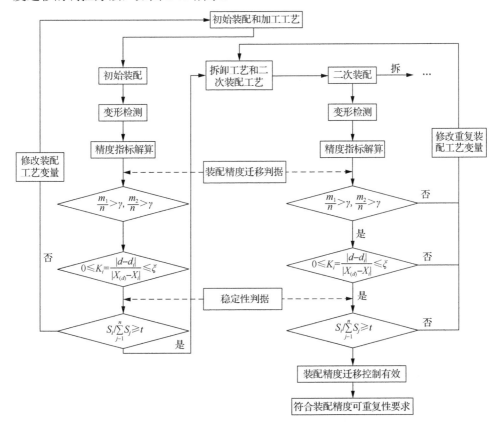

图 6-73　重型机床重复装配精度迁移的调控方法

上述方法根据机床零部件加工工艺、初次装配工艺及重复装配工艺，采用重复装配精度迁移判据判别迁移状态，并根据装配精度迁移机制及调整工艺达到控制的目的。采用上述调控方法能够实现对重复装配精度迁移的有效控制，符合装配精度一致性要求。

根据重型机床装配精度关键影响因素和调控方法，建立重型机床装配工艺设计方法。主要设计变量有结合面的接触关系、装配预紧力、拆卸过程中的随机因素和装配效率等。通过优化设计变量，实现对重型机床装配精度迁移的有效控制，如图 6-74 所示。

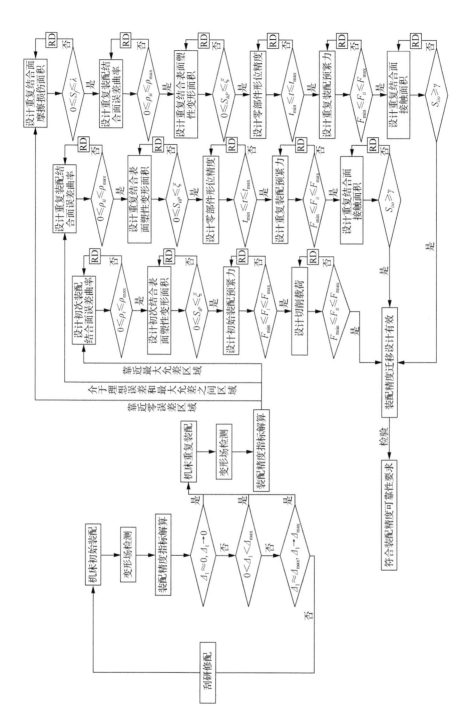

图 6-74 重型机床重复装配精度迁移的工艺设计方法

　　图 6-74 所示的工艺设计方法包含变量识别、变量设计、变量判定等基本流程。根据机床变形场与机床装配精度的映射关系，对机床关键精度指标进行解算。通过对精度允差内的机床初次装配误差区域识别，判别机床初次装配精度状态，依次设计装配变量并进行判别。该设计方法以达到抑制机床重复精度负向迁移为目的，采用该方法设计的重型机床装配工艺能够保证机床装配精度的可靠性。

　　为验证所提出的重型机床重复装配精度迁移设计方法，利用有限元多目标驱动优化方法，优化关键装配工序中的关键结合面间预紧力，设定结合面间预紧力范围为[100kN,180kN]，其余接合面为 100kN，如图 6-75 所示。

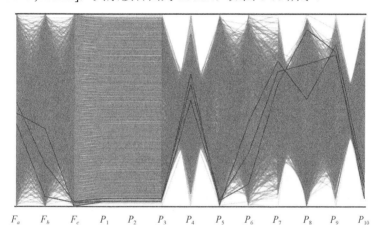

F_a　　F_b　　F_c　　P_1　　P_2　　P_3　　P_4　　P_5　　P_6　　P_7　　P_8　　P_9　　P_{10}

图 6-75　有限元多目标装配预紧力的驱动优化

　　图 6-75 中，F_a 为床身前后结合面；F_b 为横梁立柱结合面；F_c 为 B 轴转盘和滑枕结合面；P_1 为机床总变形量；$P_2 \sim P_9$ 分别为初次装配工序所依附的结合面（由上至下排列）；P_{10} 为机床应力最大值。

　　经过分析发现：F_a 优化后的预紧力范围为[135.1kN,149.6kN]；F_b 优化后的预紧力范围为[135.67kN,147.98kN]；F_c 优化后的预紧力范围为[135.84kN,151.22kN]。根据机床重复装配关键结合面识别结果，床身前后结合面和滑枕导轨面应该拆除后运输，并且机床重复装配需重点控制上述结合面预紧力水平。

　　根据机床初次和重复装配精度指标解算数据，选取 11 个关键装配精度指标，计算出优化后的初次装配、重复装配精度指标迁移量，并进行对比，如表 6-13 所示。

　　表 6-13 中，a_i 为左床身导轨面垂直面内直线度；b 为左床身导轨面水平面内直线度；c 为左床身导轨面垂直面内平行度；d_i 为前后床身相邻处导轨面最大错位；e 为滑座与床身结合面最大间隙；f 为工作台台面左右体结合面最大间隙；g 为工作台底座前后体结合面最大间隙；h 为立柱导轨与床身导轨垂直度；i 为连接梁两

端结合面最大间隙；j 为横梁与立柱结合的导轨面直线度；k 为横梁与立柱结合面最大间隙。

表 6-13　重型机床重复装配精度指标迁移量解算

装配精度指标	初次装配精度指标 /×10⁻³mm	二次装配精度指标 /×10⁻³mm	现场装配精度指标要求 /mm	装配精度指标迁移量/%
a_i	3.56	2.39	0.02/1000，0.05/全长	+32.9
b	0.37	0.68	0.02/1000	−83.8
c	0.88	0.11	0.02/1000	+87.5
d_i	0.03	1.58	0.005	−5167
e	17.50	13.60	0.02 塞尺不入	+22.3
f	21.41	24.45	0.03 塞尺不入	−14.2
g	27.30	27.83	0.03 塞尺不入	−1.94
h	3.56	2.85	0.01	+19.9
i	29.82	36.57	0.04 塞尺不入	−22.6
j	0.06	5.38	0.02	−8867
k	20.71	19.76	0.02 塞尺不入	+4.6

利用 5.1 节的多体系统理论拉格朗日算法，采用 ADAMS 软件的多刚柔耦合仿真法，分别对重复装配工艺设计前后的模型在立柱和滑座结合面上施加正弦载荷，其中最大幅值为 60kN，相位角为 0°，周期为 3.2s，判别立柱的振动幅值，如图 6-76 所示。

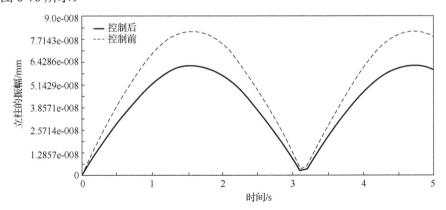

图 6-76　基于 ADAMS 的控制前后立柱振幅的对比

根据重复装配精度迁移调控方法和新装配工艺方法，对新旧工艺重型车铣复合加工中心的性能进行对比，结果表明：在初次装配性能方面，采用新装配工艺的机床，其初次装配效率提升 66.7%，应力最大值减少 9MPa；在重复装配性能方面，采用新装配工艺的机床，其重复装配效率提升 29.4%；在机床关键零部件结合面方面，装配精度指标正向迁移转变数量增加 9.1%，应力场均匀性提升 36%，装配精度指标迁移失稳数量减少 18.2%，说明采用新装配工艺方法装配的机床，在初始和重复装配性能上有显著提升。此外，由图 6-76 可知，控制后的立柱振幅降低了 25%，实现了重复装配精度迁移的稳定性，有效提升了装配精度可重复性。

6.5.3 重型机床装配精度保持性的设计

装配精度保持性影响因素复杂，相互耦合作用强，其影响因素主要分为两大类，一类是结合面误差及其分布，另外一类是载荷，如式（6-64）所示：

$$\begin{cases} \{I_{AA}\} = \{AA_{(PA)}\} = \{f_1(\Delta\varepsilon), f_2(\Delta F)\} \\ \{REP_{AA}\} = f_3\{I_{AA}\} + \Delta\xi = f_3\{f_1(\Delta\varepsilon), f_2(\Delta F)\} + \Delta\xi \\ \{RET_{AA}\} = f_4\{I_{AA}\} + f_5\{REP_{AA}\} + \Delta\zeta \\ \qquad\quad = f_5\{f_3\{f_1(\Delta\varepsilon), f_2(\Delta F)\}\} \bigcup f_4\{f_1(\Delta\varepsilon), f_2(\Delta F)\} + \Delta\xi \bigcup \Delta\zeta \end{cases} \tag{6-64}$$

式中，$\Delta\varepsilon$ 为误差分布参数增量；ΔF 为载荷值增量；f_1、f_2、f_3、f_4、f_5 为目标耦合函数，其中 f_4、f_5 是与时间有关的函数；$\Delta\xi$ 为可重复性非主观影响因素增量；$\Delta\zeta$ 为保持性非主观影响因素增量。

影响装配精度保持性的装配精度迁移与装配时的迁移不同，影响装配精度保持性的装配精度迁移过程是与时间有关变量的函数，机床运行时的装配精度迁移过程如图 6-77 所示。

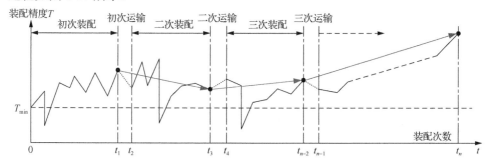

图 6-77 机床运行时装配精度迁移过程

将重型机床部件间受载面视为 m 段不同单元段，每节单元段受到不同载荷与约束的作用，将每个单元段无限放大，该弹性单元体受 n 个不同动态外力作用，如图 6-78 所示。

根据卡氏定理，任意外力 F_{Pi} 作用下，随时间增量为 dF_{Pi}，得到某一平面内弹性体变形能，如式（6-65）所示：

$$U + \frac{\partial U}{\partial F_{Pi}} dF_{Pi} = \frac{1}{2} dF_{Pi} d\delta_i + U + (dF_{Pi})\delta_i \tag{6-65}$$

式中，$d\delta_i$ 为沿 dF_{Pi} 方向的位移；U 为其余外力所做的功。

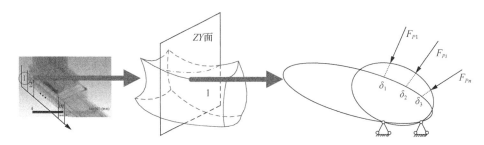

图 6-78　每个弹性单元体受 n 个外载荷作用

由于机床弹性单元体主要变形类型为弯曲变形，其变形量的解算方法如式（6-66）所示：

$$\delta_i = \frac{\partial U}{\partial F_{Pi}} = \frac{\partial}{\partial F_{Pi}}\left(\int_l \frac{M^2(x)\mathrm{d}x}{2EI}\right) = \int_l \frac{M(x)}{EI}\frac{\partial M(x)}{\partial F_{Pi}}\mathrm{d}x \quad (6\text{-}66)$$

式中，$M(x)$ 为弯曲力矩；E 为弹性模量；I 为惯性力矩。

将单元弹性体一点的变形经坐标合成，可由式（6-67）计算获得：

$$\delta_\lambda = \sqrt{\delta_x^2 + \delta_y^2 + \delta_z^2}$$
$$= \sqrt{\left(\int_{l_x}\frac{M(x)}{EI}\frac{\partial M(x)}{\partial F_x}\mathrm{d}x\right)^2 + \left(\int_{l_y}\frac{M(y)}{EI}\frac{\partial M(y)}{\partial F_y}\mathrm{d}y\right)^2 + \left(\int_{l_z}\frac{M(z)}{EI}\frac{\partial M(z)}{\partial F_z}\mathrm{d}z\right)^2} \quad (6\text{-}67)$$

式中，δ_λ 为单元弹性体某一点总变形；δ_x、δ_y、δ_z 分别为单元弹性体某一点 x、y、z 向变形；$M(x)$、$M(y)$、$M(z)$ 分别为单元弹性体某一点 x 向、y 向、z 向弯矩；F_x、F_y、F_z 分别为单元弹性体某一点 x 向、y 向、z 向合力。

将机床部件变形能视为应变能，有 $U=v_\varepsilon$，将式（6-65）代入式（6-67）中，可得

$$\delta_\lambda = \frac{\dfrac{1}{2E}\partial\left[\sigma_1^2 + \sigma_2^2 + \sigma_3^2 - 2\mu\left(\sigma_1\sigma_2 + \sigma_2\sigma_3 + \sigma_1\sigma_3\right)\right]}{\partial F_\lambda} \quad (6\text{-}68)$$

式中，F_λ 为机床某一弹性单元体所受合力。

弹性体在外力作用下产生变形，在加载或卸载时，机床部件体内会积蓄大量能量，称之为应力能。每个单位弹性体内所积蓄的应变能称为比能，根据广义胡克定律，机床单元弹性体的比能可以由式（6-69）计算获得：

$$v_\varepsilon = \frac{1}{2E}\left[\sigma_1^2 + \sigma_2^2 + \sigma_3^2 - 2\mu\left(\sigma_1\sigma_2 + \sigma_2\sigma_3 + \sigma_1\sigma_3\right)\right] \quad (6\text{-}69)$$

式中，v_ε 为机床单元弹性体的比能；σ_1、σ_2、σ_3 为三向主应力；μ 为泊松比。

1. 重型机床运行时应力场状态响应特性

与装配精度可重复性相同，装配精度保持性也有两层含义，即装配精度和运

行时间，运行时间的长短决定装配精度保持性。影响装配精度保持性的因素主要
有三大类：一类是结合面配合精度，包括接合面误差分布和接触关系；一类是载
荷条件，包括运动载荷（速度、加速度）、预紧力、热载荷等；一类是时间参数，
时间越长，精度保持性越容易发生下降。对重型机床整机应力场状态进行仿真分
析，结果如图 6-79 所示。

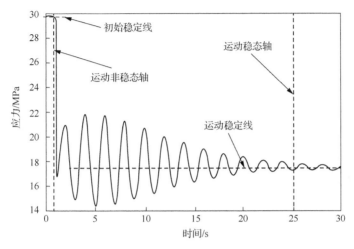

图 6-79　运行时机床最大应力值变化规律

　　由图 6-79 可知，运动初期，结合面接触关系发生改变，导致应力场变化幅度
较大，后期结合面接触关系变化趋于稳定，使应力场进入稳定状态，解算出运动
30s 时整机应力场能够达到稳定状态。以上分析表明，应力场稳定性幅度、进入
稳定的时间等参数对装配精度可靠性指标较为敏感。

　　2. 重型机床运行时应力场稳定状态迁移特性及评判

　　装配精度保持性判别方法建立在运动时长为 30s 的应力场仿真结果基础之
上，整机在运行过程中，由于误差分布、运动参数、载荷等影响因素的改变，应
力场运动稳定线发生整体提升，如图 6-80 所示。

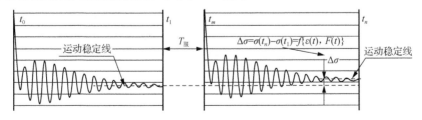

图 6-80　整机运行应力场稳定状态的变动特性

装配初期对运动时的应力场进行解算，经过一定的服役时间 $T_{服}$，误差分布（$\varepsilon(t)$）和载荷（$F(t)$）发生变化，导致整机应力场重新分布，在检验服役后期的保持性可以用应力稳定线的变化值来衡量，$\Delta\sigma \leqslant [\sigma_m]$，可以作为装配精度保持性判据，如式（6-70）所示：

$$\Delta\sigma = \sigma(t_n) - \sigma(t_1) = f\{\varepsilon(t), F(t)\} \leqslant [\sigma_m] \tag{6-70}$$

3. 重型机床运行时应力场稳定性的迁移

随着运动次数的增加，应力场前期振幅减小，机床性能得到改善，经过一段服役时间后，由于长时间摩擦磨损，结合面间接触状态和精度下降，导致应力场前期振幅越来越激烈，如果应力场不加以控制和释放，应力场强度也会随之提高。应力场稳定状态随时间演变特性如图 6-81 所示。

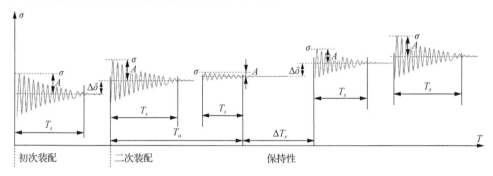

图 6-81　应力场稳定状态随时间演变特性

从图 6-81 可以看出，应力稳定状态迁移特性可以用六种参数来表征，如式（6-71）所示：

$$a(\sigma) = \{T_s, A, \sigma, \Delta\delta, T_a, T_r\} \tag{6-71}$$

式中，$a(\sigma)$ 为机床运行时应力场迁移评价函数；T_s 为每组进入稳定时间；A 为总幅度；σ 为总强度；$\Delta\delta$ 为运动稳定线迁移幅度；T_a 为稳定间隔时间；T_r 为迁移间隔时间（迁移失效间隔）。

采用有限元分析法，探明机床运行十次的应力场变化，获取横梁立柱导轨面应力场随运行次数的演变特性，如图 6-82 所示。

根据最小二乘支持向量机法，解算机床运行 15 次后的横梁立柱导轨面应力场状态，如图 6-83 所示。

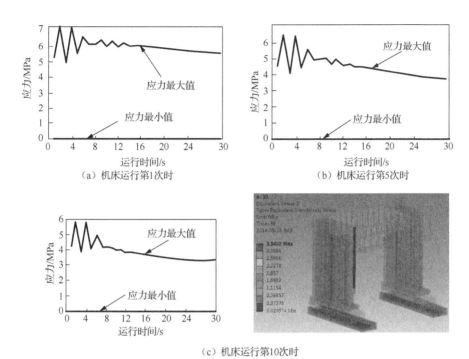

（a）机床运行第1次时　　　　　　　　（b）机床运行第5次时

（c）机床运行第10次时

图 6-82　横梁立柱导轨面应力场随运行次数的演变特性

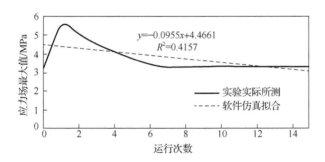

图 6-83　基于 LS-SVM 算法的横梁立柱导轨面应力场随运行次数的变化

LS-SVM：最小二乘支持向量机（least square-supporting vector machine）

求解机床运行次数与应力场之间函数关系，如图 6-84 所示。

对图 6-84 所示的函数关系曲线进行拟合，结果如式（6-72）所示：

$$\sigma(n) = 0.0002n^5 - 0.0103n^4 + 0.1581n^3 - 1.0295n^2 + 2.3769n + 3.4627 \qquad (6\text{-}72)$$

采用有限元分析法，分析机床运行十次的应力场变化规律，获取床身滑座导轨面应力场随运行次数的演变特性，如图 6-85 所示。

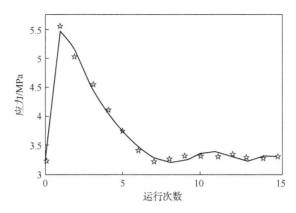

图 6-84　机床运行次数与衡量立柱导轨面应力场之间函数关系

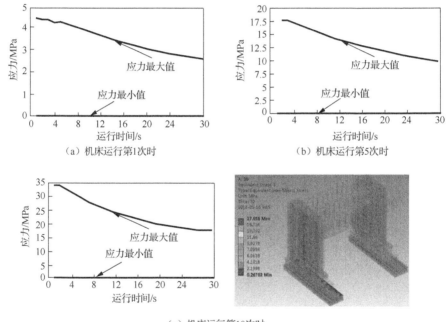

（c）机床运行第10次时

图 6-85　床身滑座导轨面随运行次数的应力场演变特性

根据 LS-SVM 算法，解算机床运行 16 次后的横梁立柱导轨面应力场状态，如图 6-86 所示。

求解机床运行次数与应力场之间函数关系，如图 6-87 所示。

对图 6-87 所示的函数关系曲线进行拟合，结果如式（6-73）所示：

$$\sigma(n) = -0.0004n^5 + 0.0162n^4 - 0.1954n^3 + 0.8517n^2 + 0.7841n + 0.8108 \quad (6\text{-}73)$$

通过建立机床运行次数与应力场之间函数关系，解算装配精度超差时应力场阈值状态下的机床运行次数，结果表明，应力场阈值为 300MPa 时，机床联动运行 104 次到 105 次时，应力场最高水平达到 300MPa 附近，这时应对机床进行检修。

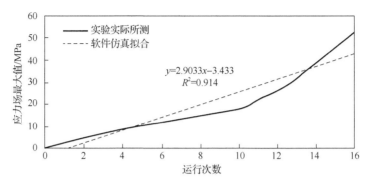

图 6-86　基于 LS-SVM 的床身导轨面应力场随运行次数的变化

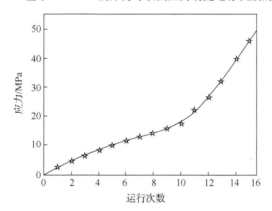

图 6-87　机床运行次数与床身滑座导轨面应力场之间关系

　　根据以上构建重型机床运行时装配精度迁移表征及预测模型，提出一种重型机床运行时装配精度保持性设计方法，如图 6-88 所示。

　　如图 6-88 所示，根据装配和加工工艺进行初次装配，并就初始运动状态边界条件进行运动分析，得到初始应力场状态，在经过一定服役时间（t_1）后（劣化预测出的检修时间），将此时的运动状态作为边界条件进行运动分析，得到应力场重新分布后的状态。将两种结果对比分析，解算两者的运动稳定线，并依据装配精度保持性判据进行评判，如果满足判据要求说明在经过服役时间 t_1 后，性能满足装配精度保持性要求，反之，则修改装配和加工工艺并重新评判。服役时间 t_n 的保持性评判方法与服役时间 t_1 的评判方法一致。

　　解算新工艺装配精度保持性检修时的运行次数，并对比原工艺检修时的运行次数，验证上述方法的可行性，如表 6-14 所示。

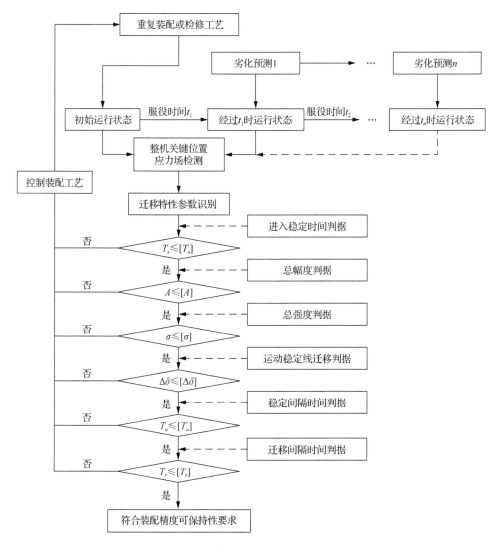

图 6-88　重型机床运行时装配精度保持性的设计方法

表 6-14　重型机床新旧工艺的效果对比

关键结合面	满足装配精度指标要求的临界运行次数		实验关键装配精度指标阈值
	旧工艺	新工艺	
A	104~105	112~114	直线度 0.02/1000
B	趋于稳定	趋于稳定	直线度 0.02/1000
C	376~377	396~398	间隙 0.02mm
D	273~275	347~348	间隙 0.02mm

表 6-14 中，结合面 A 为床身滑座导轨面；结合面 B 为立柱横梁导轨面；结合面 C 横梁溜板箱导轨面；结合面 D 为 B 轴转盘滑枕导轨面。

采用 ADAMS 软件进行计算，获取立柱沿床身运动的速度特征，设定立柱初始驱动速度为-10mm/s，解算不同工艺条件下立柱运动速度演变过程，如图 6-89 所示。

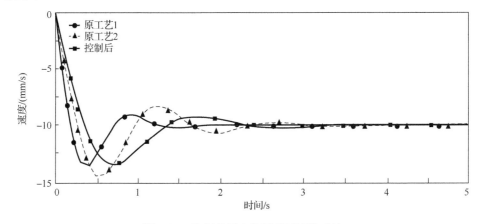

图 6-89　控制前后立柱运动速度的对比

图 6-89 中，原工艺 1 为原初次装配工艺，原工艺 2 为原重复装配工艺。上述实例解算结果表明，控制后的立柱运动速度能够快速进入稳定时间。重型机床关键导轨面新工艺应力场临界运行次数多，机床检修次数相对较少，机床服役寿命较高，证明新工艺机床运行时具有较高的可靠性，同时验证了重型机床运行时装配精度保持性的设计方法的有效性。

6.6　本 章 小 结

（1）对初次装配精度、装配精度可重复性和装配精度保持性进行描述，确定了各个层次的装配精度可靠性评价指标，揭示了装配精度可靠性评价指标具有工序的随动性、工艺的随动性及时变性，建立装配精度可靠性评价指标的层次结构，揭示了装配精度可靠性评价指标与机床结构的映射关系。对装配精度可靠性评价指标进行结构参数的响应特性分析，建立装配精度可靠性评价指标与关键结构参数之间的映射关系，通过对机床载荷的分析，进行装配精度可靠性的评判与识别，形成了装配工艺可靠性设计方法。

（2）对重型机床初次装配误差形成过程进行分析，建立机床装配定位过程的形位误差、装配预紧过程的变形误差、接触配合过程中的接触变形误差与机床初次装配误差的关系，分析结果表明非线性叠加的多项形位误差形成了新的位姿，竖直方向的预紧力产生的局部变形对部件的位姿的影响符合胡克定律。以某型号龙门移动式重型机床为例，建立了装配模型并提取了部件质心点的位姿，根据重型机床装配误差累积原理，计算出重型机床初次装配误差。利用等高线图法对任意面的初次装配误差进行了识别，提出了重型机床的初次装配误差的评价方法。

（3）通过建立变形场与装配精度指标间映射关系，揭示机床后续装配工序对已形成装配精度的影响和已经实施的装配工序对后续装配所形成的精度影响，表征了装配精度迁移过程，采用延迟阶跃函数法，构建出机床装配精度迁移阶跃响应模型，获取了影响装配精度逆向及顺向迁移关键装配工序。结果表明：装配精度迁移分为装配精度顺向正迁移、顺向负迁移、逆向正迁移及逆向负迁移，说明重型机床装配精度迁移具有多样性。

（4）识别出重型机床装配关键工序变量，采用有限元拓扑优化法，分析变形场对关键工序变量的敏感性，构建装配精度迁移矩阵及其转换矩阵，揭示装配工序变量间关系，并提出了装配精度逆向及顺向迁移的形成及增长机制，采用装配变量对装配变形场的敏感性分析方法，根据敏感度主从顺序依次设计装配变量，形成了重型机床装配工艺设计方法。结果表明：新工艺重型机床装配精度迁移可控，并且具有幅值唯一性，且在各项初次装配性能指标上均有显著提升。

（5）通过分析重复装配及装配后运行过程的装配精度迁移及应力场变化特性，采用 Mises 屈服条件等方法，提出了重复装配精度迁移的评判方法，采用有限元多目标驱动优化法，优化结合面预紧力水平，并据此提出了重复装配工艺设计方法及测试方法，对装配后运行时应力场状态与装配精度间的关系进行分析，采用 LS-SVM 算法，预测整机运行的应力场状态，并通过实例验证了所提出装配工艺设计方法的有效性。

参 考 文 献

姜彬，郑敏利. 2012-10-03. 高速铣刀跨尺度设计方法及铣刀：2010100324680[P].

姜彬，郑敏利，夏丹华. 2014-12-10. 高速铣刀安全可靠切削淬硬钢的检测方法：2011104206669[P].

姜彬. 2015. 高速铣削淬硬钢技术[M]. 北京：科学出版社.

姜彬，韩占龙，陈强. 2016-08-31. 一种抑制刀齿受迫振动磨损不均匀性的高效铣刀设计方法：2014100238113[P].

姜彬，孙守政. 2016-10-12. 一种抑制装配精度负向迁移的重型机床装配方法：2014100235774[P].

姜彬，姚贵生. 2017-07-14. 高效铣刀多齿不均匀切削行为的补偿方法：2015103455713[P].

姜彬，谷云鹏，闫东平，等. 2017-09-22. 测试刀具左右后刀面磨损差异性的实验方法：2016101510602[P].

姜彬，张明慧，姚贵生. 2017-10-17. 一种振动作用下的高效铣刀刀齿磨损差异性检测方法：2016102063606[P].

姜彬，张巍，赵娇，等. 2018-03-30. 一种车削加工精度一致性的检测方法：2016101780705[P].

姜彬，左林涵，赵培轶，等. 2019-04-10. 一种高进给铣刀刀齿后刀面磨损特性的检测方法：2019102853980[P].

姜彬，于博，何田田. 2019-04-19. 一种刀具振动对刀具后刀面磨损宽度影响特性的检测方法：2017106782453[P].

姜彬，范丽丽，赵培轶. 2019-06-28. 铣刀切削振动变化特性的检测与高斯过程模型构建方法：201902931373[P].

姜彬，于博，赵培轶，等. 2019-06-28. 一种铣削已加工表面几何误差分布特性的检测方法：2019102849326[P].

赵培轶，姜彬，李帅，等. 2021-06-01. 铣削钛合金表面形貌特征一致性分布工艺控制方法：2019106196583[P].

Jiang B, Cao G L, Zhang M H, et al. 2014. Influence characteristics of tool vibration and wear on machined surface topography in high-speed milling[J]. Materials Science Forum, 800-801: 585-589.

Jiang B, Sun B, Zhao J X, et al. 2015. Ring gear deformation of heavy duty machine tool worktable and controlling method[J]. The Open Automation and Control Systems Journal, 7（1）: 560-568.

Jiang B, Zhao J X, Sun S Z, et al. 2014. Design method of assembly accuracy repeatability of heavy duty machine tool[J]. Materials Science Forum, 800-801: 516-520.

Jiang B, Zhao P Y. 2012. Vibration-wear characteristics of cutter in high speed ball-end milling hardened steel[J]. Key Engineering Materials, 522: 81-86.